Herbert Zeitler und Dušan Pagon
Kreisgeometrie – gestern und heute

Herbert Zeitler und Dušan Pagon

Kreisgeometrie – gestern und heute

Von der Anschauung zur Abstraktion

Einbandgestaltung: Peter Lohse, Büttelborn.

Einbandbild: Glaskuppel eines Gebäudes in Portland, Oregon, USA.
© John McAnulty/CORBIS.

Die Deutsche Nationalbibliothek verzeichnet diese Publikation
in der Deutschen Nationalbibliografie;
detaillierte bibliografische Daten sind im Internet über
http://dnb.d-nb.de abrufbar.

© 2007 by WBG (Wissenschaftliche Buchgesellschaft), Darmstadt
Die Herausgabe des Werkes wurde durch
die Vereinsmitglieder der WBG ermöglicht.
Gedruckt auf säurefreiem und alterungsbeständigem Papier
Printed in Germany

Besuchen Sie uns im Internet: www.wbg-darmstadt.de

ISBN 978-3-534-20462-5

Inhaltsverzeichnis

Prolog

Was sag ich meinem Kinde?

Wir wollen in einem Überblick darstellen, wie die Kreisgeometrie sich entwickelt hat, wie sie gewachsen ist – Schritt für Schritt (anschaulich, analytisch-algebraisch, axiomatisch). Dabei soll die zentrale Rolle der Kreisspiegelung (Inversion) deutlich werden.

Wir wollen zeigen, dass die Kreisgeometrie nicht veraltet, verstaubt, antiquiert ist. Sie hat auch heute viel zu bieten – für die Schule, für die Lehre an Universitäten, für die Forschung.

Wir wollen auch immer wieder an die Entdecker, die Pioniere, die Wegbereiter dieser Disziplin erinnern (J. Steiner, R. Descartes, C. F. Gauß, F. Karteszi, B. Segre, Ch. v. Staudt, D. Hilbert, K. Gödel, A. F. Möbius). Es soll dabei deutlich werden, dass Mathematiker auch Menschen sind, Menschen aus Fleisch und Blut, Menschen wie Du und ich.

Wir wollen zu Aktivitäten anregen. Mathematik ist kein Zuschauersport – man muss sie tun. Beim Lesen sollten Sie dauernd Papier und Bleistift neben sich haben. Seien Sie kritisch, schreiben Sie uns! Wir sind für alle Anregungen dankbar.

Wie sag ich's meinem Kinde?

Als begeisterte Bergsteiger möchten wir das Vorgehen mit einem Vergleich erläutern.

Zunächst schlendern wir mit Ihnen über herrliche Almwiesen (Elementare Geometrie, analytische Geometrie über den reellen Zahlen). Gelegentlich pflücken wir auch einige Blumen. Die Auswahl fällt dabei schwer, weil es so viele wunderschöne Blüten der Kreisgeometrie gibt.

Mit der Kreisgeometrie über den komplexen Zahlen entwickelt sich unser Spaziergang zur leichten Bergwanderung. Der Weg wird etwas steiler und anstrengender.

Die Geometrie über Körperpaaren, die endliche und gar die aximatische Geometrie zwingen uns zum Klettern – unser Unternehmen wird zur echten Bergtour. In gedruckten Bergführern ist zu lesen „Schwindelfreiheit und Trittsicherheit erforderlich", aber auch „zwar ausgesetzt, trotzdem sehr genussvoll". Wir zeigen Ihnen herrliche Gipfel, glatte Wände und zackige Grate. Diese werden wir aber nicht alle erklettern. Trotzdem erleben Sie eine faszinierende und zauberhafte Gebirgslandschaft. Vielleicht finden Sie Freude an unserem Tun und werden selber noch zum Bergsteiger der Kreisgeometrie.

Für wen schreiben wir eigentlich?

Nicht für den Spezialisten. Sollte dieser – trotz Warnung – zu dem Buch greifen, wird er darin nichts für ihn Neues finden, wohl aber Bekanntes vermissen. Wir schreiben für begeisternde und begeisterte Lehrer (trotz aller Unkenrufe – es gibt sie), für neugierige Schüler, für Studenten der Anfangssemester und für interessierte Laien.

Worte des Dankes

Als erstes danken wir unseren Ehefrauen Hermine und Marina. Sie haben uns stets den Rücken frei gehalten und mussten dabei viel Geduld aufbringen.
Ganz besonderer Dank gebührt einem begabten Studenten, Herrn A. Krämer. Er hat das Manuskript kritisch gelesen, Fehler entdeckt und viele Verbesserungen vorgenommen.
Wir danken aber auch all den Studenten die wir hatten und noch haben. Es war eine Freude mit ihnen zu diskutieren, mit ihnen Mathematik zu tun. Deshalb möchten wir dieses Buch diesen Studenten widmen. Was wäre unsere Wissenschaft ohne die Jugend?
Schließlich danken wir dem Verlag für die Übernahme des Manuskriptes und vor allem Herrn Geinitz (Lektorat) für die vorbildliche stets harmonische Zusammenarbeit. Er musste mit uns sehr viel Geduld haben.

I. Elementargeometrie

Für den ersten Teil des Buches setzen wir Kenntnisse aus der euklidischen Schulgeometrie voraus. Wir führen unsere Untersuchungen also auf einem bereits vorhandenen Fundament. Dabei interessieren uns weder dessen Entstehung noch dessen innerer Aufbau. Wir haben ganz einfach Vertrauen in ein durch Jahrtausende gewachsenes Bauwerk. Punkt, Gerade, Kreis, ... kurz alle Elemente und Relationen der Geometrie sind genau das, was sich der harmlose, aber intelligente Leser darunter vorstellt. Einen Satz beweisen heißt, ihn auf andere, einsichtigere, also einfachere Sätze zurückführen. Es wird nur lokal deduziert. Bei solchen Beweisen wollen wir bewusst nicht bis auf Adam und Eva zurückgehen. Von Axiomen wird demnach überhaupt nicht die Rede sein, auch nicht von analytischer Geometrie. Eine solche Art, Geometrie zu betreiben, lässt sich je nach Geschmack und mathematischer Weltanschauung mit ganz verschiedenen Worten bezeichnen: elementar, klassisch, anschaulich, lokal deduzierend, naiv, primitiv, unexakt, altmodisch, ... Wir entscheiden uns für „elementar".

1. Ein Ausflug in die geometrische Optik

An vielen Stellen begegnen uns gekrümmte Spiegel: Scheinwerfer beim Auto, Rasierspiegel, Spiegel zur Beobachtung von Kunden in Supermärkten, Rückspiegel am Auto, ...
Dem Titel des Buches entsprechend, betrachten wir hier nur Kugelspiegel. Ihre Spiegelfläche ist Teil einer Kugelfläche. Es wird zwischen Hohlspiegel (konkav) und Wölbspiegel (konvex) unterschieden. Wir beschränken uns hier auf Hohlspiegel. Wölbspiegel lassen sich ganz analog behandeln.

1.1 Hohlspiegelgesetze

Lichtstrahlen durch den Kugelmittelpunkt M werden in sich reflektiert, Lichtstrahlen durch den Scheitel S des Spiegels nach dem Reflexionsgesetz (Einfallswinkel = Reflexionswinkel). Wie Abb. I,1 (wir betrachten einen ebenen Schnitt) zeigt, lässt sich mit diesen beiden Strahlen das Spiegelbild eines Pfeiles bestimmen. Mit $\overline{PQ} = G$, $\overline{QS} = g$, $\overline{P'Q'} = B$, $\overline{Q'S} = b$, $\overline{MS} = r$ gilt

$\frac{G}{B} = \frac{g}{b}$ Ähnlichkeit: $\triangle(PQS) \sim \triangle(P'Q'S)$,

$\frac{G}{B} = \frac{g-r}{r-b}$ Ähnlichkeit: $\triangle(PQM) \sim \triangle(P'Q'M)$.

Damit folgt ein bekanntes Hohlspiegelgesetz

$$\frac{G}{B} = \frac{g-r}{r-b} = \frac{g}{b} \implies \frac{1}{g} + \frac{1}{b} = \frac{2}{r}.$$

Der Leser unterscheide verschiedene Fälle $g \gtreqless \frac{r}{2}$.

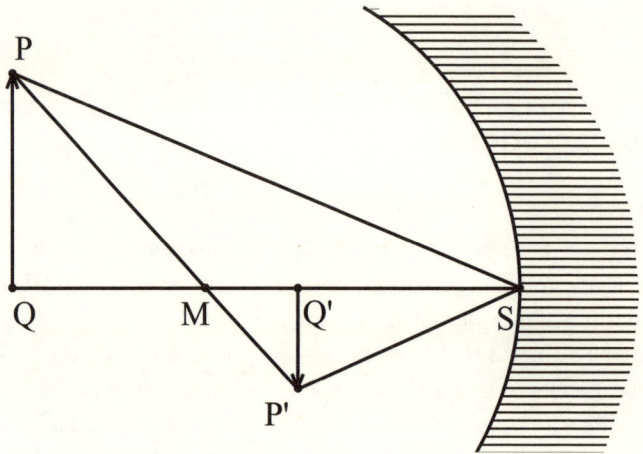

Abb. I,1: Hohlspiegelgesetze

1.2 Die Sache mit dem Brennpunkt

Ein Lichtstrahl parallel zur Achse MS wird nach dem Reflexionsgesetz zurückgeworfen. Dabei tritt der Reflexionswinkel α dreimal auf (einmal als Wechselwinkel an Parallelen). Das Dreieck MTP in Abb. I,2 ist demnach gleichschenklig und es gilt

$$\cos\alpha = \frac{r}{2\overline{MT}} \implies \overline{MT} = \frac{r}{2\cos\alpha}.$$

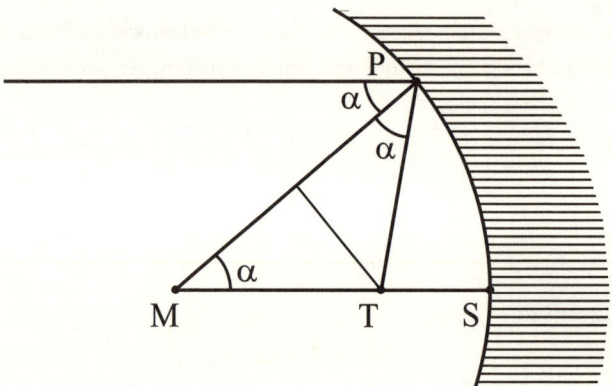

Abb. I,2: Die Sache mit dem Brennpunkt

Ist der Winkel α sehr klein, so können wir schreiben $\overline{MT} = \frac{r}{2}$. In diesem Fall bezeichnen wir den Punkt T als Brennpunkt F und $\frac{r}{2}$ als Brennweite f. Wir können also sagen, dass achsenparallele Strahlen nach der Reflexion durch den Brennpunkt F laufen – wenn α klein genug ist.

Bemerkung:
Lässt man für achsenparallele Strahlen
beliebige Winkel α zu, so hüllen die
reflektierten Lichtstrahlen eine (halbe)
Nephroide ein. Wir sprechen von einer
Brennkurve – ihre Spitze ist exakt der
Brennpunkt F. Abb. I,3 zeigt die Si-
tuation.

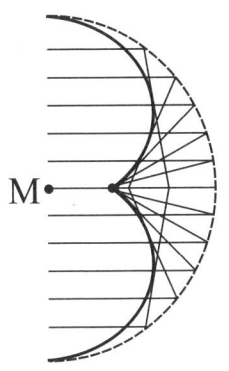

Abb. I,3: Eine Brennkurve, die Nephroide

1.3 Die Hohlspiegelformel von J. Newton

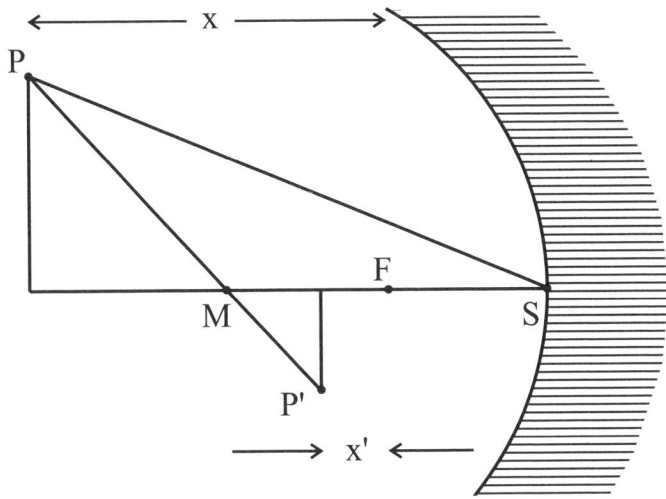

Abb. I,4: Newton Formel

Mit den Bezeichnungen von Abb. I,4 gilt $x = g - \frac{r}{2}$, $x' = b - \frac{r}{2}$. Damit erhalten wir
$x \cdot x' = (g - \frac{r}{2})(b - \frac{r}{2}) = \frac{r^2}{4} + [gb - \frac{r}{2}(g+b)] = \frac{r^2}{4} + gb[1 - \frac{r}{2}(\frac{1}{b} + \frac{1}{g})]$.
Mit $\frac{1}{g} + \frac{1}{b} = \frac{2}{r}$ aus 1.1 ergibt sich dann die berühmte Newton Formel
$x \cdot x' = \frac{r^2}{4} = f^2$.

2. Die Kreisspiegelung

2.1 Definition

In der vertrauten euklidischen Ebene E sei ein Kreis K mit Mittelpunkt M und Radius r
gegeben.

Der zum Originalpunkt X gehörende Bildpunkt X' liegt auf der Halbgeraden MX und es gilt $\overline{MX} \cdot \overline{MX'} = r^2$ (Abb. I,5). Wir sprechen von der Spiegelung (Inversion) an K, oder – wegen $\overline{MX} = \frac{r^2}{\overline{MX'}}$ – auch von der Transformation durch reziproke Radien.

Der Punkt M muss bei dieser Definition ausgeschlossen werden.

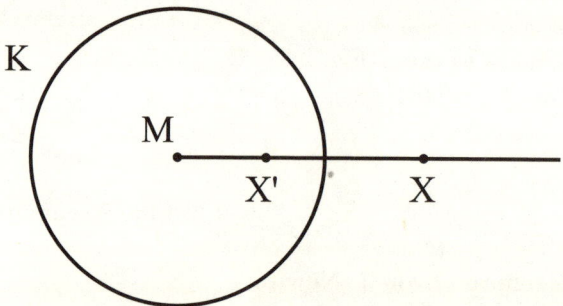

Abb. I,5: Inversion an K, Definition

Bemerkung:

Mit den in 1.3 angegebenen Einschränkungen hatten wir die Beziehung $x \cdot x' = f^2$. Dies entspricht dort einer Spiegelung an einem Kreis um F mit Radius f. Dies kann als Motivation für unsere Definition dienen.

2.2 Ein Blick in die Geschichte

Die Inversion wurde schon 1831 von L. J. Magnus entdeckt. Auch andere Mathematiker haben unabhängig voneinander diese Abbildung gefunden. Der überlegene Meister im Umgang mit der Inversion war jedoch Jakob Steiner (1796–1863). In neuerer Zeit hat sich vor allem H. S. M. Coxeter (1907–2003) – the king of geometry – mit diesem Thema auseinandergesetzt. Auf die Person des Vollblutgeometers Steiner aus dem Berner Oberland möchten wir etwas näher eingehen.

J. Steiner erhielt seinen ersten Mathematikunterricht an der Schule Pestalozzis, wurde 1827 Gewerbe-Oberlehrer und 1834 ao. Professor an der Universität Berlin. Dort verlieh man ihm die Würde eines Ehrendoktors. J. Steiner blieb unverheiratet. In den letzten Jahren seines Lebens war er gelähmt. Er starb 1863 in Bern, nachdem er es hartnäckig abgelehnt hatte, einen Arzt aufzusuchen. Anstelle einer ausführlicheren Darstellung seines Lebens nennen wir einige besonders farbige Zitate.

Der Direktor der Gewerbeschule schreibt über Steiner: „Ich muss bekennen, dass ich die Entfernung eines solchen Mannes aus dem Lehramte als einen wahren Gewinn ansehe, und wenn er Archimedes selber wäre! Er hat keinen Begriff von Subordination und kann mithin keine Disziplin unter seinen Schülern halten. Mag er zu seinesgleichen in die Berge seiner, wie man sagt, glücklichen Heimat ziehen, unsere Brandenburger lasse er unverdorben."

Und etwas später: „Ich verlange auf die entschiedenste Weise und kraft meines Amtes von Ihnen, dass Sie sich der entwürdigenden und niedrigen Schimpfworte in den Klassen durchaus enthalten, die Anspielungen auf die Religion der jüdischen Zöglinge durchaus unterlassen, sowie jede thätliche Äußerung Ihres Zornes und Ihrer Hitze durch Schlagen, Zupfen und dergl. vermeiden ... Schon ist die Stadt voll von dem Gerede über Ihr gewaltiges Schimpfen."

Jakob Steiner (1796–1863)

Ein Großneffe Steiners schreibt: „Fast noch größer als in der Geometrie war Steiner im Schimpfen. Ich habe das Vergnügen gehabt, mit Männern zu verkehren, die unter den jetzt Lebenden in dieser Hinsicht eine hervorragende Stellung einnehmen, aber ohne Jemanden beleidigen zu wollen, muss ich gestehen, dass keiner von ihnen auch nur im Entferntesten an den alten Steiner heranreichte. Seine originellen Ausdrücke, sein plastisches und drastisches Darstellungsvermögen kamen ihm dabei trefflich zu statten: Legte er los, so erbebten die Höhen des Olymp und Sonne, Mond und Sterne verbargen ihr Licht hinter dem grollend aufziehenden Donnerwolken. Ich bin fest überzeugt, hätte er vor ein paar Jahrhunderten gelebt, so würden wir in ihm jetzt einen der größten Theologen seiner Zeit verehren."
Besonders interessant sind die Originalschriften Steiners. Wir zitieren B. Jegher, die sich im Rahmen einer Diplomarbeit mit einem Teil des Nachlasses beschäftigte: „Steiner benützte oft das gleiche Blatt für ganz verschiedene Dinge. Einzelne Sätze wurden über Konstruktionen hinweggeschrieben. In jede zweite Ecke kamen ein paar Berechnungen, dazwischen wieder Schönschreib- und Zierschriftübungen anhand von Bibelzitaten und Ortsnamen. Einzelne Blätter sind über und über mit dem Mädchennamen Emilie – oft von einer ganzen Serie feingezogener Kreise umrahmt – bedeckt. Auch einzelne in den Text eingestreute Zwischenrufe wie ‚Zum Teufel ist das schwer' oder ‚Es ist nicht einfach genug' kennzeichnen das Bild Steiners in menschlicher Beziehung."

Besonders interessant ist die folgende Geschichte: „In der Wochenrechnung von Steiner befand sich ein Posten für Heizung des Zimmers, bemessen nach der vom sparsamen Mieter genau vorgeschriebenen Anzahl der jedesmal zu verwendenden Stücke Holz oder Torf. Nun argwöhnte Steiner, dass die Wirtin in seiner Abwesenheit eine geringere Anzahl wirklich verwendete. Um sie auf frischer That zu ertappen, ersann er folgenden Plan. Pohlke, ein

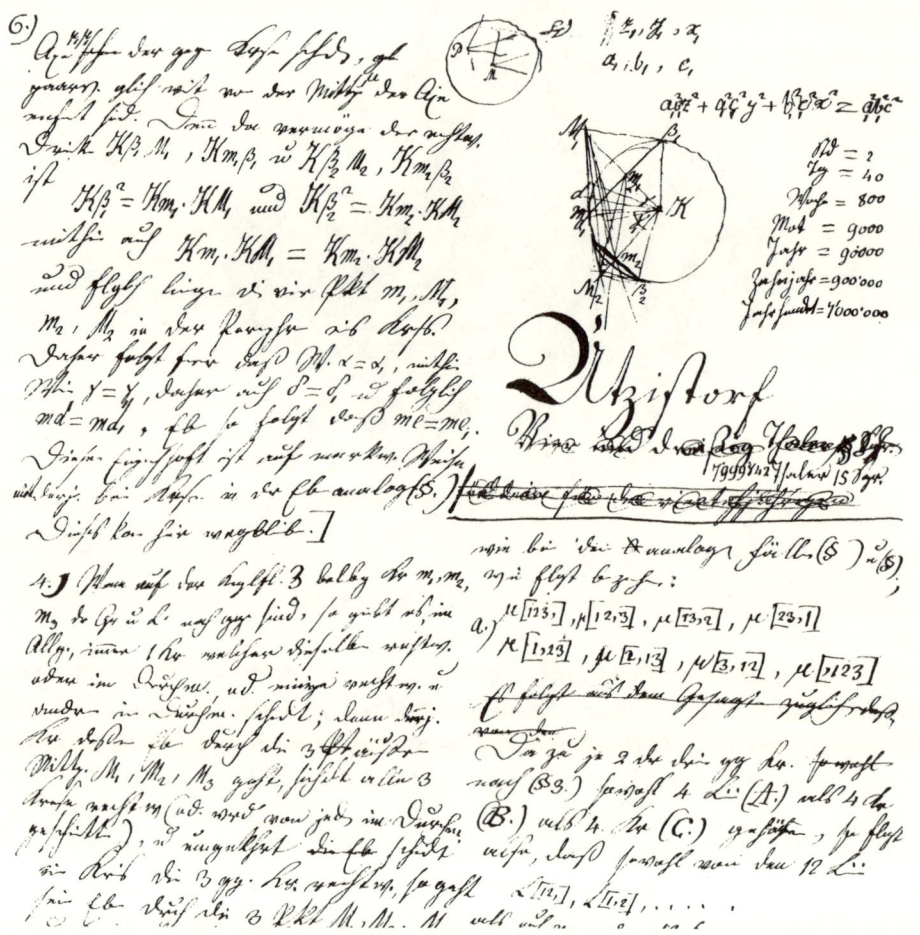

Steiner Faksimile (Ausschnitt)

anhänglicher Schüler und enthusiastischer Bewunderer des großen Geometers, sollte sich von diesem in den Kleiderschrank einschließen lassen und durch ein Astloch in der Thüre des Schrankes die Wirtin beim Heizen beobachten. Dessen weigerte sich Pohlke, weil er es einerseits nicht für anständig hielt, auf diese Weise den ungesehenen Denunzianten zu spielen, und weil er anderseits mit seiner langen Figur nicht die Qual der gebückten Stellung in einem verschlossenen Schranke stundenlang aushalten wollte. Diese Weigerung führte dann zur Entzweiung des Meisters mit seinem Schüler.“

3. Punktweise Konstruktionen

3.1 Die klassische Konstruktion

Diese Konstruktion verwendet Sekanten und Tangenten.
Die Konstruktion (Abb. I,6):
Wir unterscheiden drei Fälle.
$\overline{MX} > r$: Tangenten von X an K. Berührpunkte A und B. $AB \cap MX = \{X'\}$.

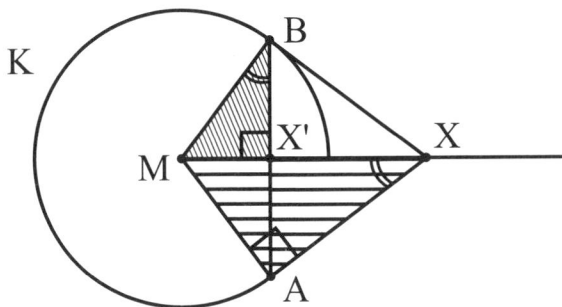

Abb. I,6: Die klassische Konstruktion

$\overline{MX} < r$: Senkrechte in X zu MX. Schnittpunkte A und B. Tangenten in A und B schneiden sich in X'.
$\overline{MX} = r$: $X' = X$.
Richtigkeit der Konstruktion
Dass diese Konstruktion wirklich den Spiegelpunkt X' von X liefert, folgt aus der Ähnlichkeit der Dreiecke $(MX'B)$ und (MAX). Denn dann gilt $\frac{x'}{r} = \frac{r}{x}$, also $x \cdot x' = r^2$.

3.2 Und noch eine Konstruktion

Senkrechte in M zu MX – diese schneidet den Kreis K in den Punkten A und B (Abb. I,7). $AX \cap K = \{C\}$, $BC \cap MX = \{X'\}$. Der Nachweis der Richtigkeit dieser Konstruktion erfolgt wieder über ähnliche Dreiecke: $\triangle(MX'B) \sim \triangle(MAX) \Rightarrow \frac{x'}{r} = \frac{r}{x} \Rightarrow x \cdot x' = r^2$.

4. Wie operiert unsere Abbildung?

Wir wollen eine Vorstellung vom Operieren unserer Abbildung, von ihrer Dynamik gewinnen. Einige Eigenschaften folgen wir sofort (ohne Angabe von Beweisen) aus der Definition.
Der Kreis K bleibt punktweise fest, er ist Fixpunktkreis. Das Äußere von K geht in das Innere über und umgekehrt. Aus Kreisen konzentrisch zu K werden wieder solche Kreise.

Jede Gerade durch M (Mittelpunktsgerade) wird als Ganzes (also nicht punktweise) auf sich abgebildet, sie ist Fixgerade. Es ist reizvoll, all diese Vorgänge auf dem Computer sichtbar zu machen. Dann erst beginnt die Abbildung zu leben.

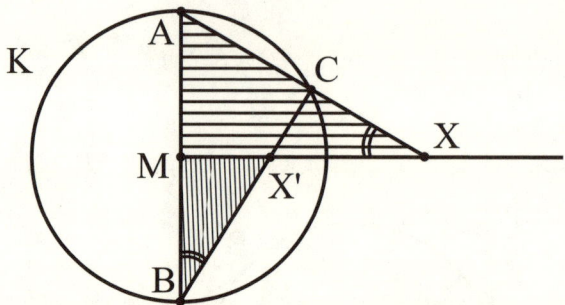

Abb. I,7: Und noch eine Konstruktion

5. Das Problem mit dem Mittelpunkt M

Bei unserer Definition der Kreisspiegelung wurde der Punkt M ausgeschlossen. Was soll aus ihm werden?

Läuft ein Punkt auf einer Mittelpunktsgeraden nach M, so entfleucht auf eben dieser Geraden der Bildpunkt ins Unendliche. Damit wird die folgende Definition plausibel.

Definition: Bei der Kreisspiegelung wird dem Mittelpunkt M ein unendlich ferner (uneigentlicher) Punkt ∞ zugeordnet.

Jede Mittelpunktsgerade enthält also ein und denselben Punkt ∞. Unsere vetraute euklidische Ebene E wird um den Punkt ∞ erweitert. Man spricht von einem funktionentheoretischen Abschluss der Ebene E. Damit ist ein Schönheitsfehler beseitigt.

Wir bezeichnen die erweiterte Abbildung mit σ_K. Dann schreiben wir also $\sigma_K(X) = X'$ oder speziell $\sigma_K(M) = \infty$.

Satz:

Die Abbildung σ_K ist bijektiv und involutorisch.

Bijektiv:
Jeder Originalpunkt X hat genau einen Bildpunkt X' und umgekehrt. Dies folgt sofort aus unseren Definitionen.

Die Abbildung ist involutorisch:
Dies bedeutet, dass für alle Punkte X gilt $\sigma_K(\sigma_K(X)) = X$. Mit $\overline{MX} = x$ und $\overline{MX'} = x'$ erhalten wir: $\sigma_K(X) = X'$, $x \cdot x' = r^2$ und weiter $\sigma_K(X') = X''$, $x' \cdot x'' = r^2$, $x'' = \frac{r^2}{x'} = \frac{r^2 x}{r^2} = x$.

6. Zykeltreue

6.1 Satz

Kreise und Geraden zusammen bezeichnen wir jetzt als Zykel.

Die Menge aller Zykel wird durch unsere Kreisspiegelung bijektiv auf sich abgebildet.
Man sagt auch, die Kreisspiegelung sei „zykeltreu" oder sie sei eine „Zykelverwandtschaft".

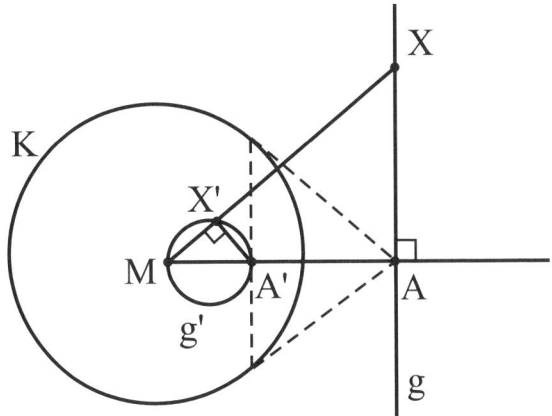

Abb. I,8: Zur Zykeltreue

Beweis:

Wir führen den Beweis in mehreren Schritten.

Was wissen wir bereits? Geraden durch M gehen in sich über (Fixgeraden). Kreise um M werden wieder zu solchen Kreisen – dabei ist K Fixpunktkreis. Jetzt behandeln wir alle noch fehlenden Fälle.

Die Originalgerade g gehe nicht durch M.

Wir fällen von M das Lot auf g und erhalten den Fußpunkt A. Der zugehörige Bildpunkt sei A'. Entsprechend bezeichnen wir den Bildpunkt von $X \in g$ mit X' (Abb. I,8).
Dann gilt $\overline{MA} \cdot \overline{MA'} = r^2$, $\overline{MX} \cdot \overline{MX'} = r^2$, $\overline{MA} \cdot \overline{MA'} = \overline{MX} \cdot \overline{MX'}$, $\frac{\overline{MA}}{\overline{MX}} = \frac{\overline{MX'}}{\overline{MA'}}$, $\triangle(MAX) \sim \triangle(MX'A')$
(Die Dreiecke haben $\sphericalangle (XMA)$ gemeinsam und stimmen im Verhältnis zweier Seiten überein.)
$\Longrightarrow \sphericalangle (MX'A') = \sphericalangle (MAX) = 90°$.

Läuft X entlang der Geraden g, dann bewegt sich also X' auf dem Thaleskreis über $[MA']$. Aus einer Geraden $g \not\ni M$ wird also ein Kreis $g' \ni M$. Da unsere Abbildung bijektiv ist, gilt auch die Umkehrung.

Der Originalkreis k gehe nicht durch M und habe auch nicht den Mittelpunkt M.

Wir verbinden M mit dem Mittelpunkt des Kreises k. Dies liefert mit k die Schnittpunkte A und B. Die zugehörigen Bildpunkte seien A', B' (Abb. I,9).
Dann gilt

$$\begin{aligned}
\overline{MA} \cdot \overline{MA'} &= r^2 \\
\overline{MB} \cdot \overline{MB'} &= r^2 \\
\overline{MX} \cdot \overline{MX'} &= r^2
\end{aligned} \implies \frac{\overline{MA}}{\overline{MX}} = \frac{\overline{MX'}}{\overline{MA'}}, \; \frac{\overline{MB}}{\overline{MX}} = \frac{\overline{MX'}}{\overline{MB'}}$$

$\Rightarrow \triangle(MBX) \sim \triangle(MX'B')$ (ein gemeinsamer Winkel, Verhältnis zweier Seiten)

$\Rightarrow \sphericalangle(MBX) = \sphericalangle(MX'B') = \varphi$.

Weiter erhalten wir $\triangle(MAX) \sim \triangle(MX'A') \Rightarrow \sphericalangle(MAX) = \sphericalangle(MX'A') = \psi$.

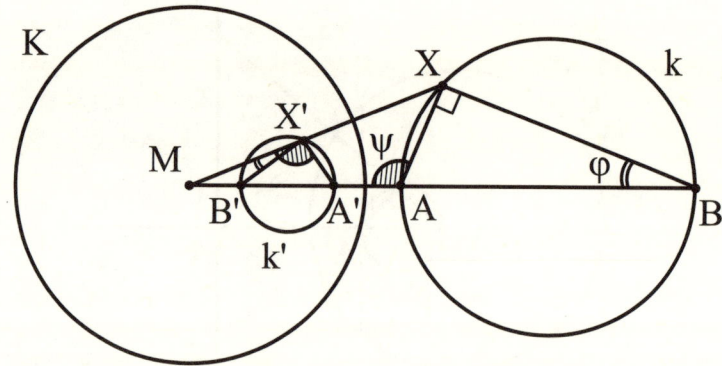

Abb. I,9: Und nochmals zur Zykeltreue

Aus dem rechtwinkligen Dreieck $\triangle(ABX)$ entnehmen wir $\varphi + (180° - \psi) + 90° = 180°$ (Winkelsumme im Dreieck), also $\psi - \varphi = 90°$. Dies bedeutet $\sphericalangle(B'X'A') = 90°$.

Läuft X entlang des Kreises k, dann bewegt sich also X' auf dem Thaleskreis über $[A'B']$. Aus einem Kreis $k \not\ni M$ wird also ein Kreis $k' \not\ni M$.

Damit sind alle Fälle erledigt und der Satz ist bewiesen.

Bemerkung:

Es ist eigenartig, dass J. Steiner nicht vom Bild k' eines Kreises k bei Spiegelung an K spricht, sondern von der *„Wiedergeburt von k"*.

Sind K und k zueinander senkrecht, so geht k bei Spiegelung an K in sich über. Auch hierfür verwendet J. Steiner eine biblische Bezeichnung *„Auferstehung"*.

6.2 Definition

Jede Gerade g enthält den Punkt ∞.

Für den Fall $M \in g$ hatten wir diese Definition bereits motiviert. Gilt $M \notin g$, so betrachten wir einen auf dem Bildkreis g' nach M laufenden Punkt (Abb. I,8). Der zugehörige Bildpunkt entfleucht auf g nach ∞. Damit haben wir die gleiche Motivation wie in Abschnitt 5. Es mutet merkwürdig an, dass jetzt alle Geraden durch ein und denselben Punkt laufen. Aus den bisherigen Überlegungen folgt:

Korollar
Die Geraden sind genau die Zykel, welche den Punkt ∞ enthalten.

7. Winkeltreue und Orthogonalzykel

7.1 Das Winkelmaß

Wir betrachten zwei sich im Punkt S (Scheitel) schneidende Kurven (auch Zykel). Handelt es sich dabei um zwei Geraden g, h, so versteht man unter dem zugehörigen Winkel genau das, was sich der unverbildete Mensch darunter vorstellt (Einleitung zu Kapitel I). Zur Bezeichnung der Winkelgröße verwendet man griechische Buchstaben. Wir schreiben
$\sphericalangle\,(g,h) = \alpha$, dabei wird g um S nach h gedreht (Abb. I,10). Erfolgt dies gegen den Uhrzeigersinn, so ist α positiv, im anderen Fall negativ.
Handelt es sich nicht um Geraden, sondern um irgendwelche (differenzierbare) Kurven, so verwendet man zur Winkelmessung die Tangenten g, h an die Kurven in S.

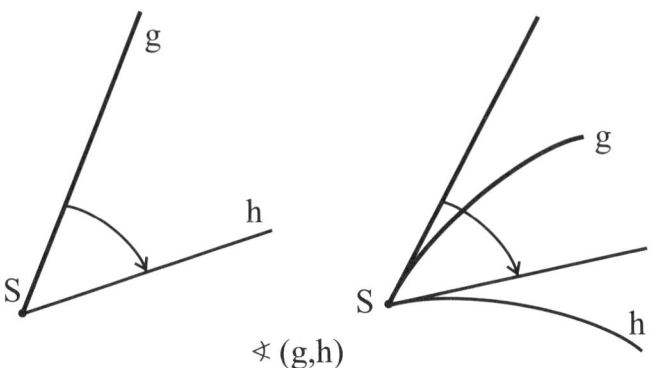

$$\sphericalangle\,(g,h)$$

Abb. I,10: Winkel

7.2 Satz

Bei Kreisspiegelung an K bleibt die Winkelmaßzahl dem Betrag nach erhalten, sie wechselt aber das Vorzeichen.
Man sagt auch, die Kreisspiegelung σ_K sei winkeltreu oder konform.

Beweis:

Gegeben seien zwei sich in S schneidende Kurven mit den Tangenten g, h und der Winkelmaßzahl $\sphericalangle\,(g, h) = \alpha$. Wie in Abschnitt 6 konstruieren wir die Bildkreise g', h' von g, h. Die Schnittpunkte dieser Kreise sind M und S'. Die Tangenten an diese Kreise in M laufen parallel zu g und h. Also gilt für den Winkel mit Scheitel M weiter $\sphericalangle\,(g', h') = \alpha$.

Die aus den Bildkreisen g', h' gebildete Figur ist symmetrisch zur Mittelsenkrechten von $[MS']$. Dies bedeutet, dass auch die Kreistangenten in S' einen Winkel einschließen. Es gilt $\sphericalangle\,(g', h') = -\alpha$.

Damit ist gezeigt, dass die Winkelgröße α dem Betrag nach gleich geblieben ist, aber das Vorzeichen gewechselt hat.

Es gibt noch andere Beweise unseres Satzes.

7.3 Satz

Jeder Orthogonalkreis k von K (Mittelpunkt M) ist bei Spiegelung an K Fixkreis.

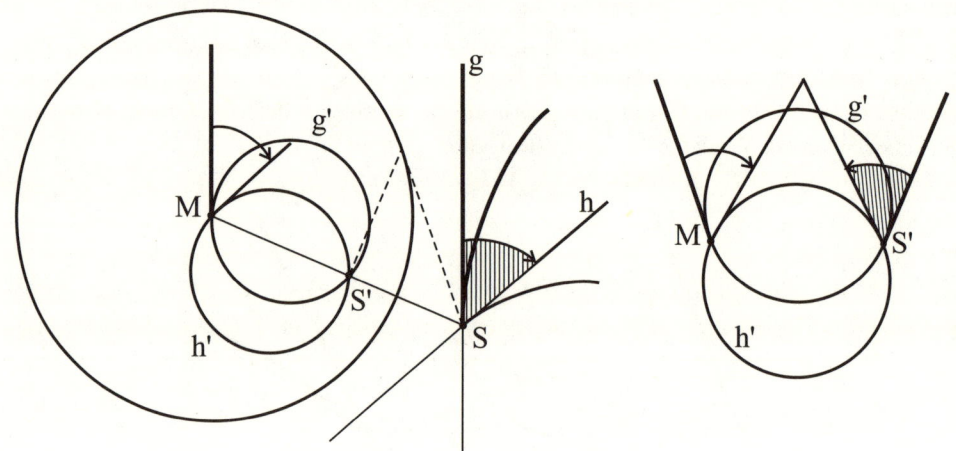

Abb. I,11: Winkeltreue

Beweis:

Wenn $M \in k$ gilt, dann ist k Mittelpunktsgerade und auch Fixgerade (4).

Im Falle $M \notin k$ wird aus k bei Spiegelung an K ein Kreis k' mit $M \notin k'$ (6.1).

Die Schnittpunkte A, B von k mit K sind Fixpunkte (4) und die Orthogonalität bleibt erhalten (7.2).

Nach dem Gesagten fällt k mit k' zusammen und der Satz ist bewiesen.

7.4 Zykelspiegelungen

Satz:
Durch Spiegelung an einem geeigneten Kreis K geht die Geradenspiegelung an g in eine Kreisspiegelung $\sigma_k(g)$ an k über.

Beweis:
Mit $A \notin g$ ergibt sich auf die bekannte Weise ein Spiegelpunkt $A' = \sigma_g(A) \notin g$. Alle Kreise und eine Gerade durch A und A' stehen auf g senkrecht (sie bilden ein sogenanntes elliptisches Kreisbüschel).
Jetzt spiegeln wir die gesamte Konfiguration an einem Kreis K, dessen Mittelpunkt M nicht auf g liegt.
Bei dieser Spiegelung geht g in einen Kreis k durch M über (6.1). Aus den Kreisen und der Geraden des Büschels werden (7.2) Orthogonalkreise und eine Orthogonalgerade zu k. Die Bildpunkte $X = \sigma_K(A)$, $X' = \sigma_K(A')$ sind Spiegelpunkte bezüglich k (Aufgabe 4), also $X' = \sigma_k(X)$.

Die Menge aller Kreisspiegelungen und Geradenspiegelungen zusammen bezeichnen wir als die Menge aller Zykelspiegelungen.

8. Verhältnis und Doppelverhältnis

Wir suchen jetzt nach einer weiteren (neben der Winkelmaßzahl) Invarianten der Kreisspiegelung.

8.1 Definition

Unter dem Teilverhältnis $TV(A, BC)$ dreier Punkte A, B, C verstehen wir
$$\mathrm{TV}(A, BC) = \frac{\overline{AB}}{\overline{AC}}.$$

Dabei sei $|\{A, B, C\}| = 3$ und $M, \infty \notin \{A, B, C\}$.

8.2 Satz

*Das Teilverhältnis von drei Punkten bleibt – unter den in 8.1 genannten Bedingungen – bei Kreisspiegelung **nicht** invariant.*

Beweis:

M sei wieder Mittelpunkt des Spiegelkreises K mit Radius r. Dann gilt
$\overline{MA} \cdot \overline{MA'} = r^2$, $\overline{MB} \cdot \overline{MB'} = r^2$, also weiter $\frac{\overline{MA}}{\overline{MB}} = \frac{\overline{MB'}}{\overline{MA'}}$ (Abb. I,12). Die Dreiecke
$\triangle(MAB)$ und $\triangle(MB'A')$ sind demnach ähnlich und daraus folgt $\frac{\overline{A'B'}}{\overline{AB}} = \frac{\overline{MB'}}{\overline{MA}} = \frac{r^2}{\overline{MA}\,\overline{MB}}$

und weiter $\overline{A'B'} = \frac{r^2 \overline{AB}}{\overline{MA}\,\overline{MB}}$. Für das Teilverhältnis nach der Spiegelung an K ergibt sich

$$\text{TV}(A', B'C') = \frac{\overline{A'B'}}{\overline{A'C'}} = \frac{r^2 \overline{AB}}{\overline{MA}\,\overline{MB}} \cdot \frac{\overline{MA}\,\overline{MC}}{r^2 \overline{AC}} = \frac{\overline{AB}}{\overline{AC}} \cdot \frac{\overline{MC}}{\overline{MB}} = \text{TV}(A, BC) \cdot \frac{\overline{MC}}{\overline{MB}}.$$ Das Teilverhältnis

bleibt nur invariant, wenn $\overline{MC} = \overline{MB}$. Dann liegen C, B auf einem Kreis konzentrisch zu K. Im Allgemeinen haben wir also keine Invarianz. Unser Versuch zur Auffindung neuer Invarianten ist gescheitert.

Jetzt erinnern wir uns an das Doppelverhältnis aus der projektiven Geometrie.

8.3 Definition

Unter dem Doppelverhältnis $DV(AB, CD)$ von vier Punkten A, B, C, D verstehen wir
$DV(AB, CD) = \frac{\overline{AC}}{\overline{AD}} : \frac{\overline{BC}}{\overline{BD}}.$

Dabei gilt $|\{A, B, C, D\}| = 4$ und $M, \infty \notin \{A, B, C, D\}$.

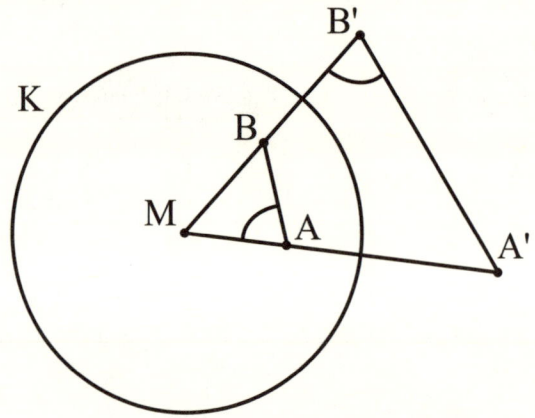

Abb. I,12: Zum Teilverhältnis

8.4 Satz

Das Doppelverhältnis von vier Punkten bleibt – unter den in 8.3 genannten Bedingungen – bei Kreisspiegelung invariant.

16

Man sagt auch, die Kreisspiegelung sei doppelverhältnistreu. Damit ist neben der Winkel-maßzahl eine weitere Invariante gefunden.

Beweis:

Mit (8.3) erhalten wir
$DV(A'B', C'D') = \frac{\overline{A'C'}}{\overline{A'D'}} : \frac{\overline{B'C'}}{\overline{B'D'}}$ und mit (8.2) weiter $= \frac{r^2\overline{AC}}{\overline{MA}\,\overline{MC}} \cdot \frac{\overline{MA}\,\overline{MD}}{r^2\overline{AD}} \cdot \frac{r^2\overline{BD}}{\overline{MB}\,\overline{MD}} \cdot \frac{\overline{MB}\,\overline{MC}}{r^2\overline{BC}} =$

$\frac{\overline{AC}}{\overline{AD}} : \frac{\overline{BC}}{\overline{BD}} = DV(AB, CD)$.

8.5 Sonderfälle

Satz 8.4 gilt auch, wenn $M, \infty \in \{A, B, C, D\}$.

Beweis:

Wir führen den Beweis nur für die beiden Fälle $A = M$ und $A = \infty$. Werden andere Buch-staben durch M, ∞ ersetzt, läuft alles ganz analog.

Der Beweistrick besteht darin, dass alle Strecken, die formal den Punkt ∞ enthalten, die Länge 1 besitzen.

$\boxed{A = \infty}$

$DV(\infty B, CD) = \frac{\overline{\infty C}}{\overline{\infty D}} : \frac{\overline{BC}}{\overline{BD}} = \frac{\overline{BD}}{\overline{BC}}$

$DV(\infty'B', C'D') = DV(MB', C'D') = \frac{\overline{MC'}}{\overline{MD'}} : \frac{\overline{B'C'}}{\overline{B'D'}}$ mit (8.2) und (2) weiter $= \frac{r^2}{\overline{MC}} \cdot \frac{\overline{MD}}{r^2} \cdot$

$\frac{r^2\overline{BD}}{\overline{MB}\,\overline{MD}} \cdot \frac{\overline{MB}\,\overline{MC}}{r^2\overline{BC}} = \frac{\overline{BD}}{\overline{BC}} = DV(\infty B, CD)$.

$\boxed{A = M}$

$DV(MB, CD) = \frac{\overline{MC}}{\overline{MD}} : \frac{\overline{BC}}{\overline{BD}}$

$DV(M'B', C'D') = DV(\infty B', C'D') = \frac{\overline{\infty C'}}{\overline{\infty D'}} : \frac{\overline{B'C'}}{\overline{B'D'}} = \frac{\overline{B'D'}}{\overline{B'C'}}$ mit (8.2): $= \frac{r^2\overline{BD}}{\overline{MB}\,\overline{MD}} \cdot \frac{\overline{MB}\,\overline{MC}}{r^2\overline{BC}} =$

$\frac{\overline{MC}}{\overline{MD}} : \frac{\overline{BC}}{\overline{BD}} = DV(MB, CD)$. Auch Satz 8.2 gilt, wenn $M, \infty \in \{A, B, C\}$.

Beweis:

$\boxed{A = \infty}$

$TV(\infty, BC) = \frac{\overline{\infty B}}{\overline{\infty C}} = 1$, $TV(\infty', B'C') = TV(M, B'C') = \frac{\overline{MB'}}{\overline{MC'}}$.

Im Allgemeinen gilt nicht $\overline{MB'} = \overline{MC'}$.

$\boxed{A = M}$

$TV(M, BC) = \frac{\overline{MB}}{\overline{MC}}$, $TV(M', B'C') = TV(\infty, B'C') = \frac{\overline{\infty B'}}{\overline{\infty C'}} = 1$.

Im Allgemeinen gilt nicht $\overline{MB} = \overline{MC}$.

Bemerkung:
Die drei Punkte in 8.1 und auch die vier Punkte in 8.3 müssen weder kollinear noch konzyklisch sein.

9. Ein Ausflug in die Büscheltheorie

9.1 Definitionen

Die Menge aller sich in einem Punkt A berührender Zykel bildet ein *parabolisches Büschel*. Es wird schon durch zwei sich berührende Zykel bestimmt.
Die Menge aller Zykel durch zwei verschiedene Punkte A, B bildet ein *elliptisches Büschel*. Es wird schon durch zwei sich schneidende Zykel bestimmt.

(a) elliptisch

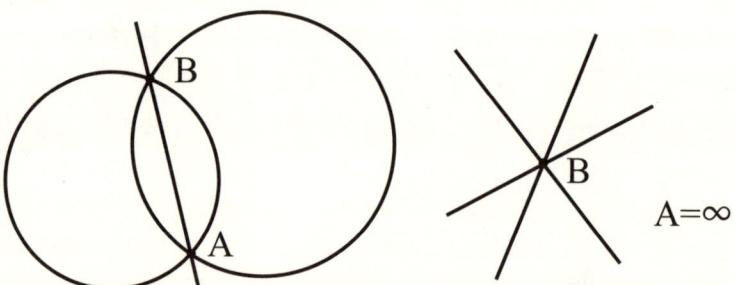

(b) parabolisch

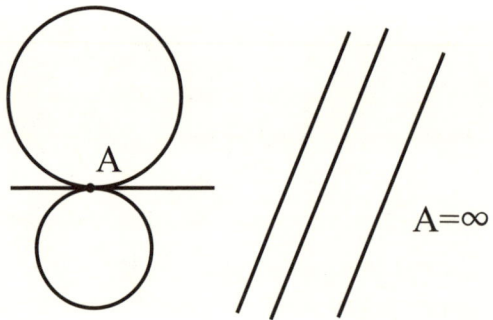

18

(c) hyperbolisch

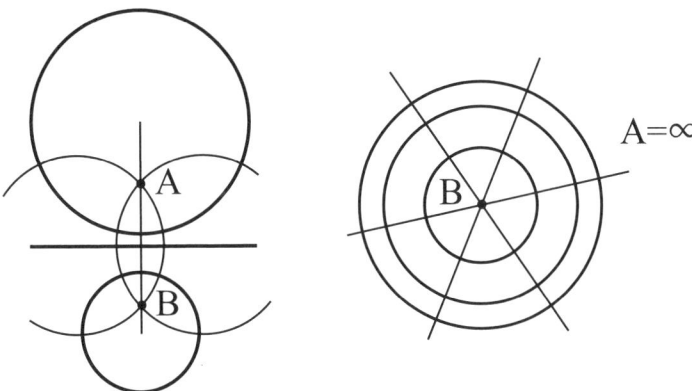

Abb. I,13: Kreisbüschel

Die Menge aller Zykel, die alle Zykel eines elliptischen Büschels senkrecht schneiden (Ortho-gonalbüschel), bilden ein *hyperbolisches Büschel.* Es wird schon durch zwei sich meidende Zykel bestimmt (Beweis in 9.2). Umgekehrt ist auch das Orthogonalbüschel eines hyper-bolischen Büschels ein elliptisches. Man sagt, die beiden Büschel seien „konjugiert". Das konjugierte Büschel eines parabolischen Büschels ist wieder parabolisch.

Sonderfälle treten auf, wenn $A = \infty$. Abb. I,13 zeigt die drei Möglichkeiten mit den zu-gehörigen Entartungsfällen.

9.2 Konstruktionen im Büschel

Wir lösen zwei spezielle Aufgaben. Dabei zeigt sich die Schwierigkeit solcher Konstruktionen.

9.2.1 Konstruktion

Gegeben seien zwei Kreise k_1, k_2 mit den Mittelpunkten M_1, M_2. Weiter gelte $k_1 \cap k_2 = \emptyset$. Konstruieren Sie einen Kreis k, der zu k_1 und zu k_2 orthogonal ist!

Wir wählen einen Punkt X, der nicht auf den Kreisen liegt und von M_1 und M_2 verschieden ist.

$\sigma_{k_2}(X) = X', \sigma_{k_1}(X') = X''$.

Der Kreis k durch X, X', X'' hat die gewünschte Eigenschaft. Dies wird mit den Aussagen über Orthogonalkreise in Aufgabe 4 begründet (Abb. I,14).

Die Gerade $M_1 M_2$ und der Kreis k bestimmen jetzt ein elliptisches Büschel. Die Startkreise k_1, k_2 gehören dem konjugierten hyperbolischen Büschel an. Damit ist gezeigt, dass k_1 und k_2 alleine bereits dieses Büschel festlegen.

19

9.2.2 Eine weitere Konstruktion

Finden Sie jetzt einen Kreis K, so dass bei Spiegelung an ihm die Bildkreise von k_1, k_2 konzentrisch sind.

Die Strecke $M_1 M_2$ schneide k in zwei Punkten S, T (Abb. I,14). Bei Spiegelung an einem Kreis K um S entartet das elliptische Büschel durch S, T zu einem Geradenbüschel. Auch das zugehörige hyperbolische Büschel entartet. Es wird zu einem Büschel konzentrischer Kreise. Die Bildkreise von k_1, k_2 sind nach der Abbildung konzentrisch. Mit unseren bisherigen Ausführungen sind die wesentlichen Eigenschaften der Kreisspiegelung behandelt.

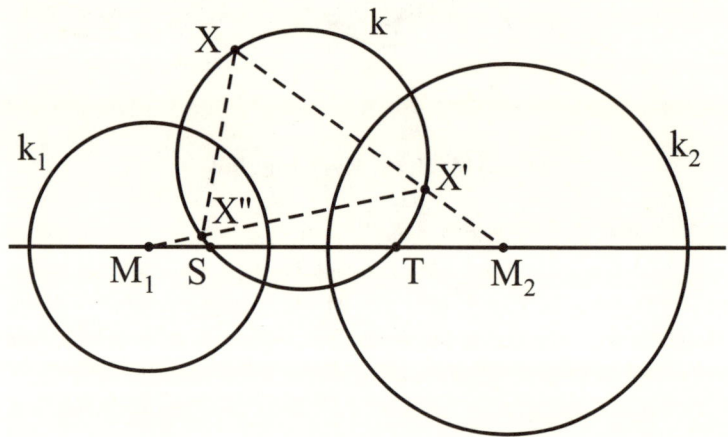

Abb. I,14: Eine Konstruktion

10. Kugelspiegelung

Wir teilen jetzt Wissenswertes zur Kugelspiegelung mit – beschränken uns aber auf eine skizzenhafte Darstellung. Alles läuft ja in völliger Analogie zur Kreisspiegelung.

10.1 Definition der Kugelspiegelung

Im vertrauten dreidimensionalen euklidischen Raum E sei eine Kugel mit Mittelpunkt M und Radius r gegeben.

Der zum Originalpunkt $X \neq M$ gehörende Bildpunkt X' liegt auf der Halbgeraden MX und es gilt $\overline{MX} \cdot \overline{MX'} = r^2$. Dem Punkt M wird der Punkt ∞ zugeordnet. Wir sprechen von einer Kugelspiegelung. Diese Abbildung ist wieder bijektiv und involutorisch. Das Innere der Kugel wird auf das Äußere abgebildet und umgekehrt. Alle Geraden, aber auch alle Ebenen, enthalten den Punkt ∞.

10.2 Sphärentreue

Die Menge aller Ebenen und die Menge aller Kugeln zusammen bezeichnen wir als die Menge der Sphären.

Die Menge aller Sphären wird durch unsere Kugelspiegelung bijektiv auf sich abgebildet. Für diese wichtige Aussage deuten wir einen Beweis an. Die Spiegelkugel bleibt punktweise fest (Fixpunktkugel). Alle Ebenen durch M gehen als Ganzes in sich über (Fixebenen). Kugeln konzentrisch zu K werden zu ebensolchen Kugeln.

Aus Ebenen, die M nicht enthalten, entstehen Kugeln durch M und umgekehrt. Und aus Kugeln nicht durch M werden wieder solche Kugeln.

Zum Beweis der letzten beiden Aussagen lassen wir die Abbildungen I,8 und I,9 um die Achse MA rotieren. Im ersten Fall entsteht aus g eine Ebene und aus g' eine Kugel durch M und im zweiten Fall aus k und k' Kugeln nicht durch M.

10.3 Sphärenspiegelungen

Auf dem Wege über Orthogonalsphären von K lässt sich ein Zusammenhang zwischen Ebenen- und Kugelspiegelung finden. Dies führt zur folgenden Definition: Die Menge aller Ebenenspiegelungen und die Menge aller Kugelspiegelungen zusammen bezeichnen wir als die Menge aller Sphärenspiegelungen.

10.4. Zykeltreue

Zykeln gehen bei Kugelspiegelung wieder in Zykeln über. Die Kugelspiegelung ist also nicht nur sphären-, sondern auch zykeltreu.

Dies lässt sich leicht beweisen. Denn jeder Zykel ist als Schnitt zweier Sphären darstellbar. Diese werden wieder auf Sphären abgebildet. Deren Schnitt liefert den Bildzykel.

Die Winkelmaßzahl und auch das Doppelverhältnis erweisen sich bei Sphärenspiegelung als invariant.

11. Wo finden wir Kreis- und Kugelspiegelungen?

Nach sehr viel Theorie suchen wir jetzt in unserer Welt nach Kreis- und Kugelspiegelungen. Wir tun dies, obwohl wesentliche Themen noch nicht behandelt wurden. Z. B. Gruppen von Spiegelungen, Genaueres über Büschel, Bündel und Gebüsche,...

11.1 Der Inversor von Peaucellier

Im 19. Jahrhundert hatten Techniker ein schwerwiegendes Problem. Sie wollten Drehbewegungen bei Maschinen in lineare Bewegungen umwandeln. So sollte zum Beispiel bei einer Dampfmaschine die Drehung des Schwungrades in die lineare Bewegung des Kolbens übersetzt werden. Viele Mathematiker beschäftigten sich vergeblich mit diesem Problem der „Geradführung". Manche glaubten, dass die Konstruktion eines solchen Mechanismus grundsätzlich unmöglich sei. Umso größer war die Überraschung, als 1864 der französische Marineoffizier Peaucellier tatsächlich einen solchen Mechanismus veröffentlichte.

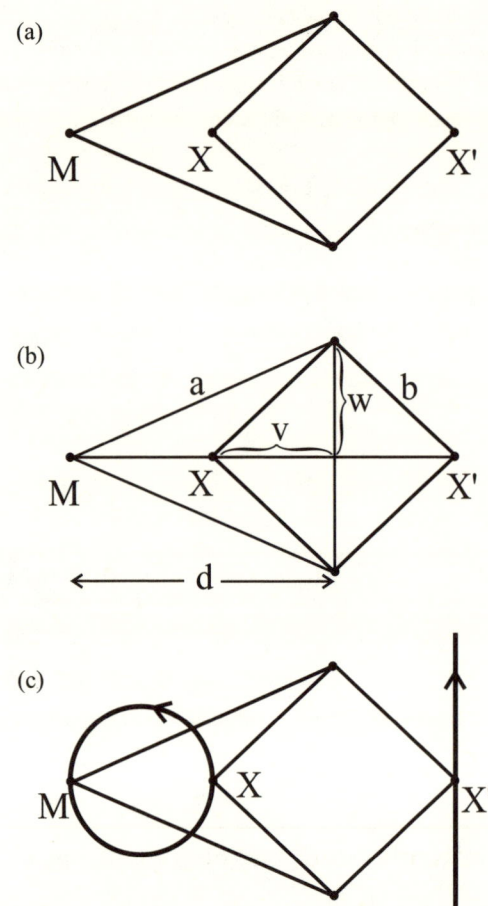

Abb. I,15: Der Inversor von Peaucellier

Sein Gelenkmechanismus besteht aus 6 Stäben – 2 von der Länge a und 4 von der Länge b mit $a > b$. Sie werden, wie Abb. I,15 (a) zeigt, durch Gelenke miteinander verbunden.

Nun zur Funktion. Der Punkt M wird festgehalten – obwohl die Stäbe in ihm beweglich sind. Im Punkt X befinde sich ein „Fahrstift" und in X' ein Schreibstift. Der Abb. I,15 (b) entnehmen wir $\overline{MX} = d - v$, $\overline{MX'} = d + v$.

Damit erhalten wir $\overline{MX} \cdot \overline{MX'} = (d-v)(d+v) = d^2 - v^2 = (a^2 - w^2) - (b^2 - w^2) = a^2 - b^2$. $a^2 - b^2$ ist fest gegeben, also konstant. Der Punkt X' geht also aus X durch Spiegelung an einem Kreis um M mit Radius $\sqrt{a^2 - b^2}$ hervor. Läuft X auf einem Kreis durch M, so bewegt sich nach (6.1) X' auf einer Geraden (Abb. I,15 (c)).

Damit ist das Problem der Geradführung im Prinzip gelöst. Zirkulare Schwingungen werden in lineare verwandelt.

Diese Idee wurde im 19. Jahrhundert bei der Steuerung von Pumpen im „House of Parliament" tatsächlich angewandt. Hier liegt nun ein weites Betätigungsfeld für pfiffige Erfinder. Es wurden sehr viele Gelenkmechanismen zur Geradführung und auch für andere Zwecke konstruiert. Man denke etwa an das Gelenkparallelogramm von James Watt oder an den Storchenschnabel des Jesuiten Christoph Scheiner (1631).

11.2 Humorvolles

Auch Mathematiker haben einen – allerdings sehr subtilen – Humor. Da gibt es an dem berühmten M. I. T. eine „Society for useless research" oder in Cambridge einen „Trivial club".

Eine Publikation aus Amerika hat gar den Titel „A contribution to the mathematical theory of big game hunting". Es geht darum, in der Wüste einen Löwen zu fangen. Da finden sich ganz verschiedene mathematische Methoden, dies zu tun. Eine benützt die Tatsache, dass bei Kugelspiegelung das Innere nach außen und umgekehrt das Äußere nach innen abgebildet wird (10.1). Da lesen wir (freie Übersetzung):

„Wir stellen einen kugelförmigen Käfig in die Wüste, gehen hinein und sperren ab. Nun führen wir eine Inversion an der Käfigkugel durch. Dann ist der Löwe im Innern des Käfigs und wir draussen."

Ob über diesen Witz auch Nichtmathematiker lachen können?

11.3 Verrücktes: die Hohlwelt

11.3.1 Was versteht man unter der Hohlwelttheorie?

Diese Theorie besagt, dass die Erde eine Hohlkugel (Konkav-Erde) ist. Wir befinden uns also nicht außen auf einer Kugel (Konvex-Kugel), sondern in ihrem Innern. Auch der gesamte Kosmos mit all seinen Sternen und Galaxien liegt in der Hohlkugel (Abb. I,16).

11.3.2 Die Zunft der Hohlweltler

Die Befürworter der Hohlwelttheorie – meist fanatische Kämpfer – sind im ÏnKlub zusammengeschlossen. Sie strotzen von Pseudowissenschaftlichkeit. Diskussionen zeigten, dass es ihnen weniger um eine wissenschaftliche Theorie geht, sondern vielmehr um eine Weltanschauung (Mutterleibskomplex). Ihre Argumente sind kurios, ja oft amüsant. So erklärte der Präsident der „Gesellschaft für Erdweltforschung" im Jahre 1959, dass Satelliten „30 Minuten nach dem Start auf die Erde aufschlagen müssten" – es kam anders. Oder ein In-Weltler glaubte die Existenz der Hohlwelt mit der Krümmung seiner Schuhsohlen beweisen zu können. Auch die Wachstumsrichtung von Bohnenkeimlingen auf der Innenseite eines rotierenden Rades wurde ernsthaft als Beweis angeführt.

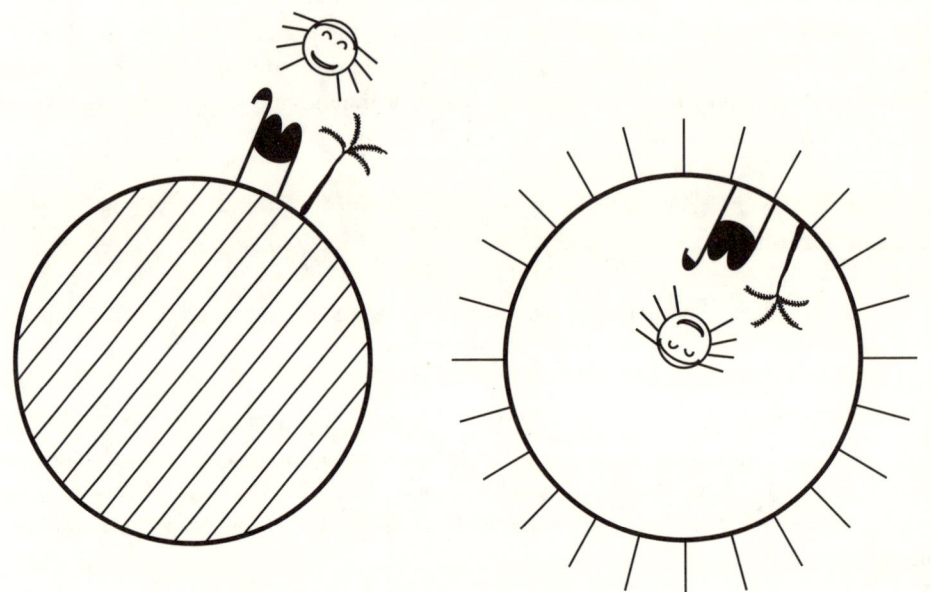

Abb. I,16: Kamel in der Konvex- und der Konkav-Welt

11.3.3 Was steckt mathematisch dahinter?

Eine Spiegelung an der Erdoberfläche führt ihr Äußeres in das Innere über und umgekehrt. Alle Aussagen zur Struktur unseres Raumes und alle Aussagen der Physik werden in entsprechende Aussagen der Hohlwelt übergeführt. Damit erhalten wir zwei äquivalente Beschreibungen unserer Welt. Wir verwenden sozusagen zwei Sprachen. Die Frage, welche dieser Beschreibungen die richtige ist, erscheint demnach sinnlos. Auch Experimente können bei dieser Sachlage natürlich nichts entscheiden.

Mit Studenten kam es an dieser Stelle zu lebhaften und tiefgehenden Diskussionen, die weit ins Philosophische hineinreichten.

11.3.4 Ein Beispiel

Wir beschränken die folgende Betrachtung auf die Ebene (wie in Abb. I,16), also auf einen ebenen Schnitt durch den Erdmittelpunkt.

Es sei eine punktförmige Lichtquelle L in unserer vertrauten Welt – also außerhalb des Spiegelkreises gegeben. Die von ihr ausgehenden Lichtstrahlen (Geraden) bilden ein entartetes elliptisches Büschel, die dazugehörenden Lichtwellen (konzentrische Kreise um L) das konjugierte hyperbolische Büschel (Abbildungen I,13(c) und I,17).

Jetzt führen wir eine Kreisspiegelung durch, tauchen also in das Reich der Hohlwelt ein. Es entstehen zwei nicht-entartete konjugierte Kreisbüschel. Dem Punkt L entspricht L'.

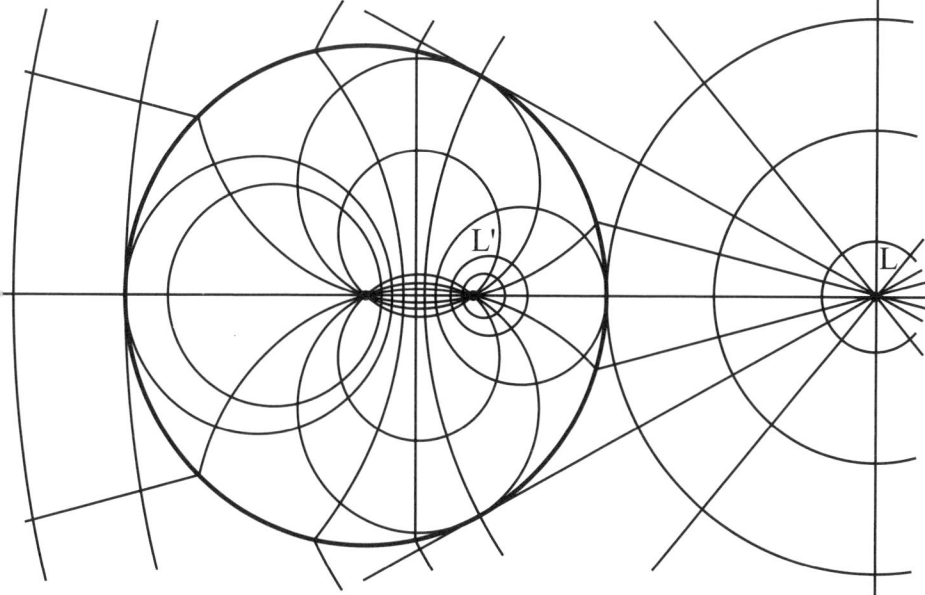

Abb. I,17: Lichtquelle in der Hohlwelt

Wir erkennen im elliptischen Büschel Kreise, die H-Weltler aber sprechen von Geraden. Es wird total „umetikettiert". Geometrische Gebilde erhalten von den Hohlweltlern andere Namensschilder. Auch die kürzeste Verbindung zweier Punkte sieht in der Hohlwelt völlig anders aus. Strecken, welche H-Weltler als gleich lang bezeichnen, sind es für uns nicht.

11.4 Die Thomson-Spiegelung

11.4.1 Das Vorspiel

Wir berichten aus der Rumpelkammer der Physik.

In älteren Physikbüchern findet man noch *Paralleldrähte* zur Vorführung stehender elektrischer Wellen. Diese Versuchsanordnung wurde im Jahre 1890 von E. Lecher angegeben. Man spricht deshalb von der Lecher-Leitung. Zeichnet man ein Momentanbild in einer Ebene senkrecht zur Doppelleitung, so bilden die elektrischen Feldlinien ein nicht-entartetes elliptisches und die magnetischen das dazugehörige hyperbolische Kreisbüschel. Es entsteht genau unsere Abb. I,13(c). Den Punkten A, B in ihr entsprechen die Drähte der Doppelleitung.

Haben wir dagegen in A, B elektrische Ladungen e_1, e_2 mit verschiedenem Vorzeichen und

$|e_1| > |e_2|$, so sind die elektrischen Feldlinien keine Kreise, sondern ovalähnliche Kurven eines Büschels durch A, B. Die Orthogonalkurven heißen dann Äquipotentiallinien. Diese neuen Kurven lassen sich punktweise durch Überlagerung konstruieren (Computer!).

11.4.2 Aus der Schulgeometrie

Früher wurden Gymnasiasten mit sogenannten „Geometrischen Ortsaufgaben" gequält. Eine davon wollen wir jetzt wieder aufwärmen.

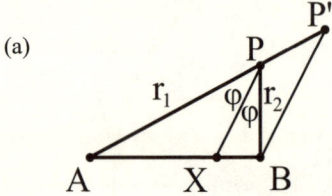

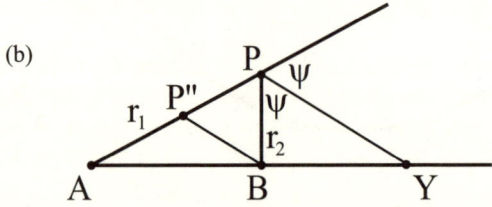

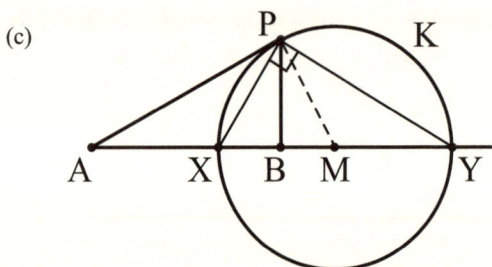

Abb. I,18: Der Kreis des Apollonius

Frage: *Gegeben seien zwei Punkte A, B mit $\overline{AB} = c$. Wo liegen alle Punkte P, für die gilt $\overline{PA} : \overline{PB} = m > 1$?*

Antwort: *Die Strecke AB werde durch die Punkte X, Y im Verhältnis m harmonisch geteilt. Dann sind die Punkte des Thales-Kreises über X, Y genau unsere Punkte P. Man spricht auch vom Kreis des Apollonius. Diese Kurve ist der gesuchte „Geometrische Ort".*

Beweis:

P sei ein Punkt der gewünschten Art.

1. Schritt (Abb. I,18(a)).

Der Winkel $\sphericalangle (APB)$ wird halbiert. Dies liefert den Punkt X. Dann zeichnen wir die Parallele zu PX durch B und erhalten P'. Das Dreieck $\triangle(BPP')$ ist gleichschenklig. Mit $\triangle(AXP) \sim \triangle(ABP')$ folgt $\frac{\overline{AX}}{\overline{BX}} = \frac{r_1}{r_2} = m$.

2. Schritt (Abb. I,18(b)).

Der Nebenwinkel von $\sphericalangle (APB)$ wird halbiert. Dies liefert den Punkt Y. Parallele zu PY durch B gibt P''. Das Dreieck $\triangle(P''BP)$ ist gleichschenklig.

Mit $\triangle(ABP'') \sim \triangle(AYP)$ folgt $\frac{\overline{AY}}{\overline{BY}} = \frac{r_1}{r_2} = m$.

3. Schritt (Abb. I,18(c)).

Nun wissen wir also, dass X, Y die Strecke AB harmonisch im Verhältnis m teilen. Die Betrachtung der Winkel in P liefert $\varphi + \psi = 90°$. Also liegt P auf dem Thales-Kreis über X, Y. Alle Punkte des Kreises haben die gewünschte Eigenschaft und jeder Punkt mit der gewünschten Eigenschaft liegt auf dem Kreis.

11.4.3 Wo bleibt der Zusammenhang mit der Kreisspiegelung?

Satz:

Die Punkte A, B in Abb. I,18(c) gehen auseinander durch Spiegelung am Kreis des Apollonius K hervor.

Beweis:

Berechnung Kreisradius r:

$\overline{BX} = c - \overline{AX} = c - m \cdot \overline{BX} \Rightarrow \overline{BX} = \frac{c}{1+m}$

$\overline{AY} = c + \overline{BY} \Rightarrow m \cdot \overline{BY} = c + \overline{BY} \Rightarrow \overline{BY} = \frac{c}{m-1}$

$r = \frac{1}{2}\overline{XY} = \frac{1}{2}(\overline{BX} + \overline{BY}) = \frac{cm}{m^2-1}$.

Weitere Streckenlängen:

$a = \overline{AM} = \overline{AY} - r = c + \overline{BY} - r = c + \frac{c}{m-1} - \frac{cm}{m^2-1} = \frac{cm^2}{m^2-1}$

$b = \overline{BM} = \overline{BY} - r = \frac{c}{m-1} - \frac{cm}{m^2-1} = \frac{c}{m^2-1}$.

Jetzt kommt der entscheidende Schritt:

$a \cdot b = \frac{cm^2}{m^2-1} \cdot \frac{c}{m^2-1} = \left(\frac{cm}{m^2-1}\right)^2 = r^2$.

Es handelt sich also um eine Kreisspiegelung an K.

11.4.4 Zurück zur Physik, zur Elektrostatik

In den Punkten A, B befinden sich zwei Ladungen e_1, e_2 mit entgegengesetztem Vorzeichen und $|e_1| > |e_2|$.

Wo liegen alle Punkte P, deren Potential Φ bezüglich e_1 und e_2 den Wert 0 hat?

Für das Potential Φ eines Punktes P mit $\overline{PA} = r_1$, $\overline{PB} = r_2$ gilt bekanntlich

$\Phi = f \cdot (\frac{e_1}{r_1} + \frac{e_2}{r_2})$. Dabei ist f eine Konstante. Im Falle $\Phi = 0$ ergibt sich $\frac{e_1}{r_1} + \frac{e_2}{r_2} = 0$ oder $-\frac{e_1}{e_2} = \frac{r_1}{r_2} = m > 1$. Das aber führt auf den Kreis des Apollonius. Wir haben also:

Genau die Punkte des Apollonius-Kreises über A, B mit $m = -\frac{e_1}{e_2} = \frac{r_1}{r_2} > 1$ haben das Potential $\Phi = 0$.

Damit wurde ein Satz der Geometrie physikalisch eingekleidet.

11.4.5 Der Thomsonsche Spiegeltrick

Jetzt kommt das eigentliche Problem.

Eine Ladung e_1 im Punkt A außerhalb einer geerdeten Kugel K sei gegeben.

Wie verlaufen die elektrischen Feldlinien und wie verteilen sich die Influenzladungen auf K?
Unsere Betrachtungen werden in der Ebene geführt, obwohl wir fortgesetzt von der Kugel K reden.

Die Kugel K hat wegen der Erdung das Potential $\Phi = 0$. Dies legt die Situation von 11.4.4 nahe. Wir erzwingen diese durch Einführung einer fingierten Ladung. Sie soll in einem Punkt B sitzen, der aus A durch Spiegelung an K hervorgeht. Für diese neue Ladung soll gelten $e_2 = -e_1 \frac{r}{a}$ (Bezeichnungen aus 11.4.3).

Die elektrischen Feldlinien laufen so, als sei außer der gegebenen Ladung e_1 nur noch die Ladung e_2 in B vorhanden. Es handelt sich um eine Physik des „als ob".

Damit ist das Verteilungsproblem der Influenzladungen auf der Kugel auf eine einfachere Aufgabe zurückgeführt. Zeichne die elektrischen Feldlinien zwischen den Punktladungen e_1 und e_2 wie in 11.4.1 angedeutet und untersuche dann deren Einwirkung auf verschiedene Kugelpunkte.

Die Einführung fingierter Ladungen geht auf William Thomson (Lord Kelvin, 1824–1907) zurück. Man spricht deshalb auch von der Thomson-Spiegelung.

11.5 Weitere Anwendungen

Kreis- und Kugelspiegelungen werden an vielen Stellen in der Physik, in der Technik, in der Biologie – ja sogar in der Anatomie verwendet. Wir skizzieren exemplarisch vier Beispiele.

11.5.1 Seifenblasen

Da gibt es viele Fragen und Probleme. Ein Beispiel:
Zwei Seifenblasen durchdringen sich. Wie sieht die sich bildende Zwischenhaut aus? Wie gestaltet sich das bei mehr als zwei Blasen? Schnittwinkel?

11.5.2 Wechselstromtechnik

Bei der Stromversorgung (etwa einer Stadt) seien der induktive Widerstand ωL und die Spannung U vorgegeben. Dann hängt die Stromstärke J nur noch vom ohmschen Widerstand R in der folgenden Weise ab $J = \frac{U}{\sqrt{R^2 + \omega^2 L^2}}$. Wie lässt sich die Abhängigkeit der Stromstärke J von R besonders günstig darstellen? Die Spiegelung an einem Kreis bringt die Antwort. Interpretieren Sie Abb. I,19.

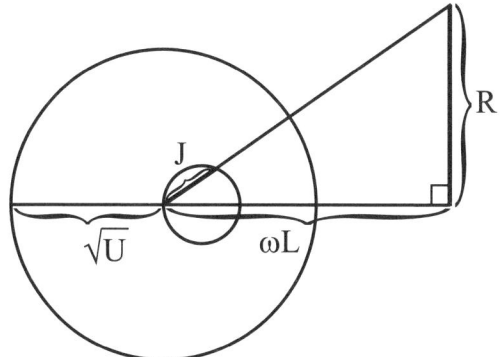

Abb. I,19: Wechselstromtechnik

11.5.3 Anatomie

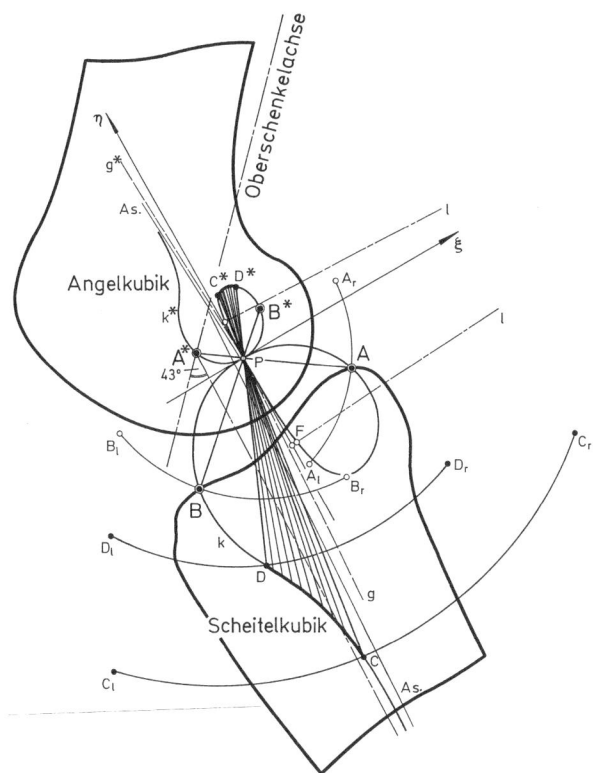

Abb. I,20: Zum Kniegelenk

Der Orthopäde A. Menschik versucht die Geometrie und die Dynamik des Hüftgelenks, vor allem aber die des Kniegelenks mit Kreis- und Kugelspiegelungen zu erklären. Eine von ihm angefertigte, in Abb. I,20 wiedergegebene Zeichnung lässt die dabei auftretenden Schwierigkeiten ahnen.

11.5.4 Aus der Molekularbiologie

Bei Untersuchungen zur Wirksamkeit von Medikamenten entsteht das folgende geometrische Problem.

Wir stellen uns die Atome eines Proteins als kleine Kugeln vor – eine von ihnen sei A. Nun wird eine größtmögliche Kugel K so gesucht, dass sie A berührt und die übrigen Atome des Moleküls höchstens berührt, das heißt auf keinen Fall schneidet.

Je größer eine solche Kugel K ist, desto größer ist die Wahrscheinlichkeit, dass ein diffundierendes Teilchen mit A interagiert.

Wie findet man den Radius der Maximalkugel? Abb. I,21.

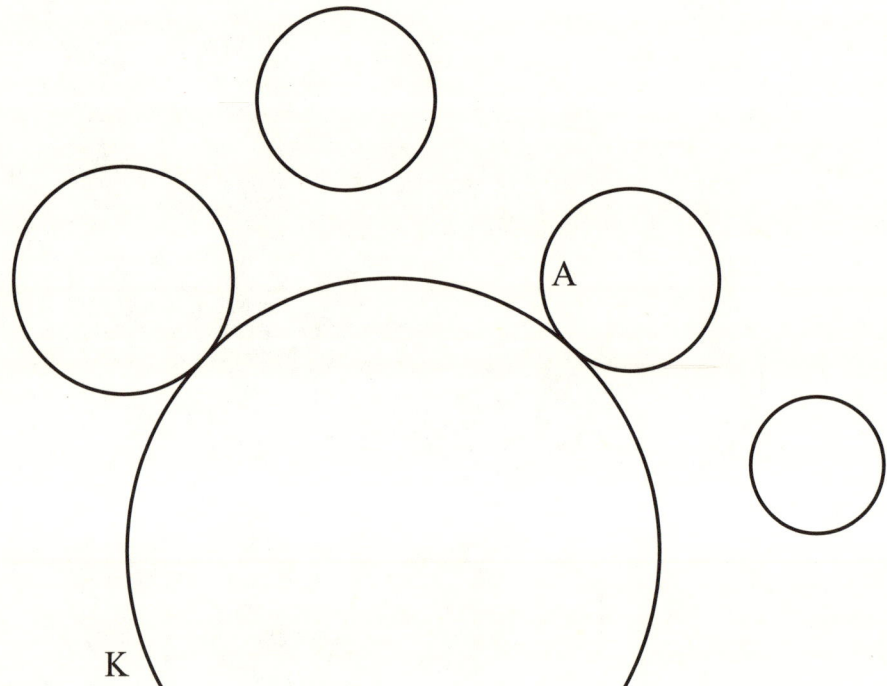

Abb. I,21: Aus der Molekularbiologie

Die Lösung des Problems scheint auf den ersten Blick extrem schwierig zu sein. In den letzten Jahren jedoch ist es gelungen, durch Inversion eine überschaubarere Konstellation herzustellen und mit dieser dann den Radius einer Extremalkugel zu bestimmen.

12. Kreis- und Kugelspiegelung als Beweistrick

Bei Beweisen in der klassischen Geometrie wird häufig der Inversionstrick angewandt. Was versteht man darunter?

Eine vorgegebene Konfiguration wird durch Inversion in eine völlig andere abgebildet. Dabei stellt sich auch die betreffende Beweisproblematik anders dar. Wir übersetzen gewissermaßen in eine andere Sprache.

In der neuen, einfacheren Welt wird nun die fragliche Aussage bewiesen.

Im letzten Schritt schließlich wird reumütig wieder zurückinvertiert, also in die ursprüngliche Sprache zurückübersetzt. Wir fassen den Vorgang nochmals zusammen:

Schwieriges	*Inversion*	Einfachere
Problem	$\longrightarrow$	Konfiguration
		$\downarrow$
	Rück-	Lösung
QED	$\longleftarrow$	des
	Inversion	Problems

In 11.5.4 sind wir dieser Methode schon begegnet.

Jetzt geben wir weitere Beispiele dieses Tricks und bewegen uns damit auf den Spuren des Meisters Jakob Steiner. Es geht aber nicht nur um die Erläuterung der Methode, sondern auch um die Inhalte. Mit ihnen soll der Reichtum klassischer Geometrie, ja ihre Schönheit deutlich werden.

Wir erinnern an den Vergleich in der Einleitung des Buches, an die Almwiesen mit all ihren wunderbaren Blumen.

12.1 Zwei fossile Schließungssätze

12.1.1 Der Satz von Miquel

Ein Sechskreissatz (Abb. I,22):

Wenn die Punktequadrupel $(PQAB), (PSAD), (QRBC), (RSCD), (PQRS)$ jeweils auf einem Kreis liegen, dann gilt dies auch für das Quadrupel $(ABCD)$. Wir setzen weiter voraus $|\{A, B, C, D, P, Q, R, S\}| = 8$.

Man denke dabei an einen Würfel. Zu jeder seiner sechs Seitenflächen gehört ein Umkreis. Als Netzriss des Würfels erscheint dann eine spezielle Miquel-Figur.

Beweis:

Wir führen eine Spiegelung an einem Kreis mit dem Mittelpunkt P durch. Die Kreise durch $(PQAB), (PSAD), (PQRS)$ werden nach Abschnitt 6 zu Geraden. Die ersten zwei laufen durch den Bildpunkt A'. Wir erhalten die sogenannte Pivot-Konfiguration (Abb. I,22 (b)).

In ihr verwenden wir jetzt zum Beweis den aus der Schule bekannten Sehnenviereck-Satz. Er besteht (Abb. I,23) aus zwei Teilen.

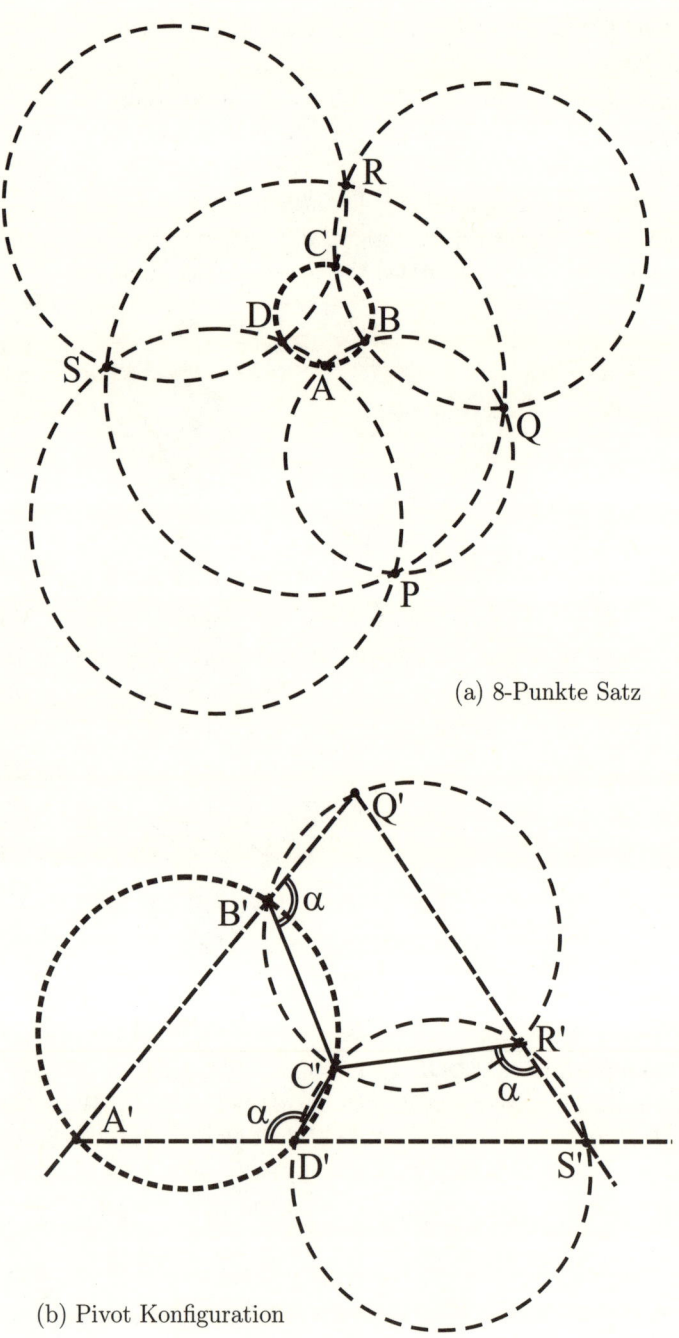

(a) 8-Punkte Satz

(b) Pivot Konfiguration

Abb. I,22: Satz von Miquel

(a) Im Sehnenviereck ist die Summe der Maßzahlen zweier Gegenwinkel 180.

(b) Wenn in einem Viereck die Summe der Maßzahlen zweier Gegenwinkel 180 beträgt, handelt es sich um ein Sehnenviereck (also ein Viereck mit Umkreis).

Sei $\sphericalangle(A'D'C') = \alpha$.

Dem Sehnenviereck $(D'S'R'C')$ entnehmen wir $\sphericalangle(C'D'S') = 180 - \alpha$ und $\sphericalangle(C'R'S') = \alpha$ und dem Sehnenviereck $(B'C'R'Q')$ weiter $\sphericalangle(Q'B'C') = \alpha$.

Dies aber bedeutet $\sphericalangle(A'B'C') = 180 - \alpha$. Nach (b) erweist sich $(A'D'C'B')$ als Sehnenviereck. Die Punkte A', B', C', D' liegen also auf einem Kreis.

Nach Rücktransformation ist unser Satz bewiesen.

Es ist erstaunlich, wie einfach der Beweis unseres überraschenden Satzes wurde.

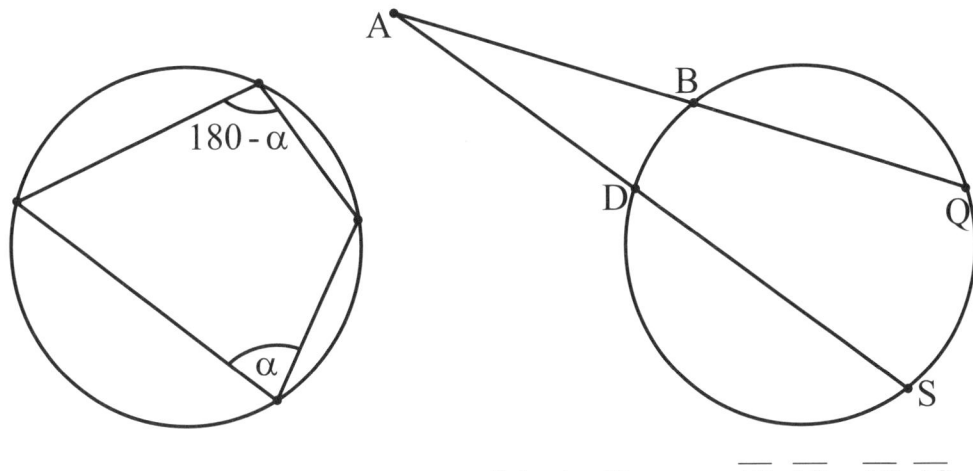

Sehnenviereck-Satz

Sekanten-Kreuzung $\overline{AB} \cdot \overline{AQ} = \overline{AD} \cdot \overline{AS}$

Abb. I,23: Aus der Elementargeometrie

12.1.2 Der 7-Punkte-Satz

Der Satz von Miquel wird auch als 8-Punkte-Satz bezeichnet. Wie Abb. I,24 (a) zeigt, sollen jetzt zwei Schnittpunkte – etwa S und D – zusammenfallen. So entsteht aus dem Satz von Miquel der folgende Satz.

Wenn die Punktequadrupel $(QRBC)$, $(PQAB)$, $(DRQP)$ jeweils auf einem Kreis liegen und die Kreise (DCR), (DAP) sich berühren, dann liegen auch die Punkte $(ABCD)$ auf einem Kreis.

Führen wir eine Spiegelung an einem Kreis um den Punkt $S = D$ durch, so erhalten wir wieder eine – jetzt entartete – Pivot-Konfiguration (Abb. I,24 (b)).

Den Rest des Beweises überlassen wir in Aufgabe 16 dem Leser.

12.1.3 Der Büschelsatz

Satz (Abb. I,25):

Wenn die Punktequadrupel $(PQAB), (PSAD), (QRBC), (RSCD), (PRAC)$ *jeweils auf einem Kreis liegen, dann gilt dies auch für das Quadrupel* $(SQBD)$. *Wir setzen wieder voraus* $|\{A, B, C, D, P, Q, R, S\}| = 8$.

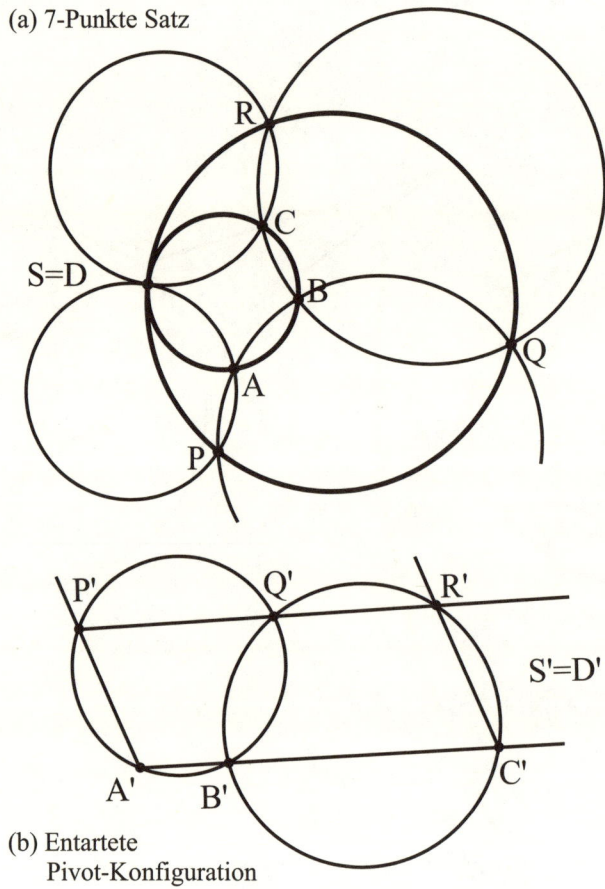

(a) 7-Punkte Satz

(b) Entartete Pivot-Konfiguration

Abb. I,24: Entarteter Miquel

Beweis:

Wir führen erneut eine Spiegelung an einem Kreis mit Mittelpunkt P durch. Die Kreise durch $(PQAB), (PSAD), (PRAC)$ werden dabei zu Geraden durch den Bildpunkt A'. Wir erhalten die in der Abb. I,25 unten dargestellte Konfiguration.

Jetzt bedienen wir uns eines anderen, aus der Schulgeometrie bekannten Satzes, nämlich des Satzes von der Sekanten-Kreuzung (Abb. I,23). Auch er besteht aus zwei Teilen.

(a) Schneiden zwei Geraden einer Kreuzung einen Kreis, so ist auf beiden Geraden das Produkt der Entfernungen der Kreisschnittpunkte vom Kreuzungspunkt gleich groß.

34

(b) Wenn es auf zwei sich schneidenden Geraden (Kreuzung) je zwei Punkte so gibt, dass die Produkte ihrer Entfernungen vom Schnittpunkt auf jeder Geraden gleich groß sind, dann liegen die vier Punkte auf einem Kreis. Mit (a) entnehmen wir der Abb. I,25 $\overline{A'B'} \cdot \overline{A'Q'} = \overline{A'C'} \cdot \overline{A'R'}$ und weiter

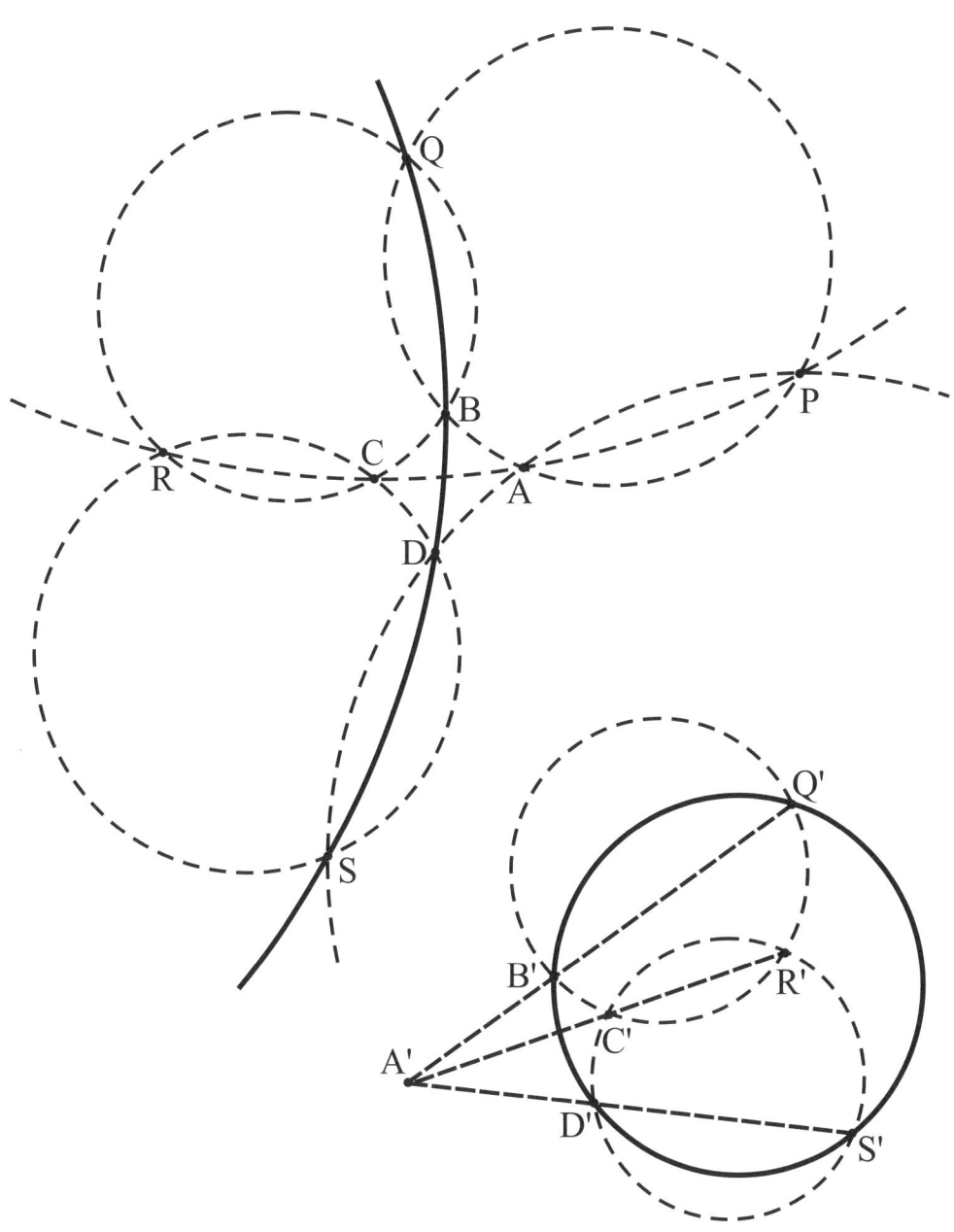

Abb. I,25: Büschelsatz

$\overline{A'C'} \cdot \overline{A'R'} = \overline{A'D'} \cdot \overline{A'S'}$. Daraus aber folgt $\overline{A'B'} \cdot \overline{A'Q'} = \overline{A'D'} \cdot \overline{A'S'}$. Die Punkte S', Q', B', D' liegen mit (b) auf einem Kreis. Nach Rücktransformation ist auch der Büschelsatz bewiesen.

Die beiden Sätze – Satz von Miquel und Büschelsatz – erscheinen als unmotivierte Kabinett-stückchen. Sie werden aber im vierten Teil des Buches eine ganz wesentliche Rolle spielen.

12.2 Steiner-Kreisketten

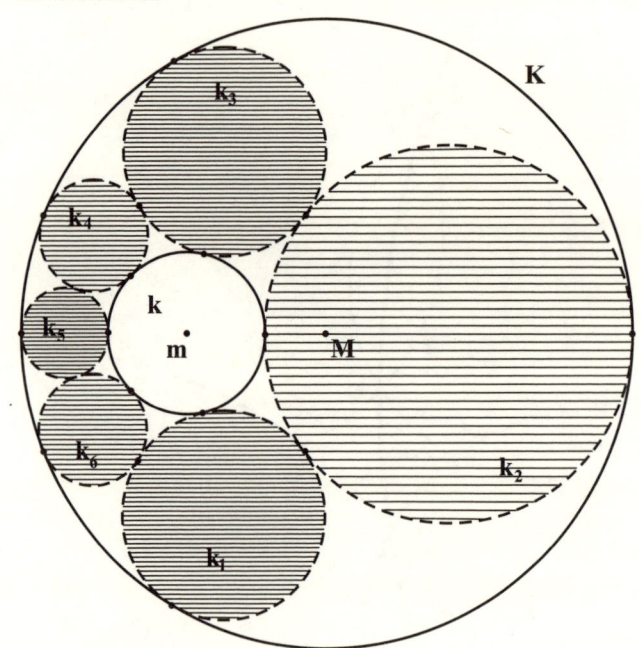

Abb. I,26: Geschlossene Steiner-Kreiskette $(n = 6,\ u = 1)$

12.2.1 Das Problem

Zwei nicht konzentrische, sich nicht schneidende und ineinander liegende Kreise K, k mit den Mittelpunkten M, m, den beiden Radien R, r und $\overline{Mm} = d$ seien gegeben. Jetzt werden Kreise $k_1, k_2, \ldots$ einbeschrieben. Jeder solche Kreis k_i berührt sowohl K, k als auch den vorhergehenden Kreis k_{i-1}. Wir sprechen von einer Steiner-Kreiskette (Abb. I,26).

Problem:
Schließt sich die Kette so, dass der letzte Kreis den ersten berührt? Wenn ja, nach wievielen Umläufen und mit wieviel Kreisen geschieht das? Hängt die Antwort von der Lage des Startkreises k_1 und von der Lage der Kreise K, k zueinander ab?

12.2.2 Ein Sonderfall

Wir betrachten zunächst einen Sonderfall: Die beiden Kreise K, k seien konzentrisch, also $d = 0$ (wie in einem Kugellager). Alle Kettenkreise haben dann den Radius $\frac{1}{2}(R - r)$.

Wenn sich nun die Kette nach u Umläufen mit n Kreisen schließt, erhalten wir $u \cdot 2\pi = n \cdot 2\varphi$ und weiter $\frac{u}{n} = \frac{\varphi}{\pi} < 1$. Dabei ist 2φ der in Abb. I,27 besonders hervorgehobene Winkel.

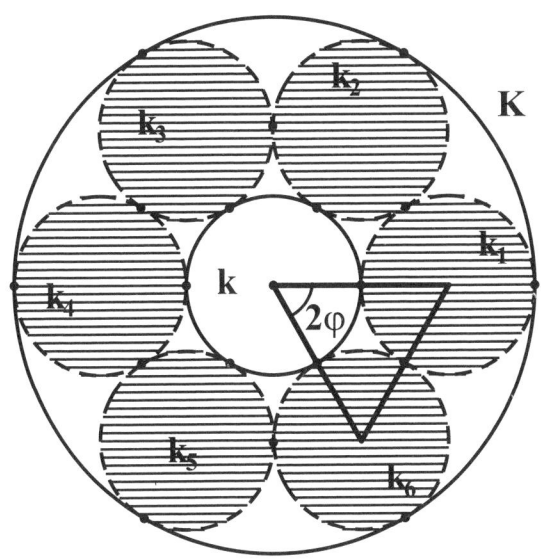

Abb. I,27: Sonderfall einer Steiner-Kreiskette

Weiter sei n die kleinste Zahl, welche diese Gleichung erfüllt, also $\mathrm{ggT}(u, n) = 1$. In Abb. I,27 haben wir $u = 1, n = 6$.

12.2.3. Zusammenhang zwischen R, r, d und φ

Satz: $\mathrm{tg}^2\,\varphi = \frac{(R-r)^2-d^2}{4Rr}$.

Beweis:

(a) Trick

Wir wenden zunächst den Inversionstrick an und machen aus den Startkreisen K, k zwei konzentrische Kreise K', k'. Diese Konstruktion wurde durchgeführt in 9.2.2.
In Abb. I,28 sind die Kreispaare (K, k), (K', k') explizit – aber nicht maßstabsgetreu – dargestellt. Beachten Sie die Reihenfolge der gezeichneten Punkte vor und nach der Spiegelung. Nun wenden wir uns dem Doppelverhältnis zweier Punktequadrupel zu.

(b) Vor der Inversion
$\mathrm{DV}(AB, CD) = \frac{\overline{AC}}{\overline{AD}} : \frac{\overline{BC}}{\overline{BD}}$.

Der Abb. I,28 entnehmen wir

$\overline{AC} = \overline{AM} - \overline{CM} = R - r + d, \quad \overline{AD} = \overline{AM} + \overline{Mm} + \overline{Dm} = R + r + d,$

37

$\overline{BC} = \overline{BM} + \overline{CM} = R + r - d, \overline{BD} = \overline{BM} - \overline{Mm} - \overline{Dm} = R - r - d.$

Eingesetzt erhalten wir $\mathrm{DV}(AB, CD) = \frac{R-r+d}{R+r+d} : \frac{R+r-d}{R-r-d} = \frac{(R-r)^2 - d^2}{(R+r)^2 - d^2}.$

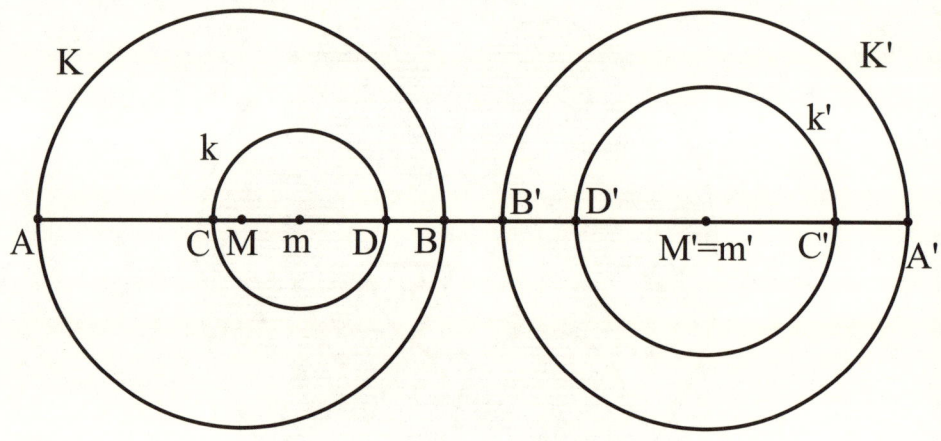

Abb. I,28: $(K, k) \longrightarrow (K', k')$

(c) Nach der Inversion $\mathrm{DV}(A'B', C'D') = \frac{\overline{A'C'}}{\overline{A'D'}} : \frac{\overline{B'C'}}{\overline{B'D'}} = \left(\frac{R'-r'}{R'+r'}\right)^2.$

(d) Das Doppelverhältnis bleibt nach 8.4 invariant, also folgt

$\left(\frac{R'-r'}{R'+r'}\right)^2 = \frac{(R-r)^2 - d^2}{(R+r)^2 - d^2}.$

(e) Nun blicken wir nochmals zurück auf Abb. I,27 – versehen aber alle dort vorkommenden

Längenmaßzahlen mit einem Strich (Akzent). Darin lesen wir ab

$\sin\varphi = \frac{\frac{1}{2}(R'-r')}{r' + \frac{1}{2}(R'-r')} = \frac{R'-r'}{R'+r'}.$

(f) Trigonometrische Umformung

$\mathrm{tg}^2\,\varphi = \frac{\sin^2\varphi}{\cos^2\varphi} = \frac{1}{\frac{1}{\sin^2\varphi} - 1} = \frac{1}{\left(\frac{R'+r'}{R'-r'}\right)^2 - 1}.$

(g) Mit (d) erhalten wir schließlich

$\mathrm{tg}^2\,\varphi = \frac{1}{\frac{(R+r)^2 - d^2}{(R-r)^2 - d^2} - 1} = \frac{(R-r)^2 - d^2}{4rR}.$

Aus 12.2.2 und 12.2.3 entnehmen wir, dass die Schließungseigenschaft von der Lage des

Kreises k_1 unabhängig ist. Es macht keinen Unterschied, wo wir die Kette beginnen. Einmal

geschlossen – immer geschlossen.

Wohl aber besteht Abhängigkeit von der Lage der Kreise K und k zueinander, also von

R, r, d. Wir formulieren das Ergebnis nochmals in einem Satz.

12.2.4 Satz

Genau dann, wenn gilt $4Rr\,\mathrm{tg}^2\,\frac{u}{n}\pi = (R - r)^2 - d^2$ mit $u, n \in \mathbb{N}, \frac{u}{n} < 1, \mathrm{ggT}(u, n) = 1$, schließt sich die Kette mit n Kreisen nach u Umläufen. Es besteht keine Abhängigkeit von der Lage des Kreises k_1, wohl aber von der unserer Startkreise K, k.

12.2.5 Berechnungen

Gegeben seien R, r, d – wie entscheiden wir, ob die Kette geschlossen ist oder nicht?

(a) Bestimme $A = \frac{(R-r)^2 - d^2}{4Rr}$.

(b) Bestimme φ aus $\operatorname{tg}^2 \varphi = A$.

(c) Sieh nach, ob φ ein rationales Vielfaches von π ist. Wenn ja, also wenn $\varphi = \frac{u}{n}\pi$, $\frac{u}{n} < 1$,

$\operatorname{ggT}(u, n) = 1$, $u, n \in \mathbb{N}$ dann schließt sich die Kette nach u Umläufen mit n Kreisen.

Wenn vier der in Satz 12.2.4 vorkommenden Größen R, r, d, u, n gegeben sind, lässt sich die fünfte berechnen.

12.3 Soddy-Kugeln

12.3.1 Das Problem

Der Physiker Frederick Soddy (1877–1956) wurde bekannt durch die „radioaktiven Verschiebungssätze" – man spricht heute von den Fajans-Soddy-Sätzen. Er erhielt 1921 den Nobelpreis für seine Arbeiten über Isotope. Im Zusammenhang mit der Anordnung von (kugelförmig gedachten) Molekülen hatte er das folgende Problem.

Drei paarweise sich von Außen berührende Kugeln K_1, K_2, K_3 seien gegeben. Jetzt betrachten wir Kugeln $k_1, k_2, \ldots$ Jede solche Kugel k_i berührt die drei Startkugeln K_1, K_2, K_3 und auch noch die vorhergehende k_{i-1}. So entsteht eine Kugelkette.

Problem:

Schließt sich die Kette so, dass die letzte Kugel k_n die erste k_1 berührt? Wenn ja, nach wievielen Umläufen und mit wievielen Kugeln geschieht das? Hängt die Antwort von der Lage der Kugel k_1 und von den Radien der Kugeln K_1, K_2, K_3 ab?

Man kann sich die Situation nicht recht vorstellen. Ein Schließen wird wohl im Allgemeinen nicht eintreten. Nach den Ergebnissen über Steiner-Kreisketten erwartet man ein sehr kompliziertes, äußerst schwer zu beweisendes Ergebnis.

Um so überraschender ist der folgende Satz.

12.3.2 Satz

Die Kette schließt sich in jedem Fall nach einem Umlauf und zwar stets mit genau sechs Kugeln.

Dieser Satz findet sich schon (allerdings ohne Beweis) bei J. Steiner. Er wurde von Soddy mühsamst bewiesen. Deshalb spricht man heute vom Soddy-Hexlet.

Das ist ein Satz! Er schreit förmlich nach einem Beweis. Soddy publizierte ein berühmt gewordenes Gedicht über Hexlets. Hier ein Auszug:

The Hexlet, the kiss precise

However ill-assorted in girth three spheres may be
Each one can kiss the other two and simultaneously
A ring of six about them all kissing serially
Though any necklet of graded beads
    May fit in general the she-sex,
This hexlet of mine of novel design
    Caresses not one but three necks
However it's worn it alters its grade
    To suit its tri-spherical prison,
Plays kiss-in-the-ring and merry-go-round
    whilst hugging three necks with precision.
Like bubbles that blow and dwindle and go
    It holds up to light-hearted derision
The terrible muddle mathematical fuddle
    Makes of the pure circumflex
And its pet aversion is the mental inversion
    That will have „It's $1/x$".

. . .

Beweis:

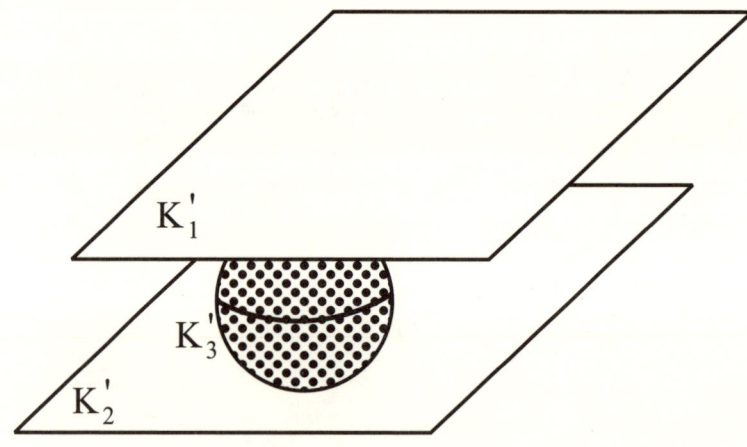

Abb. I,29: Ein Sandwich

Wir verwenden den Inversionstrick und spiegeln die Kugeln K_1, K_2, K_3 an einer Kugel K. Ihr Mittelpunkt sei einer der drei Berührpunkte – etwa der von K_1 und K_2. Der Radius kann beliebig gewählt werden.

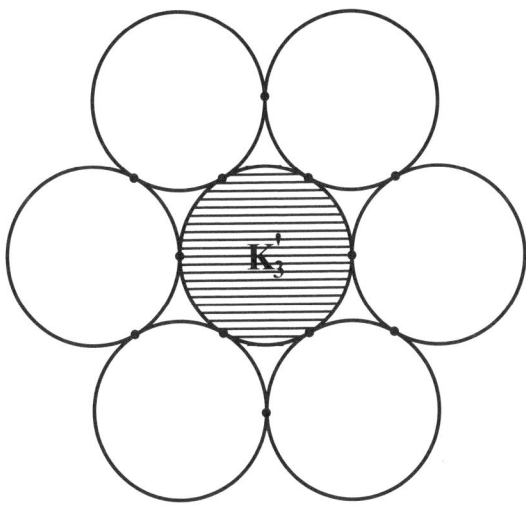

Abb. I,30:   6 Tennisbälle rund um K_3'

Aus den Kugeln K_1, K_2 werden nach Abschnitt 10 parallele Ebenen K_1', K_2'. Der Punkt ∞ ist deren "Berührpunkt". Aus K_3 dagegen entsteht eine Kugel K_3', welche sowohl K_1' als auch K_2' berührt. Die sich so ergebende Konstellation sieht aus wie ein „Sandwich" (Abb. I,29). Damit haben wir unser Problem in eine andere Sprache übersetzt.

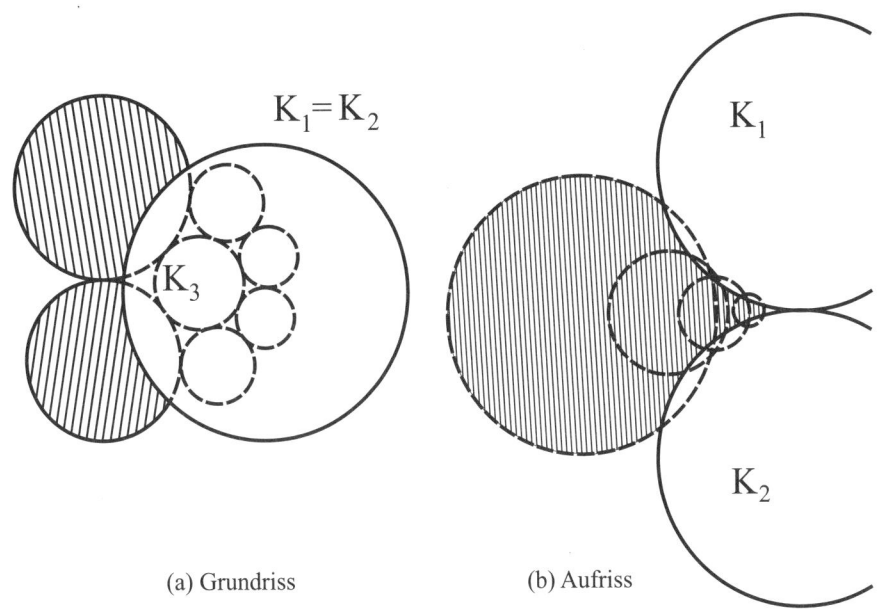

(a) Grundriss   (b) Aufriss

Abb. I,31: Ein Sonderfall

Betrachten wir die Anordnung im Grundriss – dies bedeutet Parallelprojektion auf eine Ebene parallel zu K_1'. An dieser Stelle müsste sich ein Aha-Erlebnis einstellen.

Genau 6 Kugeln umlagern K_3' – jede hat den Radius von K_3'. Man nehme 6 Tennisbälle und lege sie um einen 7. Ball (Abb. I,30).

Jetzt wird reumütig an K zurückgespiegelt, zurückübersetzt und damit ist dann der Satz bewiesen. Eine Abhängigkeit von der Startkugel k_1 und den Radien der Kugeln K_1, K_2, K_3 besteht nicht.

12.3.3 Zeichnerische Darstellung

Es ist sehr schwer, sich eine klare Vorstellung von der Situation zu machen.

Deshalb zeichnen wir jetzt einen Spezialfall. Die Radien der Startkugeln K_1, K_2, K_3 seien R_1, R_2, R_3. Wir betrachten den Sonderfall $R_1 = R_2 >> R_3$. In Abb. I,31 (a) ist der Blick von Oben, der Grundriss gezeichnet. Die Bilder von K_1 und K_2 fallen jetzt zusammen. Die Halskette um K_3 ist deutlich zu erkennen. Der Aufriss in Abb. I,31 (b) liefert nicht diese Anschaulichkeit.

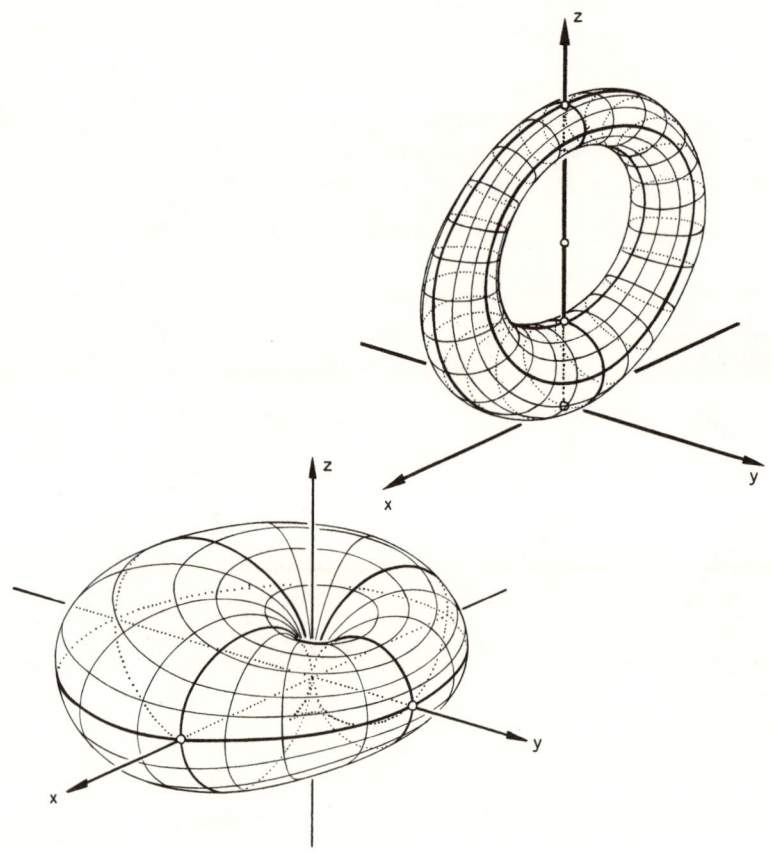

Abb. I,32: Dupin-Zykliden

Wir nennen noch eine andere sehr hübsche Idee. Die Kugeln $k_1', \ldots, k_6'$ werden von einem Torus (Fahrradschlauch) eingehüllt. Jetzt kann man sich vorstellen, wie die Kette kongruenter Kugeln sich in ihrem Gefängnis herumdrehen kann. Aus diesem Torus wird bei Rückabbildung eine „Dupin-Zyklide" (Abb. I,32).Auf ihr gibt es zwei Scharen von Kreisen: Längskreise und Querkreise. Beim Drehen unserer Kette blähen sich die Kugeln wie Seifenblasen auf und schrumpfen wieder zusammen – ein schönes Spiel.

12.4 Die Ungleichung von Ptolemaios

Klaudios Ptolemaios lebte etwa von 85 bis 165 n. Chr. in Alexandrien

Satz:
Für jedes nicht-entartete (keine drei Punkte kollinear) konvexe Viereck (ABCD) gilt
$a \cdot c + b \cdot d \geq e \cdot f$ *mit* $\overline{AB} = b, \overline{BC} = c, \overline{CD} = d, \overline{DA} = a, \overline{AC} = f, \overline{BD} = e.$
Das Gleichheitszeichen gilt genau dann, wenn die vier Punkte auf einem Kreis liegen.

Im Falle des Gleichheitszeichens spricht man vom Satz des Ptolemaios.

Beweis:
Zum Beweis verwenden wir zum einen den Inversionstrick und zum andern die wohlbekannte Dreiecksungleichung.
Der Mittelpunkt des Inversionskreises sei A, sein Radius r (Abb. I,33). Bei Spiegelung an ihm gehen die Punkte B, C, D über in B', C', D'.
Beim Beweis von Satz 8.2 hatten wir die Streckenlängen nach durchgeführter Inversion berechnet. Für unseren jetzigen Fall ergibt sich damit

$\overline{B'C'} = \frac{r^2 \overline{BC}}{AB \cdot AC}, \overline{B'D'} = \frac{r^2 \overline{BD}}{AB \cdot AD}, \overline{C'D'} = \frac{r^2 \overline{CD}}{AC \cdot AD}.$

Für das Dreieck $\triangle(B'C'D')$ gilt die Dreiecksungleichung, also $\overline{B'C'} + \overline{C'D'} \geq \overline{D'B'}$. Eingesetzt ergibt sich

$\frac{r^2 \overline{BC}}{AB \cdot AC} + \frac{r^2 \overline{CD}}{AC \cdot AD} \geq \frac{r^2 \overline{DB}}{AD \cdot AB}.$

Wir multiplizieren mit $\frac{1}{r^2} \overline{AB} \cdot \overline{AC} \cdot \overline{AD}$ und erhalten $\overline{BC} \cdot \overline{AD} + \overline{CD} \cdot \overline{AB} \geq \overline{BD} \cdot \overline{AC}$ oder mit unseren Bezeichnungen $a \cdot c + d \cdot b \geq e \cdot f$.
Das Gleichheitszeichen gilt genau dann, wenn die drei Punkte B', C', D' auf einer Geraden (entartetes Dreieck) liegen. Diese Gerade enthält das Inversionszentrum A nicht. Deshalb ist das zugehörige Original ein Kreis durch A. Damit ist gezeigt, dass die vier Punkte konzyklisch sind, sie bilden ein Sehnenviereck.

12.5 Was gibt es sonst noch alles?

An vielen, vielen Stellen in der Geometrie werden Spiegelungen an Kreisen oder Kugeln benötigt. Wir haben bisher lediglich einige Rosinen herausgepickt: Schließungssatz von Miquel, Büschelsatz, Steiner-Kreisketten, Soddy-Hexlet und Ptolemaios-Ungleichung. Jetzt skizzieren wir noch andere Themen. Vielleicht können wir den Leser zu weiterer Arbeit anregen.

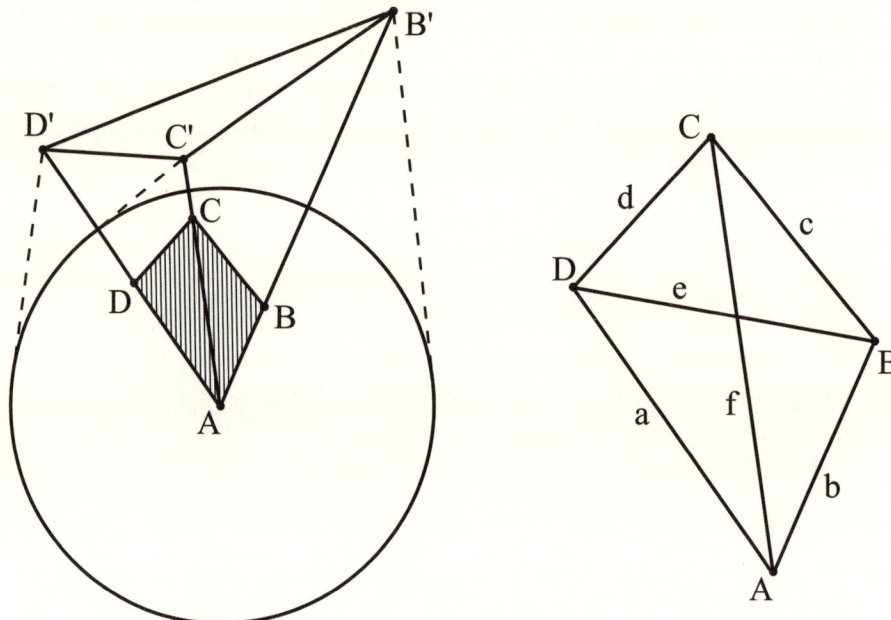

Abb. I,33: Zur Ungleichung des Ptolemaios

12.5.1 Zirkelkonstruktionen

Satz:
Alle Aufgaben, die sich in der Ebene mit Zirkel und Lineal lösen lassen, lassen sich auch mit dem Zirkel alleine lösen.

Dieser schöne Satz geht zurück auf Georg Mohr (1672) und Lorenzo Mascheroni (1797). Er lässt sich (auch) mit Inversion beweisen. Dabei wird eine gegebene Zirkel-Lineal-Konstruktion durch geeignete Inversion in eine reine Zirkelkonstruktion übergeführt.

12.5.2 Das Apollonius-Problem

In Abschnitt 11.4.2 ist uns der Name Apollonius schon einmal begegnet. Dort hatten wir es mit dem „Apollonius-Kreis" zu tun.
Apollonius von Perge lebte etwa von 262 bis 190 v. Chr. in Alexandrien.

Problem:
Zu drei, nicht paarweise konzentrischen Kreisen einer Ebene ist mit Zirkel und Lineal ein vierter zu konstruieren, der die drei gegebenen berührt.

In der Literatur zur Schulmathematik werden immer wieder spezielle Sonderfälle des Problems in allen Details behandelt. Die Konstruktion lässt sich (auch) mit Inversion durchführen.

Dabei werden die gegebenen Kreise solange aufgebläht (oder zusammengedrückt), bis sich zwei berühren. Dieser Berührpunkt ist dann Mittelpunkt eines Inversionskreises.
Wieviele solcher Berührkreise es wohl gibt?

12.5.3 Steiner-Kugelketten

Betrachtet man eine geschlossene Steiner-Kreiskette als Äquatorebene von Kugeln, so entsteht eine geschlossene Kette von Kugeln $s_1, s_2, \ldots, s_n$. Wir vereinbaren, dass n die Zahl solcher Kugeln und u die der Umläufe ist.
Dann gibt es eine weitere geschlossene Kette $S_1, S_2, \ldots, S_N$ von Kugeln, wo jede die vorhergehende und auch noch jede der Kugeln $s_1, s_2, \ldots, s_n$ berührt. Die Zahl dieser Kugeln sei N, die ihrer Umläufe U.
Dann gilt die erstaunliche Aussage $\frac{u}{n} + \frac{U}{N} = \frac{1}{2}$.
Reicht Ihr Vorstellungsvermögen noch? Dann versuchen Sie doch einen Beweis zu finden!

13. Aufgaben zu Kapitel I

Der Leser sollte wirklich nach Lösungen suchen!

(1) In 3.2 wurden zur Konstruktion von Spiegelpunkten nur Geraden verwendet. Suchen Sie nach einer Konstruktion, die nur Kreise benützt. Eine Fallunterscheidung ist erforderlich.
(2) Konstruieren Sie das inverse Bild eines dem Inversionskreis umbeschriebenen Quadrates.
(3) Ein Dreieck wird gespiegelt
(a) am Umkreis, (b) am Inkreis. Konstruieren Sie die zugehörigen Spiegelbilder.
(4) Beweisen Sie folgende Sätze:
Die Schnittpunkte zweier Orthogonalkreise des Kreises K sind Original- und Bildpunkt bei Spiegelung an K.
Jeder Kreis durch einen nicht auf K liegenden Punkt X und den zugehörigen Bildpunkt $X' = \sigma_K(X)$ ist Orthogonalkreis.
(5) In einer Inversionskugel K mit Mittelpunkt M befinde sich eine zweite Kugel k – sie gehe durch M und berühre K.
(a) Was wird aus k bei Spiegelung an K?
(b) Zeigen Sie, dass die Bildpunkte durch Zentralprojektion von M aus gewonnen werden können.
Definition: Man nennt diese Zentralprojektion auch stereographische Projektion.
(c) Entdecken Sie Eigenschaften der stereographischen Abbildung!
(6) Führen Sie die in Abb. I,17 wiedergegebene Konstruktion selber durch und zwar mit 5 Lichtstrahlen und 5 Lichtwellen.

Man muss es wirklich tun! Geometrie lernt man nur durch Zeichnen und Konstruieren! Learning by doing! Versuchen Sie es auch mit einer Computersimulation!

(7) In Abb. I,18 werden neue Bezeichnungen eingeführt:
$BX = d_1, AX = d_2$.
Stellen Sie jetzt d_2 als Funktion von d_1, r und e_2 als Funktion von e_1, d_2, r dar. Was geschieht für $r \to \infty$? Wie ist diese Grenzsituation zu erklären?

(8) Steiner-Kreisketten

(a) Auf welcher Kurve liegen die Berührpunkte der Kreise einer geschlossenen Kette und wo deren Mittelpunkte?

(b) Wenn k außerhalb von K liegt, dann gilt
$4Rr \, \text{tg}^2 \frac{u}{n} = d^2 - (R + r)^2$. Beweis?

(c) Was geschieht, wenn $|K \cap k| \in \{1, 2\}$?

(d) K entartet zu einer Geraden – was dann?

(9) Der Satz von Pappus ($\sim$ 300 v. Chr., Alexandrien)
In einem Arbelos (Schustermesser) werde, wie Abb. I,34 zeigt, eine Kette von Berührkreisen einbeschrieben. Der Mittelpunkt des n-ten Kettenkreises mit Radius r_n habe von der Geraden AC den Abstand z_n. Dann gilt $z_n = 2n \cdot r_n$. Beweis?
Hinweis:
Die gegebene Konfiguration ist durch Inversion an einem geeigneten Kreis um A auf eine einfachere zurückzuführen.

(10) Spiegel

(a) Ebener Spiegel
Gegeben sind eine Lichtquelle L und ein Punkt P. Konstruieren Sie einen Lichtstrahl, der von L ausgeht und nach einmaliger Reflexion durch P läuft.

(b) Kugelspiegel-Problem (ungelöst)
An die Stelle eines ebenen Spiegels tritt jetzt ein Kugelspiegel. Lichtquelle L und Punkt P liegen außerhalb der Kugel. Die Fragestellung bleibt unverändert.

(11) Berührkreisproblem
Um jede Ecke eines gleichseitigen Dreiecks mit Kantenlänge a werden Kreisbögen mit Radius a gezeichnet. So entsteht ein „krummes" Dreieck.
Konstruiere drei kongruente, sich paarweise berührende Kreise, die auch noch das „krumme" Dreieck von innen berühren. Wie groß ist der Radius?

(12) Zum Soddy-Hexlet

(a) Auf welcher Kurve liegen die Berührpunkte der Kettenkugeln $k_1, \ldots, k_6$ und wo deren Mittelpunkte?

(b) Was geschieht, wenn eine der drei Startkugeln K_1, K_2, K_3 zur Ebene entartet?

(13) Zum Satz des Ptolemaios (12.4)

(a) Wie lautet der Satz, wenn das nicht-entartete Viereck $(ABCD)$ nicht konvex, sondern konkav ist?

(b) Berechnen Sie im Sehnenviereck (Summe der Gegenwinkel beträgt π) unter Verwendung des Kosinussatzes die Diagonalen e und f in Abhängigkeit von den Seiten a, b, c, d. Multiplikation von e mit f liefert dann erneut den Satz des Ptolemaios, Division dagegen etwas Neues, den Satz des Brahmagupta

$$\frac{e}{f} = \frac{a \cdot b + c \cdot d}{a \cdot d + b \cdot c}.$$

(14) Und nochmals zum Arbelos.

Wie in der Abb. I,34 gezeigt, starten wir mit drei Halbkreisen, die sich paarweise berühren. Ihre Radien seien r_1, r_2 und $r = r_1 + r_2$.

Konstruieren Sie einen Kreis, der alle drei Halbkreise berührt und berechnen Sie seinen Radius.

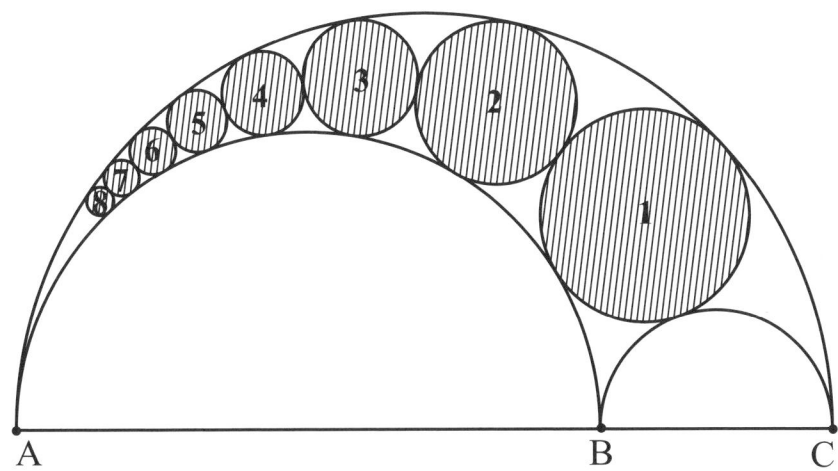

Abb. I,34: Zum Satz von Pappus

(15) Drei paarweise sich berührende Zykel z_1, z_2, z_3 seien gegeben. Die drei Berührpunkte bestimmen einen Zykel, der die drei gegebenen orthogonal schneidet. Beweis?

(16) Beweisen Sie unabhängig vom Miquel-Satz den 7-Punkte-Satz, dargestellt in Abb. I,24. Bedienen Sie sich dabei der Pivot-Konfiguration.

(17) Kann es sein, dass in der Abb. I,22 (b) der Punkt C' außerhalf des Dreiecks $\triangle(A'S'Q')$ liegt? Markieren Sie in einer Zeichnung die zum Beweis des Satzes 12.1.1 erforderlichen Sekantenvierecke.

(18) Gegeben seien vier Geraden a, b, c, d – keine zwei parallel und keine drei durch einen Punkt. Es gibt vier Geraden-Tripel $(abc), (abd), (acd), (bcd)$. Jedes bestimmt ein Dreieck. Die vier Umkreise dieser Dreiecke schneiden sich in einem Punkt (W. K. Clifford). Beweis? Anleitung: Suchen sie in der Konfiguration nach Pivot-Figurem.

14. Schlussbetrachtung zum elementargeometrischen Teil

Wir beenden unseren Streifzug durch die Elementargeometrie, unseren gemütlichen Spaziergang durch blühende Wiesen.

Bitte sehen Sie sich in der Welt um! Überall entdecken Sie Kreise und Kugeln.

Wir nennen drei Beispiele.

In einer Basilika (Waldsassen) entdeckten wir einen Tabernakel. Er hatte die Form einer glänzenden Kugel. Die ganze Kirche spiegelte sich in ihr. Das war nicht nur schön anzuschauen – es war von der Kirche so gewollt. Die ganze Außenwelt sollte sich in den dort aufbewahrten Hostien konzentrieren.

Eine sehr interessante Kugelspiegelung dieser Art hat auch der holländische Zeichner M.C. Escher dargestellt. Wir zeigen das Bild. Escher hat das Thema nochmals aufgegriffen in der Federzeichnung eines riesigen Kandelabers aus St. Bavo in Haarlem.

M. C. Escher's „Hand with Reflecting Sphere"

II. Geometrie analytisch-algebraisch

In diesem Kapitel ändern wir unsere Betrachtungsweise total. Nach den elementargeometrischen Untersuchungen im ersten Kapitel wird jetzt rein analytisch-algebraisch vorgegangen.

1. Analytische Geometrie im Sinne von Descartes

„Wir wollen lieber rechnen als denken!"
Geometrische Überlegungen wie in Kapitel I sind zwar sehr schön, aber bei Studenten nicht beliebt. Auch deshalb soll jetzt die gute alte analytische Geometrie aus der Schule in den Mittelpunkt gestellt werden. Alle geometrischen Probleme – so glaubt man jedenfalls – lassen sich dann alleine durch sture Rechnung lösen.

1.1 Wir schauen zurück!

E. F. Bell wählt zum Kapitel Descartes folgende Überschrift:

„Edelmann, Soldat und Mathematiker". Damit ist sein bewegtes Leben kurz und treffend beschrieben. Trotzdem geben wir noch einige Details.
Descartes stammt aus einer leidlich gut situierten Adelsfamilie (geboren in La Haye, Frankreich). Seine Erziehung lag in Händen der katholischen Kirche. Über 9 Jahre besuchte er ein Jesuiten-Kolleg. Dort wurde wohl der Grundstein für die tiefe Frömmigkeit gelegt. Sein ganzes Leben blieb er dem Katholizismus verbunden. Sobald er die Schule verlassen hatte, betrieb er juristische Studien. Er erkannte, dass im Vergleich zur Mathematik andere Disziplinen wie Philosophie, Ethik und Moral Lug und Trug sind. Von der Unfruchtbarkeit seiner Studien überzeugt, beschloss er die Welt zu erkunden und das wirkliche Leben kennen zu lernen. Zunächst begann er in Europa herumzureisen – landete aber schließlich (freiwillig) beim Militär. Er diente ganz verschiedenen Herren und nahm an der entscheidenden Schlacht am Weißen Berg teil. Dabei lernte er die vierjährige Prinzessin Elisabeth kennen. Mit ihr blieb er zeit seines Lebens freundschaftlich verbunden und entwickelte einen lebhaften Briefverkehr.
Nach all diesen turbulenten Wanderjahren emigrierte er nach Holland und blieb dort 20 Jahre lang. Wie damals bei Gelehrten so üblich, beschäftigte er sich mit den verschiedensten Gebieten wie Philosophie (cogito ergo sum), Medizin, Optik (Theorie des Regenbogens),

Astronomie und eben Mathematik. Er wurde zum Verfechter der Lehren des Kopernikus „Ich bin von der Richtigkeit des kopernikanischen Systems fest überzeugt, wie auch von der Unfehlbarkeit des Papstes". Eigentlich war er – trotz seiner Religiosität – Vertreter eines extremen Materialismus. In der Mathematik ging es ihm vor allem um die Geometrie und die Algebra. Unter anderem untersuchte er algebraische Gleichungen höheren Grades und entdeckte die Eulersche Polyederformel. Besonders am Herzen lag ihm die Arithmetisierung der Geometrie, also die Entwicklung der analytischen Geometrie.

Er schrieb auch Bücher, etwa das bekannte Werk „Discours de la méthode", veröffentlichte aber aus Angst vor der Inquisition zu Lebzeiten fast nichts. In der Tat wurden nach seinem Tod all seine Arbeiten auf den Index gesetzt.

René Descartes (1596–1650)

Schließlich wurde ihm die Königin Christine von Schweden zum Verhängnis. Sie wird als „zähes Weibsbild" beschrieben, trotze der Kälte, lebte spartanisch, kam mit 5 Stunden Schlaf aus, ... Descartes musste sie jeden Tag um 5 Uhr morgens im Winter in ungeheizten Räumen mit Philosophie vetraut machen. Man sollte wissen, dass Descartes den Vormittag stets im Bett verbrachte um wirklich denken zu können. All diesen Strapazen, verursacht durch die maßlose Eitelkeit einer Königin, war er nicht gewachsen. Er erkrankte an Lungenentzündung und starb – selbstverständlich nach Empfang der Sterbesakramente – im Alter von 54 Jahren.

1.2 Wiederholungen aus der Schule

1.2.1 Kartesische Koordinaten, die Punkte

Wir legen in unsere euklidische Ebene ein Achsenkreuz. Die beiden Achsen sollen aufeinander senkrecht stehen. In bekannter Weise ordnen wir nun jedem Punkt der Ebene bijektiv ein Paar (x_1, x_2) reeller Zahlen zu. Wir sprechen von einem kartesischen Koordinatensystem. Im Raum wird eine dritte Achse dazugenommen. Die Punkte sind dann durch Tripel (x_1, x_2, x_3) reeller Zahlen repräsentiert. Ebene und Raum werden im Hinblick auf die Inversion wieder mit einem Punkt ∞ abgeschlossen.

1.2.2 Gerade und Ebene

Eine Gerade in der (x_1, x_2)-Ebene ist die Menge aller Punkte (x_1, x_2), welche die Gleichung $g_1 x_1 + g_2 x_2 + d = 0$ mit $g_1, g_2, d \in \mathbb{R}$ und $(g_1, g_2) \neq (0, 0)$ erfüllen. Wir schreiben $\{(x_1, x_2) \in \mathbb{R}^2 | g_1 x_1 + g_2 x_2 + d = 0\} \cup \{\infty\}$.
Besonders elegant ist es, einfach von Tripeln (g_1, g_2, d) zu sprechen. Dabei stellen zwei Tripel (g_1, g_2, d) und (h_1, h_2, f) die gleiche Gerade dar, wenn es $\lambda \in \mathbb{R}^*$ so gibt, dass $h_1 = \lambda g_1$, $h_2 = \lambda g_2$, $f = \lambda d$. Wir sprechen von äquivalenten Tripeln.
Entsprechendes gilt für Ebenen:
$\{(x_1, x_2, x_3) \in \mathbb{R}^3 | g_1 x_1 + g_2 x_2 + g_3 x_3 + d = 0\} \cup \{\infty\}$ mit $g_1, g_2, g_3, d \in \mathbb{R}$, $(g_1, g_2, g_3) \neq (0, 0, 0)$.
Jetzt müssen wir auch hier noch äquivalente Quadrupel einführen.

1.2.3 Kreis und Kugel

Kreis mit Mittelpunkt $M(m_1, m_2)$ und Radius $r > 0$:
$\{(x_1, x_2) \in \mathbb{R}^2 | (x_1 - m_1)^2 + (x_2 - m_2)^2 = r^2\}$ mit $m_1, m_2 \in \mathbb{R}$, $r \in \mathbb{R}^+$.
Entsprechendes gilt für Kugeln
$\{(x_1, x_2, x_3) \in \mathbb{R}^3 | (x_1 - m_1)^2 + (x_2 - m_2)^2 + (x_3 - m_3)^2 = r^2\}$ mit $m_1, m_2, m_3 \in \mathbb{R}$, $r \in \mathbb{R}^+$.
Mittelpunkt (m_1, m_2, m_3), Radius $r > 0$.
Künftig begnügen wir uns bei Gerade, Ebene, Kreis und Kugel meist mit der Angabe der zugehörigen Gleichung.

1.2.4 Vorteile?

Welche Vorteile bringt nun die Beschreibung geometrischer Objekte mit reellen Zahlen?
(a) Wir können jetzt im Rahmen der Geometrie rechnen. Der bestens bekannte Apparat des Rechnens mit reellen Zahlen (im Körper $\mathbb{R}$) kann jetzt voll eingesetzt werden.
(b) Einer formalen Erweiterung geometrischer Begriffe in euklidische Räume einer Dimension größer 3 steht jetzt nichts im Wege.

Beispiele:

Hyperebene in Dimension 4

$\{(x_1, x_2, x_3, x_4) \in \mathbb{R}^4 | \sum_{i=1}^{4} g_i x_i + d = 0\} \cup \{\infty\}$ mit $g_i, d \in \mathbb{R}, \sum_{i=1}^{4} g_i^2 \neq 0$.

Hyperkugel in Dimension 4

$\{(x_1, x_2, x_3, x_4) \in \mathbb{R}^4 | \sum_{i=1}^{4} (x_i - m_i)^2 = r^2\}$

mit $m_i \in \mathbb{R}, r \in \mathbb{R}^+$, $M(m_1, m_2, m_3, m_4)$ Mittelpunkt, und r Radius.

Eine analytische Geometrie dieser Art lässt sich auch einem Blinden vermitteln (Experimente dieser Art wurden tatsächlich durchgeführt). Man braucht die Elemente der Geometrie weder zu sehen, noch mit Händen zu „begreifen". Sie werden durch Formeln, durch Gleichungen ersetzt. Auch der Blinde kann jetzt geometrische Probleme lösen.

1.3 Kreis- und Kugelspiegelung – jetzt analytisch

Inversionskreis K: $(x_1 - m_1)^2 + (x_2 - m_2)^2 = r^2$

Wir bedienen uns jetzt der Abb. II,1.

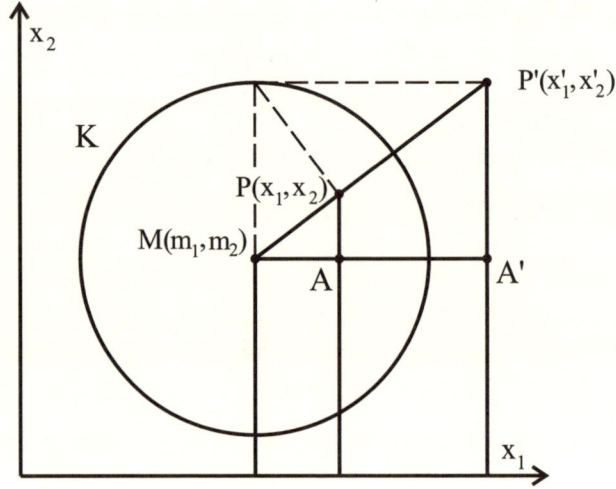

Abb. II,1: Kreisspiegelung analytisch

Die Dreiecke $\triangle(MA'P')$ und $\triangle(MAP)$ sind zueinander ähnlich, also folgt $\frac{x_2'-m_2}{x_2-m_2} = \frac{\overline{MP'}}{\overline{MP}}$.
Nach Definition der Inversion gilt $\overline{MP} \cdot \overline{MP'} = r^2$. Damit erhalten wir weiter

$\frac{x_2'-m_2}{x_2-m_2} = \frac{r^2}{(\overline{MP})^2} = \frac{r^2}{(x_1-m_1)^2+(x_2-m_2)^2}$ wenn $(x_1 - m_1)^2 + (x_2 - m_2)^2 \neq 0$.

Ganz analog ergibt sich

$\frac{x_1'-m_1}{x_1-m_1} = \frac{r^2}{(x_1-m_1)^2+(x_2-m_2)^2}$ wenn $(x_1 - m_1)^2 + (x_2 - m_2)^2 \neq 0$.

Dem Punkt M entspricht natürlich der Punkt ∞.

Damit haben wir die Kreisspiegelung $\sigma_K(P)$, also einen Abbildungsvorgang rein analytisch formuliert.

In den folgenden Abschnitten wählen wir einen speziellen Inversionskreis mit $m_1 = m_2 = 0, r = 1$. Dies ergibt

$$\sigma_K(P) : \begin{cases} x'_1 = \frac{x_1}{x_1^2+x_2^2}, \; x'_2 = \frac{x_2}{x_1^2+x_2^2} & \text{wenn} \;\; x_1^2 + x_2^2 \neq 0 \\ \infty & \text{wenn} \;\; x_1^2 + x_2^2 = 0 \end{cases}$$

Analog gilt für die Spiegelung an der Einheitskugel mit Mittelpunkt im Ursprung

$$\sigma_K(P) : \begin{cases} x'_i = \frac{x_i}{\sum\limits_{i=1}^{3} x_i^2}, & \text{wenn} \;\; \sum\limits_{i=1}^{3} x_i^2 \neq 0 \\ \infty & \text{wenn} \;\; \sum\limits_{i=1}^{3} x_i^2 = 0 \end{cases} \; ; \;\; i = 1, 2, 3.$$

1.4 Zykeltreue

Mit unseren Abbildungsgleichungen ist es nun möglich, alle in Kapitel I angegebenen Eigenschaften der Inversion, aber auch Sätze zur Inversion rein analytisch, also nur durch Rechnung zu beweisen. Wir führen das Verfahren am Beispiel der Zykeltreue vor (Zykelverwandtschaft).

Inversionskreis $K : x_1^2 + x_2^2 = 1$.
Originalkurve

$$\boxed{A(x_1^2 + x_2^2) + Bx_1 + Cx_2 + D = 0} \quad A, B, C, D \in \mathbb{R}$$

Im Falle $A \neq 0$ ist das ein Kreis mit $M(-\frac{B}{2A}, -\frac{C}{2A})$ und $r^2 = \frac{1}{4A^2}(B^2 + C^2 - 4AD)$. Wir müssen also fordern $B^2 + C^2 - 4AD > 0$.
Für $A = 0$ handelt es sich um eine Gerade. Jetzt müssen wir verlangen $B^2 + C^2 \neq 0$.
Die Umkehrabbildung unserer Kreisspiegelung aus 1.3 ist wegen der Bijektivität

$$x_1 = \frac{x'_1}{(x'_1)^2+(x'_2)^2}, \; x_2 = \frac{x'_2}{(x'_1)^2+(x'_2)^2}.$$

Wir setzen in die Gleichung der Originalkurve ein – verzichten aber auf die Striche.

$$A \left(\frac{x_1^2}{(x_1^2+x_2^2)^2} + \frac{x_2^2}{(x_1^2+x_2^2)^2} \right) + \frac{Bx_1}{x_1^2+x_2^2} + \frac{Cx_2}{x_1^2+x_2^2} + D = 0$$

Umgeformt ergibt sich wegen $x_1^2 + x_2^2 \neq 0$ die Bildkurve

$$\boxed{A + Bx_1 + Cx_2 + D(x_1^2 + x_2^2) = 0}$$

Jetzt müssen Original- und Bildkurve miteinander sorgfältig verglichen werden. Wir stellen das in der folgenden Tabelle dar. Damit ist dann die Zykeltreue der Kreisspiegelung erneut, aber jetzt eben analytisch bewiesen.

Originalkurve	Koeffizienten	Bildkurve
$B^2 + C^2 \neq 0$		
Gerade durch 0	$A = 0, D = 0$	Gerade in sich
Kreis durch 0	$A \neq 0, D = 0$	Gerade nicht durch 0
Gerade nicht durch 0	$A = 0, D \neq 0$	Kreis durch 0
Kreis nicht durch 0	$A \neq 0, D \neq 0$	Kreis nicht durch 0
$B^2 + C^2 = 0$		
Kreis mit Mittelpunkt 0	$A \neq 0, D \neq 0$	Kreis mit Mittelpunkt 0

1.5 Spiegelung an einer Geraden

Wir alle kennen die Eigenschaften der Geradenspiegelung aus der elementaren Schulgeo
metrie. Wie aber lassen sich diese Abbildungen analytisch beschreiben?

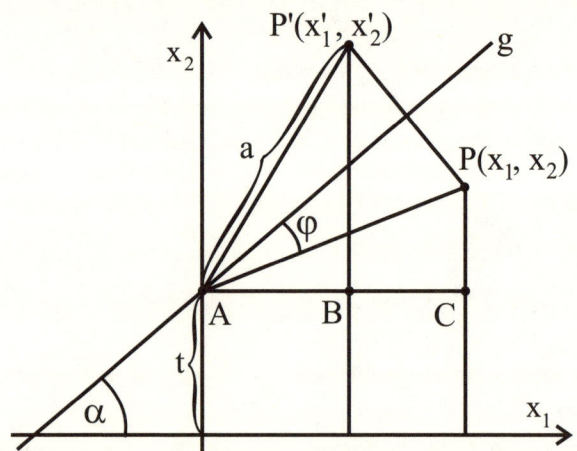

Abb. II,2: Geradenspiegelung analytisch

Spiegelungsgerade g: $x_2 = \operatorname{tg} \alpha \cdot x_1 + t$ oder $x_1 \sin \alpha - x_2 \cos \alpha + t \cos \alpha = 0$.
Der Abb. II,2 entnehmen wir aus dem Dreieck $\triangle(ACP)$:
$$x_1 = a \cos(\alpha - \varphi) = a \cos \alpha \cdot \cos \varphi + a \sin \alpha \cdot \sin \varphi$$
$$x_2 = a \sin(\alpha - \varphi) + t = a \sin \alpha \cdot \cos \varphi - a \cos \alpha \cdot \sin \varphi + t.$$
Auflösung nach $\cos \varphi$ und $\sin \varphi$ ergibt
$$\cos \varphi = \tfrac{1}{a}(x_1 \cos \alpha + x_2 \sin \alpha - t \sin \alpha)$$

$$\sin \varphi = \tfrac{1}{a}(x_1 \sin \alpha - x_2 \cos \alpha + t \cos \alpha).$$
Jetzt erst betrachten wir den Spiegelpunkt $P'(x_1', x_2')$ von $P(x_1, x_2)$. Aus dem Dreieck $\triangle(AB)$
ergibt sich
$$x_1' = a \cos(\alpha + \varphi) = a \cos \alpha \cdot \cos \varphi - a \sin \alpha \cdot \sin \varphi$$

$$x_2' = a \sin(\alpha + \varphi) + t = a \sin \alpha \cdot \cos \varphi + a \cos \alpha \cdot \sin \varphi + t.$$
Nun setzen wir unsere obigen Ergebnisse für $\cos \varphi$ und $\sin \varphi$ ein. Dies liefert

$x_1' = x_1 \cos 2\alpha + x_2 \sin 2\alpha - t \sin 2\alpha$

$x_2' = x_1 \sin 2\alpha - x_2 \cos 2\alpha + t(1 + \cos 2\alpha)$.

Damit sind die Abbildungsgleichungen gefunden.

Die Gerade g selber ist Fixpunktgerade – also auch der Punkt ∞ Fixpunkt.

Der Mitteilung „Wir werden jetzt alles nochmals beweisen, aber analytisch" löste bei den Studenten keine Beifallsstürme aus. Auch der Hinweis auf größere Eleganz kam nicht an. Deshalb verzichten wir hier auf analytische Beweise von Sätzen aus Kapitel I.

Stattdessen suchten wir nach Problemen, die elementargeometrisch überhaupt nicht – wohl aber analytisch – rechnerisch zu lösen sind. Dabei soll deutlich werden, dass die analytische Methode manchmal einfach mehr bringt.

1.6 Kurven bei Kreisspiegelung

Die Bilder vorgegebener Kurven (etwa verschiedener Kegelschnitte) bei Inversion sollen bestimmt werden. Man kann versuchen, durch punktweise Konstruktion grobe Aussagen zu erhalten. Aber letztlich hilft hier nur die analytische Methode.

In jedem der behandelten Beispiele verwenden wir den Inversionskreis $x_1^2 + x_2^2 = 1$, also die in 1.3 angegebenen Abbildungsgleichungen. Wie in 1.4 wird die Umkehrabbildung ohne Striche benützt.

1.6.1 Spezialparabel $\longrightarrow$ Kissoide

Satz:

Aus der Parabel $x_2^2 = x_1$ wird bei der oben angegebenen Kreisspiegelung eine Kissoide.

Beweis:

Originalkurve: $x_2^2 = x_1$

Das ist eine nach rechts geöffnete Parabel.

Bildkurve:

Im Falle $x_1^2 + x_2^2 = 0$ entspricht dem Punkt 0 der Punkt ∞.

Für $x_1^2 + x_2^2 \neq 0$ erhalten wir

$\left(\frac{x_2}{x_1^2 + x_2^2} \right)^2 = \frac{x_1}{x_1^2 + x_2^2} \Rightarrow x_2^2 = \frac{x_1^3}{1 - x_1}$.

Jetzt geht es darum, herauszufinden wie diese Kurve aussieht, welche Eigenschaften sie besitzt.

Sie ist jedenfalls symmetrisch zur x_1-Achse, besitzt bei $x_1 = 0$ eine Spitze (die Funktion x_2^2 hat dort eine 3-fache Nullstelle) und bei $x_1 = 1$ eine Asymptote (x_2^2 hat dort einen Pol erster Ordnung). Der Definitionsbereich ist eingeschränkt auf $0 \leq x_1 < 1$.

Abb. II,3 zeigt die mit Computer erzeugte Bildkurve, die Originalparabel und den Inversionskreis. Die Kurve wurde bereits von Diokles (zwischen 250 und 100 v. Chr, Griechenland) untersucht. Er nannte sie Kissoide. Der Name kommt von $\kappa\iota\sigma\sigma o\varsigma$ = Efeu – weil der getönte Teil in unserer Figur einem Efeublatt ähnelt.

Wir geben noch einen besonders schönen Satz – obwohl der zugehörige Beweis trickreiches auswerten von Integralen erfordert. Er geht zurück auf Pierre Fermat (1601–1655).

Satz:
Der Flächeninhalt des von der Kissoide und ihrer Asymptote begrenzten Teiles der Ebene ist dreimal so groß wie der Inhalt eines Kreises mit Radius $\frac{1}{2}$.

Der Satz ist überraschend. Er zeigt, dass ein sich ins Unendliche erstreckender Bereich durchaus einen endlichen Flächeninhalt haben kann.

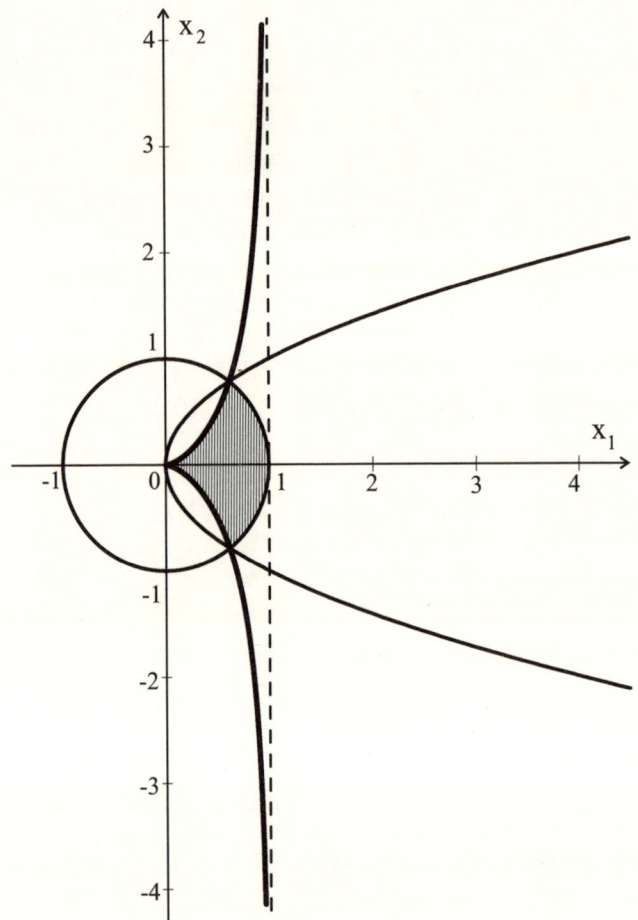

Abb. II,3: Spezialparabel $\longrightarrow$ Kissoide

Beweis:
Nur für unerschrockene und ausdauernde Leser!
Flächeninhalt:
$$F = 2 \int_0^1 \sqrt{\frac{x^3}{1-x}} \, \mathrm{d}x.$$

1. Trick: Substitution $x = \sin^2 \varphi$, $\mathrm{d}x = 2 \sin \varphi \cos \varphi \, \mathrm{d}\varphi$

$F = 4 \int\limits_0^{\frac{\pi}{2}} \sin^4 \varphi \, \mathrm{d}\varphi$.

2. Trick: Doppeltes Argument bei Winkelfunktionen

$\sin^2 \varphi = \frac{1}{2}(1 - \cos 2\varphi)$, $\cos^2 \varphi = \frac{1}{2}(1 + \cos 2\varphi)$

$F = \int\limits_0^{\frac{\pi}{2}} (1 - 2 \cos 2\varphi + \cos^2 2\varphi) \, \mathrm{d}\varphi = [\varphi]_0^{\frac{\pi}{2}} - 2 \int\limits_0^{\frac{\pi}{2}} \cos 2\varphi \, \mathrm{d}\varphi + \int\limits_0^{\frac{\pi}{2}} \cos^2 2\varphi \, \mathrm{d}\varphi$.

3. Trick: Substitution $z = 2\varphi$

$\int\limits_0^{\frac{\pi}{2}} \cos 2\varphi \, \mathrm{d}\varphi = \frac{1}{2} \int\limits_0^{\pi} \cos z \, \mathrm{d}z = \frac{1}{2} [\sin z]_0^{\pi} = 0$,

$\int\limits_0^{\frac{\pi}{2}} \cos^2 2\varphi \, \mathrm{d}\varphi = \frac{1}{2} \int\limits_0^{\pi} \cos^2 z \, \mathrm{d}z = \frac{1}{2} \int\limits_0^{\pi} \frac{1}{2}(1 + \cos 2z) \, \mathrm{d}z = [\frac{1}{4}z]_0^{\pi} + \frac{1}{4} \int\limits_0^{\pi} \cos 2z \, \mathrm{d}z = \frac{\pi}{4} + [\frac{1}{8} \sin 2z]_0^{\pi} = \frac{\pi}{4}$

Beim letzten Integral wurde die Sache mit dem doppelten Argument verwendet und das bereits berechnete Integral $\int \cos 2z \, \mathrm{d}z$. Total erhalten wir $F = \frac{1}{2}\pi + \frac{1}{4}\pi = \frac{3}{4}\pi$. Damit ist der Satz bewiesen.

1.6.2 Spezialhyperbel $\to$ Lemniskate

Satz:
Aus der Hyperbel $x_1^2 - x_2^2 = 1$ wird bei Spiegelung am Kreis $x_1^2 + x_2^2 = 1$ eine Lemniskate.

Beweis:
Originalkurve: $x_1^2 - x_2^2 = 1$
Das ist eine gleichseitige, nach links und nach rechts geöffnete Hyperbel mit den Asymptoten $x_2 = \pm x_1$.
Bildkurve: $\left(\frac{x_1}{x_1^2 + x_2^2}\right)^2 - \left(\frac{x_2}{x_1^2 + x_2^2}\right)^2 = 1 \Rightarrow x_1^2 - x_2^2 = (x_1^2 + x_2^2)^2$
Der Übergang zu Polarkoordinaten liefert eine wesentlich elegantere Darstellung der Kurve.
Mit $x_1 = \rho \cos \varphi$, $x_2 = \rho \sin \varphi$ ergibt sich nämlich
$\rho^2 \cos^2 \varphi - \rho^2 \sin^2 \varphi = (\rho^2 \cos^2 \varphi + \rho^2 \sin^2 \varphi)^2$ oder $\rho^2 = \cos 2\varphi$ bzw. $\rho = \pm\sqrt{\cos 2\varphi}$.
Abb. II,4 zeigt die mit Computer erzeugte Bildkurve, die Originalkurve und den Inversionskreis. Diese Kurve heißt Lemniskate. Das Wort Lemniskate kommt aus dem Griechischen $\lambda\eta\mu\nu\iota\sigma\kappa\sigma\varsigma$ = Band. Jakob Bernoulli (1654–1705) hat die Kurve als erster untersucht.
Jetzt suchen wir nach Eigenschaften dieser Kurve.
Der Radikand darf nicht negativ sein. Dies bedeutet $0 \leq \cos 2\varphi \leq 1$ und weiter $-\frac{\pi}{2} \leq 2\varphi \leq \frac{\pi}{2}$.
Der Winkelbereich für φ ist also eingeschränkt $-\frac{\pi}{4} \leq \varphi \leq \frac{\pi}{4}$.
Nun lassen wir den Winkel φ laufen.
$\rho = +\sqrt{\cos 2\varphi}$
φ von $\frac{\pi}{4}$ bis 0, dann ρ von 0 bis 1.
φ von 0 bis $-\frac{\pi}{4}$, dann ρ von 1 bis 0.
In Abb. II,5 ist der Kurvenverlauf skizziert. Links vom Ursprung ($\rho < 0$) ergibt sich eine symmetrische Schleife. Die Kurve ist sowohl zur x_1-Achse als auch zur x_2-Achse symmetrisch (Punktsymmetrie zum Ursprung).

Unsere Lemniskate besitzt im Ursprung zwei Tangenten. Dieser Punkt erweist sich als Doppelpunkt.

Auch zur Lemniskate gibt es einige merkwürdige Sätze.

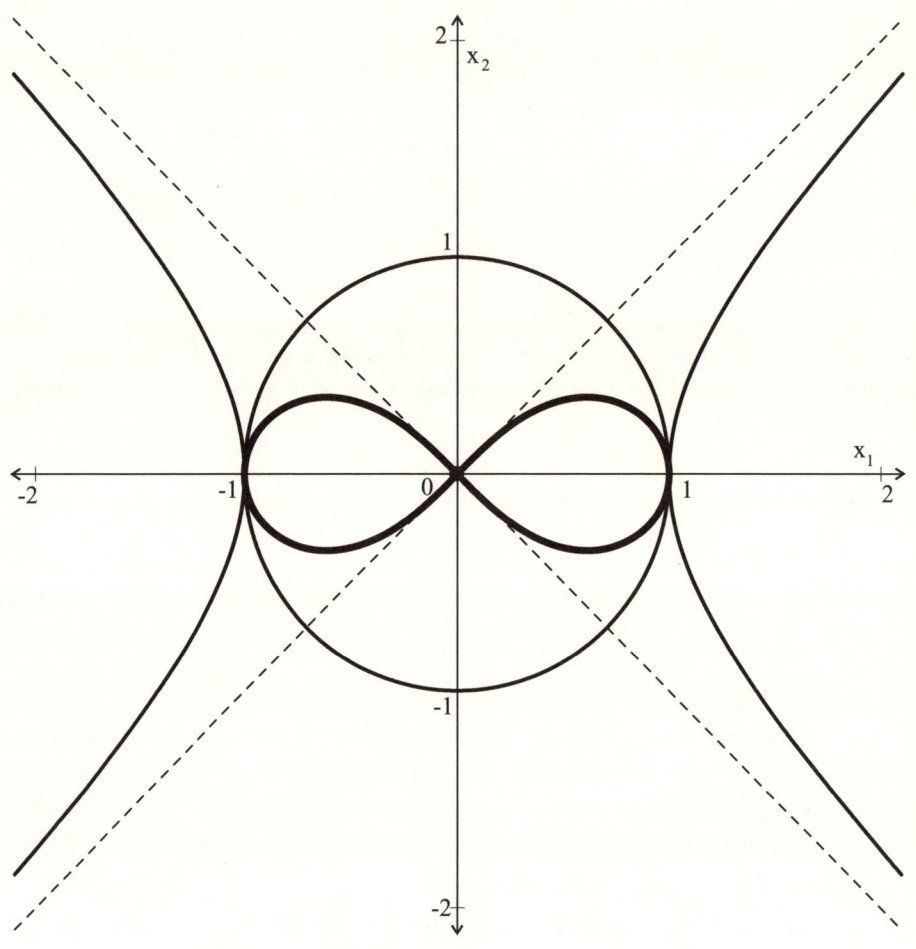

Abb. II,4: Spezialhyperbel → Lemniskate

Satz:

Der Flächeninhalt F des von unserer Lemniskate begrenzten Teils der Ebene beträgt 1.

Beweis:

Bei Verwendung von Polarkoordinaten gilt für die Flächenmaßzahl $F = \frac{1}{2} \int \rho^2 \, \mathrm{d}\varphi$. Genaueres zu dieser Formel finden Sie in jedem Buch zur Analysis.

Wir betrachten den grauen Bereich in Abb. II,5.

$\frac{1}{4} F = \frac{1}{2} \int\limits_{0}^{\frac{\pi}{4}} \rho^2 \, \mathrm{d}\varphi = \frac{1}{2} \int\limits_{0}^{\frac{\pi}{4}} \cos 2\varphi \, \mathrm{d}\varphi = [\frac{1}{4} \sin 2\varphi]_0^{\frac{\pi}{4}} = \frac{1}{4}$, also $F = 1$.

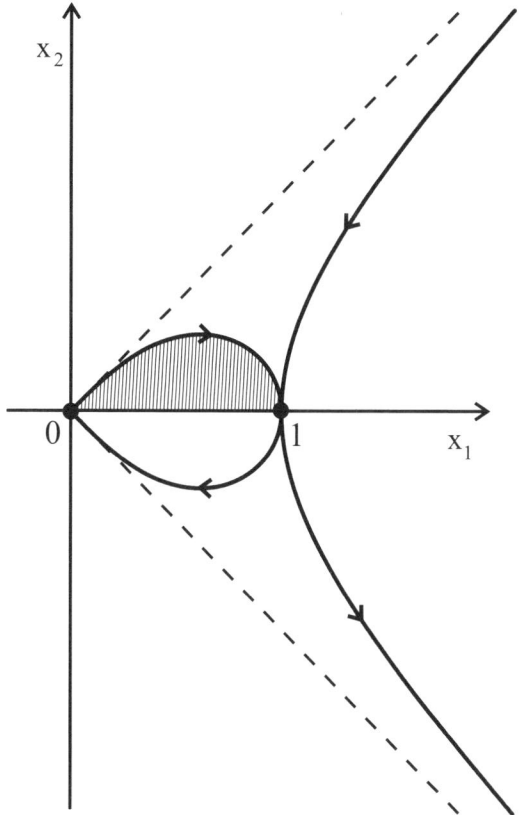

Abb. II,5: Zur Lemniskate

Satz:

Alle Punkte, für die das Produkt der Entfernungen von den Punkten $F(\frac{1}{2}\sqrt{2}, 0)$, $G(-\frac{1}{2}\sqrt{2}, 0)$ den Wert $\frac{1}{2}$ hat, liegen auf unserer Lemniskate.

Beweis:

Die gesuchten Punkte seien $P(x_1, x_2)$.

$\overline{PF} \cdot \overline{PG} = \sqrt{(x_1 - \frac{1}{2}\sqrt{2})^2 + x_2^2} \cdot \sqrt{(x_1 + \frac{1}{2}\sqrt{2})^2 + x_2^2} = \frac{1}{2}$

$\Rightarrow [(x_1^2 + x_2^2 + \frac{1}{2}) - x_1\sqrt{2}] \cdot [(x_1^2 + x_2^2 + \frac{1}{2}) + x_1\sqrt{2}] = \frac{1}{4}$

$\Rightarrow (x_1^2 + x_2^2 + \frac{1}{2})^2 - 2x_1^2 = \frac{1}{4}$

$\Rightarrow (x_1^2 + x_2^2)^2 + x_1^2 + x_2^2 + \frac{1}{4} - 2x_1^2 = \frac{1}{4}$

$\Rightarrow (x_1^2 + x_2^2)^2 = x_1^2 - x_2^2.$

1.6.3 Spezialhyperbel $\rightarrow$ Strophoide

Satz:

Aus der Hyperbel $(x_1 - 1)^2 - x_2^2 = 1$ wird bei Spiegelung am Kreis $x_1^2 + x_2^2 = 1$ eine Strophoide.

Beweis:

Originalkurve: $(x_1 - 1)^2 - x_2^2 = 1$.

Das ist eine gleichseitige, nach links und nach rechts geöffnete Hyperbel. Mittelpunkt $(1,0)$.

Asymptoten: $x_2 = x_1 - 1$ und $x_2 = -x_1 + 1$.

Bildkurve: $\left(\frac{x_1}{x_1^2 + x_2^2} - 1\right)^2 - \left(\frac{x_2}{x_1^2 + x_2^2}\right)^2 = 1$

$$x_2^2 = x_1^2 \frac{1 - 2x_1}{1 + 2x_1}$$

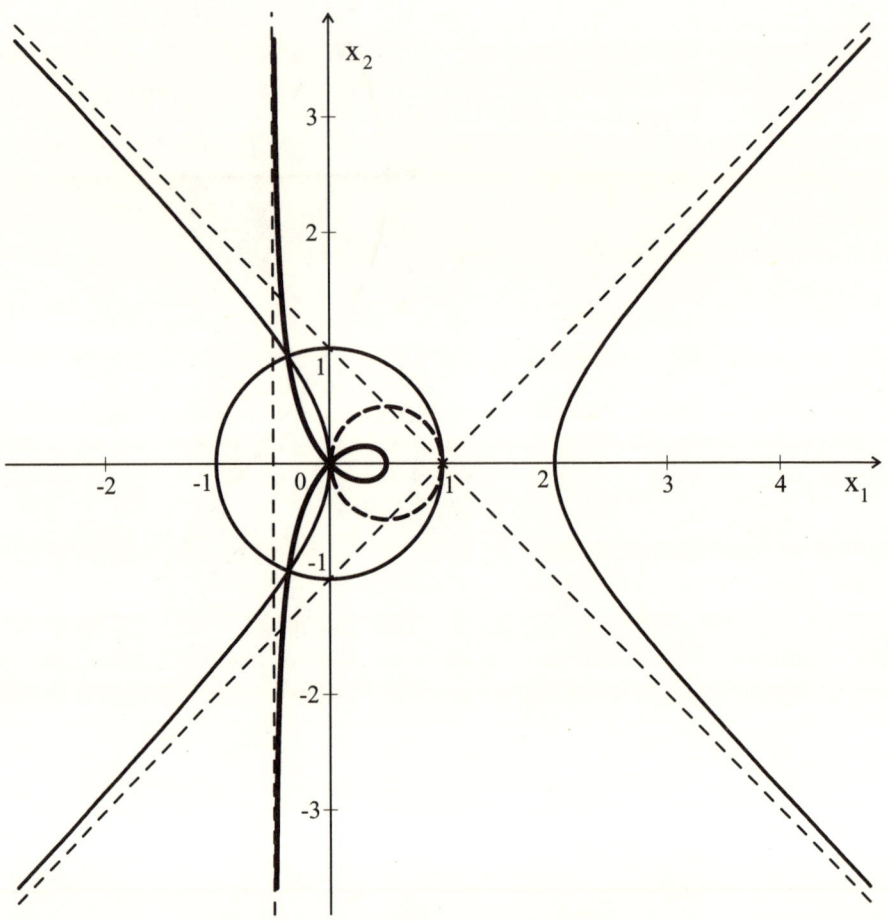

Abb. II,6: Spezialhyperbel → Strophoide

Abb. II,6 zeigt die mit Computer erzeugte Bildkurve, die Originalkurve und den Inversionskreis. Diese Kurve heißt Strophoide. Das Wort Strophoide kommt aus dem Griechischen $\sigma\tau\rho\acute{o}\varphi o\varsigma$ – gedrehtes Band. Evangelista Torricelli (1608–1647) hat die Kurve als erster untersucht. Verschiedene Eigenschaften:

Die Kurve ist symmetrisch zur x_1-Achse. Sie besitzt im Ursprung zwei aufeinander senkrechte Tangenten. Dieser Punkt erweist sich als Doppelpunkt (die Funktion x_2^2 hat dort eine 2-fache Nullstelle). Eine weitere Nullstelle liegt bei $x_1 = \frac{1}{2}$.

Die Kurve besitzt die Asymptote $x_1 = -\frac{1}{2}$ (die Funktion x_2^2 hat bei $x_1 = -\frac{1}{2}$ einen Pol erster Ordnung).

Der Radikand $\frac{1-2x_1}{1+2x_1}$ darf nicht negativ sein. Deshalb ist der Definitionsbereich eingeschränkt $-\frac{1}{2} < x_1 \leq \frac{1}{2}$.

Satz:

Bei Spiegelung am Kreis $(x_1 - \frac{1}{2})^2 + x_2^2 = \frac{1}{4}$ geht unsere Strophoide als Ganzes in sich über – sie ist Fixkurve.

Abb. II,6 zeigt auch den neuen Inversionskreis.

Kurven, die bei einer Kreisspiegelung fest bleiben, nennt man „anallagmatisch". Mit solchen Kurven hat man sich im 19., ja auch noch im 20. Jahrhundert intensiv beschäftigt.

Beweis:

Auch dieser Beweis eignet sich nur für hartnäckige Rechner.

Inversionskreis:

$(x_1 - \frac{1}{2})^2 + x_2^2 = \frac{1}{4}$, Mittelpunkt $M(\frac{1}{2}, 0)$, Radius $r = \frac{1}{2}$. Abbildungsgleichungen:

Nach II,1.3 erhalten wir

$x_2' = \frac{x_2}{4((x_1 - \frac{1}{2})^2 + x_2^2)} = \frac{x_2}{4N}$

$x_1' = \frac{1}{2} + \frac{x_1 - \frac{1}{2}}{4((x_1 - \frac{1}{2})^2 + x_2^2)} = \frac{1}{2} + \frac{x_1 - \frac{1}{2}}{4N}$, mit $N \neq 0$.

Bildkurve:

Einsetzen in $x_2^2(1 + 2x_1) = x_1^2(1 - 2x_1)$ liefert

(Umkehrabbildungen, keine Striche):

$\frac{x_2^2}{16N^2}(2 + \frac{x_1 - \frac{1}{2}}{2N}) = (\frac{1}{2} + \frac{x_1 - \frac{1}{2}}{4N})^2 \frac{\frac{1}{2} - x_1}{2N}$

$\Rightarrow x_2^2(4N + x_1 - \frac{1}{2}) = (2N + x_1 - \frac{1}{2})^2 (\frac{1}{2} - x_1)$

$\Rightarrow x_2^2(4x_1^2 + 4x_2^2 - 3x_1 + \frac{1}{2}) = (2x_1^2 + 2x_2^2 - x_1)^2 (\frac{1}{2} - x_1)$

$\Rightarrow x_2^4(2 + 4x_1) + x_2^2 (8x_1^3 - 4x_1^2 - x_1 + \frac{1}{2}) + 4x_1^5 - 6x_1^4 + 3x_1^3 - \frac{1}{2}x_1^2 = 0$

Jetzt ist eine Produktdarstellung möglich.

$(x_2^2 + 2x_1x_2^2 - x_1^2 + 2x_1^3)(\underbrace{2x_2^2 + 2x_1^2 - 2x_1 + \frac{1}{2}}_{2N}) = 0.$

Wegen $N \neq 0$ muss also der erste Faktor 0 werden.

$x_2^2 + 2x_1x_2^2 - x_1^2 + 2x_1^3 = 0 \Rightarrow x_2^2 = x_1^2 \frac{1-2x_1}{1+2x_1}$.

Das aber ist genau die Gleichung unserer Strophoide.

Satz:

Die Flächenmaßzahl des von der Strophoidenschleife begrenzten Teils der Ebene beträgt $F_1 = \frac{1}{2}(1 - \frac{\pi}{4})$ und die des von zwei Kurvenästen und der Asymptote begrenzten Teiles $F_2 = \frac{1}{2}(1 + \frac{\pi}{4})$. Insgesamt erhalten wir $F = F_1 + F_2 = 1$.

Beweis:

(a) *Ein unbestimmtes Integral*

Wir werten das Integral $\int x\sqrt{\frac{1-2x}{1+2x}}\,\mathrm{d}x$ aus.

Dabei gehen wir zu einer freundlicheren Variablen, nämlich zu einem Winkel über.

Wir setzen $\sqrt{\frac{1-2x}{1+2x}} = \operatorname{ctg}\varphi$. Damit folgt

$$x = \frac{1}{2}\frac{1-\operatorname{ctg}^2\varphi}{1+\operatorname{ctg}^2\varphi} = -\frac{1}{2}\cos 2\varphi \Rightarrow \mathrm{d}x = \sin 2\varphi\,\mathrm{d}\varphi.$$

Diese Transformation fällt einfach vom Himmel. Wie man auf so etwas wohl kommt? Manche Mathematiker haben eben eine ausgefallene, aber kreative Phantasie.

Mit all dem erhalten wir

$$\int x\sqrt{\frac{1-2x}{1+2x}}\,\mathrm{d}x = -\frac{1}{2}\int\cos 2\varphi\,\operatorname{ctg}\varphi\sin 2\varphi\,\mathrm{d}\varphi = -\int\cos 2\varphi\cos^2\varphi\,\mathrm{d}\varphi = \int\cos^2\varphi\,\mathrm{d}\varphi - 2\int\cos^4\varphi\,\mathrm{d}\varphi.$$

Jetzt greifen wir auf wohlbekannte Formeln aus der Trigonometrie zurück:

$\int\cos^4\varphi\,\mathrm{d}\varphi = \frac{1}{16}(\frac{1}{2}\sin 4\varphi + 4\sin 2\varphi + 6\varphi)$

$\int\cos^2\varphi\,\mathrm{d}\varphi = \frac{1}{4}(\sin 2\varphi + 2\varphi).$

Damit erhalten wir $\int x\sqrt{\frac{1-2x}{1+2x}}\,\mathrm{d}x = -\frac{1}{8}(\frac{1}{2}\sin 4\varphi + 2\sin 2\varphi + 2\varphi).$

Jetzt erst wenden wir uns den Inhaltsproblemen zu. Das bedeutet Behandlung bestimmter Integrale.

(b) *Inhalt F_1*

Wir verwenden jetzt das in (a) ausgewertete Integral mit der Variablen φ.

Die Integrationsgrenzen sind besonders zu beachten.

Betrachten wir den oberen Teil der Schleife, so können wir sagen: Wenn x_1 von 0 bis $\frac{1}{2}$ läuft, dann φ von $\frac{1}{4}\pi$ bis $\frac{1}{2}\pi$. Damit erhalten wir:

$\frac{1}{2}F_1 = \int x_1\sqrt{\frac{1-2x_1}{1+2x_1}}\mathrm{d}x_1 = -\frac{1}{8}[\frac{1}{2}\sin 4\varphi + 2\sin 2\varphi + 2\varphi]_{\frac{1}{4}\pi}^{\frac{1}{2}\pi} = \frac{1}{4}(1 - \frac{\pi}{4}),$

also $F_1 = \frac{1}{2}(1 - \frac{\pi}{4})$. In Abb. II,7 ist die Situation skizziert.

(c) Inhalt F_2

Wählen wir den Kurvenast $x_2 = +x_1\sqrt{\frac{1-2x_1}{1+2x_1}}$, so sind die Funktionswerte und auch die Flächenmaßzahl negativ. Wollen wir dies vermeiden, so starten wir mit $x_2 = -x_1\sqrt{\frac{1-2x_1}{1+2x_1}}$. Wenn dann x_1 von $-\frac{1}{2}$ nach 0 läuft, dann φ von 0 nach $\frac{\pi}{4}$.

Wir erhalten

$\frac{1}{2}F_2 = -\int x_1\sqrt{\frac{1-2x_1}{1+2x_1}}\mathrm{d}x_1 = \frac{1}{8}[\frac{1}{2}\sin 4\varphi + 2\sin 2\varphi + 2\varphi]_0^{\frac{1}{4}\pi} = \frac{1}{4}(1 + \frac{\pi}{4}),$

also $F_2 = \frac{1}{2}(1 + \frac{\pi}{4})$.

Damit ergibt sich die Flächenmaßzahl des Gesamtbereiches zu

$F = F_1 + F_2 = \frac{1}{2}(1 - \frac{\pi}{4}) + \frac{1}{2}(1 + \frac{\pi}{4}) = 1.$

1.6.4 Weitere Aktivitäten

Es gibt noch viele Möglichkeiten, das Thema auszuweiten:

Die Originalkurven sind keine Kegelschnitte.

Die stetige Veränderung eines Parameters bei der Startkurve (etwa die Verschiebung entlang der x_1-Achse) führt auf „Metamorphosen" der Bildkurven.

Verschiedene Flächen bei Kugelspiegelung.

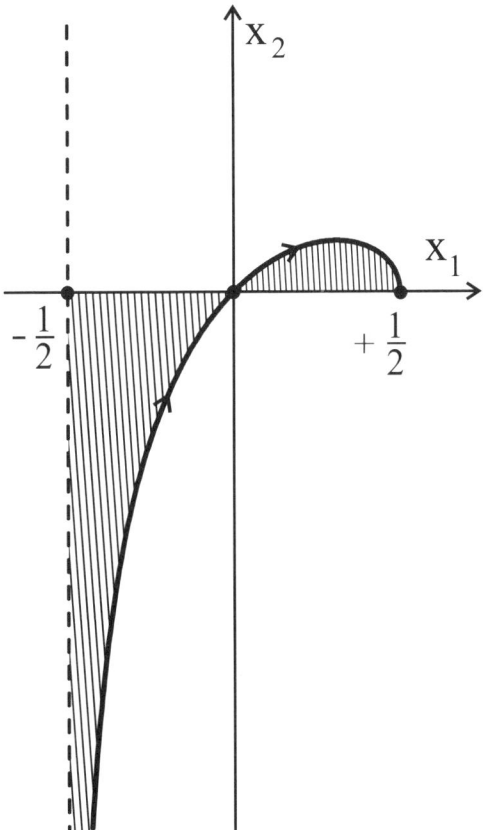

Abb. II,7: Bestimmung der Flächenmaßzahlen

Hier noch eine grundsätzliche Bemerkung:

Überall in der Welt treffen wir auf Kurven der verschiedensten Art. Spiralen, Doppelhelix, Rollkurven, ..., Planeten und Elektronen laufen auf Kegelschnitten.

Und in der Schule? Da sind Kurven fast verschwunden. Sie fristen ein jämmerliches Dasein. Deshalb meine Bitte an die Lehrer:

Vergesst mir die Kurven nicht!

1.7 Aufgaben zu Kapitel II,l

(1) Die Hyperbel $x_1^2 - x_2^2 = a^2$ wird am Kreis $x_1^2 + x_2^2 = r^2$ gespiegelt. Bestimmen Sie die Gleichung der Bildkurve in Polarkoordinaten und berechnen Sie damit die Inhaltsfunktion F des von der Kurve eingeschlossenen Teils der Ebene.

(2) Die Ellipse $\frac{(x_1-a)^2}{a^2} + \frac{x_2^2}{b^2} = 1$ mit $a > b > 1$ wird am Einheitskreis mit Mittelpunkt $(0,0)$ gespiegelt. Berechnen Sie die Gleichung der Bildkurve. Wie steht es mit Nullstellen und Asymptoten? Bestimmen Sie den Definitionsbereich und zeichnen Sie die Kurve. Dabei tritt ein sogenannter „Einsiedlerpunkt" auf (warum wird er so genannt?).

(3) Spiegelung am Kreis $x_1^2 + x_2^2 = 1$. Übersetzen Sie die Spiegelungsgleichungen in Polarkoordinaten (ρ, φ). Untersuchen Sie jetzt die Bildkurve der Spirale $\rho = ae^{b\varphi}$ mit $a, b \in \mathbb{R}^+$.

(4) Rotation der Abb. II,3 um die x_1-Achse liefert eine räumliche Konfiguration. Wie ist sie mit Inversion zu interpretieren?

(5) Zwei verschiedene Punkte $A(a_1, a_2)$, $B(b_1, b_2)$ bestimmen genau eine Gerade und drei paarweise verschiedene Punkte – etwa $P(-10, 6)$, $Q(4, -8)$, $R(2, -10)$ – genau einen Kreis. Bestimmen Sie die entsprechenden Gleichungen?

(6) Ein Kreis k mit Mittelpunkt M werde durch Inversion in einen Kreis k' abgebildet. Dann muss das Bild von M nicht unbedingt Mittelpunkt des Kreises k' sein. Analytischer Beweis?

(7) Kreise und Geraden, die den Inversionskreis senkrecht schneiden, sind Fixkurven der Inversion. Beweisen Sie analytisch!

(8) Zeigen Sie analytisch, dass die Inversionen bijektiv und involutorisch sind.

(9) Geben Sie die Strophoiden-Gleichung 1.6.3 in Polarkoordinaten an und beweisen Sie damit, dass die Kurventangenten im Ursprung aufeinander senkrecht stehen.

2. Analytische Geometrie im Sinne von Gauß

Mathematiker streben in ihrer jeweiligen Disziplin fortgesetzt nach einfacheren, ja nach eleganten Darstellungen. So wurde die Beschreibung der Kreisgeometrie mit reellen Zahlen oft als umständlich und schwerfällig bezeichnet.

Während wir in II,l an den Anfang stellten „Wir wollen rechnen", wählen wir jetzt das Motto „Wir suchen Eleganz!"

Wir setzen voraus, dass der Leser mit reellen Zahlen bestens vertraut ist. Zur Ausfüllung etwaiger Lücken verweisen wir auf Schulbuchliteratur.

Als Einführung in den neuen Abschnitt erläutern wir einige grundlegende Begriffe aus der Algebra.

2.1 Über algebraische Strukturen

2.1.1 Verknüpfung

Auf einer Menge G von Elementen wird eine zweistellige Verknüpfung erklärt:
Jedem geordneten (Reihenfolge!) Paar (a, b) von Elementen (nur zwei, deshalb zweistellig) aus G wird ein neues Element $(a \circ b)$ zugeordnet: $(a, b) \mapsto (a \circ b)$.

Ist $(a \circ b)$ wieder ein Element aus G, so heißt G abgeschlossen bezüglich $\circ$. Die Menge G wird also mit einer Verknüpfung (Operation) versehen. Wir schreiben $(G, \circ)$.

Beispiel:
Die Menge $\mathbb{Z}$ der ganzen Zahlen wird mit der Addition versehen.

2.1.2 Gruppe

G sei bezüglich $\circ$ abgeschlossen.

Wir verlangen jetzt von $(G, \circ)$ spezielle Eigenschaften und sprechen dann von einer Struktur.
G1: Assoziativität
Für alle $a, b, c \in G$ gilt $a \circ (b \circ c) = (a \circ b) \circ c$.
G2: Neutrales Element
Es gibt ein Element $e \in G$ so, dass für alle $a \in G$ gilt $e \circ a = a \circ e = a$.
G3: Inverses Element
Zu jedem Element $a \in G$ gibt es genau ein Element $a^{-1} \in G$ so, dass $a \circ a^{-1} = a^{-1} \circ a = e$.
Eine Struktur, die all diese Eigenschaften besitzt, heißt Gruppe.
G4: Kommutativität
Für alle $a, b \in G$ gilt $a \circ b = b \circ a$.
Erfüllt unsere Gruppe auch noch G4, so sprechen wir von einer kommutativen oder auch abelschen Gruppe (nach Niels Hendrik Abel, 1802–1829).

Beispiele:
Die ganzen Zahlen bilden bezüglich der Addition eine kommutative Gruppe $(\mathbb{Z}, +)$. Neutrales Element ist 0, inverses Element von a ist $-a$.
Die ganzen Zahlen bilden bezüglich der Multiplikation keine Gruppe $(\mathbb{Z}, \cdot)$. Das neutrale Element ist jetzt 1. Aber nicht zu jeder Zahl $a \in \mathbb{Z}$ gibt es ein inverses Element.
Die rationalen Zahlen ohne die Null $\mathbb{Q} \setminus \{0\} = \mathbb{Q}^*$ bilden bezüglich der Multiplikation eine kommutative Gruppe $(\mathbb{Q}^*, \cdot)$

2.1.3 Körper

Es kann sein, dass auf einer Menge G zwei verschiedene Verknüpfungen existieren. Wir denken dabei an Zahlenmengen und verwenden deshalb die Operationszeichen $+$ und $\cdot$.
G sei bezüglich $+$ und $\cdot$ abgeschlossen. Wir verlangen jetzt wieder besondere Eigenschaften.
K1:
$(G, +)$ ist eine kommutative Gruppe mit dem neutralen Element 0.
K2:
$(G \setminus \{0\}, \cdot)$ ist eine kommutative Gruppe mit dem neutralen Element 1.
K3: Distributivität
Für alle $a, b, c \in G$ gilt $a \cdot (b + c) = a \cdot b + a \cdot c$, $(a + b) \cdot c = a \cdot c + b \cdot c$.
Eine algebraische Struktur dieser Art heißt Körper.

Beispiele:

Die Menge $\mathbb{Q}$ der rationalen Zahlen und auch die Menge $\mathbb{R}$ der reellen Zahlen bilden bei den üblichen Verknüpfungen einen Körper.

2.2 Körpererweiterung

2.2.1 Hinführung zu $\mathbb{C}$

Wir starten mit dem Körper der reellen Zahlen $\mathbb{R}$. Es gibt algebraische Gleichungen, die in ihm nicht lösbar sind, etwa $x^2 + 1 = 0$. Man sagt dann auch, das Polynom $f(x) = x^2 + 1$ sei in $\mathbb{R}$ irreduzibel.

(Algebraische Gleichung vom Grad n : $x^n + a_1 x^{n-1} + \ldots + a_n = 0$ mit $a_s \in \mathbb{C}, n \in \mathbb{N}$.)

Zur Beseitigung dieses Mangels nehmen wir zu $\mathbb{R}$ neue Zahlen hinzu – wir „adjungieren" sie. Mit $i^2 = -1$ betrachten wir alle Gebilde der Form $x_1 + ix_2$ mit $x_1, x_2 \in \mathbb{R}$. Wir sprechen von der Menge $\mathbb{C}$ der komplexen Zahlen, also $\mathbb{C} = \{x_1 + ix_2 | x_1, x_2 \in \mathbb{R}\}$. Nun vereinbaren wir, dass mit diesen Zahlen genauso unbekümmert gerechnet wird wie auch mit den reellen Zahlen. Natürlich muss dabei stets $i^2 = -1$ beachtet werden. Dies bedeutet:

Gleichheit: $x_1 + ix_2 = y_1 + iy_2 \Leftrightarrow x_1 = y_1$ und $x_2 = y_2$.

Addition: $(x_1 + ix_2) + (y_1 + iy_2) = (x_1 + y_1) + i(x_2 + y_2)$.

Multiplikation:

$(x_1 + ix_2)(y_1 + iy_2) = x_1 y_1 + ix_1 y_2 + ix_2 y_1 + i^2 x_2 y_2 = (x_1 y_1 - x_2 y_2) + i(x_1 y_2 + x_2 y_1)$.

2.2.2 Exakte Definition von $\mathbb{C}$

Sir William Rowan Hamilton (1805–1865) hat komplexe Zahlen in exakter Weise als Zahlenpaare eingeführt.

Jedes Paar (Reihenfolge) (x_1, x_2) mit $x_1, x_2 \in \mathbb{R}$ heißt komplexe Zahl. Dabei wird x_1 als Realteil und x_2 als Imaginärteil bezeichnet.

Nun wird – motiviert durch 2.2.1 – definiert

Gleichheit: $(x_1, x_2) = (y_1, y_2) \Leftrightarrow x_1 = y_1$ und $x_2 = y_2$.

Addition: $(x_1, x_2) + (y_1, y_2) = (x_1 + y_1, x_2 + y_2)$.

Multiplikation: $(x_1, x_2) \cdot (y_1, y_2) = (x_1 y_1 - x_2 y_2, x_1 y_2 + x_2 y_1)$.

Mit diesen Definitionen ist es nun möglich nachzuweisen, dass $\mathbb{C}$ einen Körper bildet – dies wurde in 2.2.1 stillschweigend angenommen.

Der Körper $\mathbb{R}$ wurde quadratisch zum Körper $\mathbb{C}$ erweitert.

Wir beschränken uns auf den Nachweis, dass $(\mathbb{C}^*, \cdot)$ eine kommutative Gruppe ist.

Neutrales Element

$e = (1, 0)$, denn $(x_1, x_2) \cdot (1, 0) = (x_1, x_2)$

Inverses Element zu $(x_1, x_2) \neq (0, 0)$

Das gesuchte Element sei (α, β). Dann muss gelten

$(x_1, x_2) \cdot (\alpha, \beta) = (x_1\alpha - x_2\beta, x_1\beta + x_2\alpha) = (1, 0)$. Dies bedeutet $x_1\alpha - x_2\beta = 1$ und $x_1\beta + x_2\alpha = 0$. Daraus folgt

$\alpha = \frac{x_1}{x_1^2 + x_2^2}$, $\beta = -\frac{x_2}{x_1^2 + x_2^2}$.

Der Ansatz $(\alpha, \beta) \cdot (x_1, x_2)$ führt zum gleichen Ergebnis.

Kommutativität

$(x_1, x_2) \cdot (y_1, y_2) = (x_1y_1 - x_2y_2, x_1y_2 + x_2y_1)$. Vertauschung von x_i und y_i ändert nichts.

Assoziativität

$[(x_1, x_2) \cdot (y_1, y_2)] \cdot (z_1, z_2) \overset{?}{=} (x_1, x_2) \cdot [(y_1, y_2) \cdot (z_1, z_2)]$

Linke Seite

$\mathrm{LS} = ((x_1y_1 - x_2y_2)z_1 - (x_1y_2 + x_2y_1)z_2, (x_1y_1 - x_2y_2)z_2 + (x_1y_2 + x_2y_1)z_1) =$

$\qquad = (x_1y_1z_1 - x_2y_2z_1 - x_1y_2z_2 - x_2y_1z_2, x_1y_1z_2 - x_2y_2z_2 + x_1y_2z_1 + x_2y_1z_1)$

Rechte Seite

$\mathrm{RS} = (x_1(y_1z_1 - y_2z_2) - x_2(y_1z_2 + y_2z_1), x_1(y_1z_2 + y_2z_1) + x_2(y_1z_1 - y_2z_2)) =$

$\qquad = (x_1y_1z_1 - x_2y_2z_1 - x_1y_2z_2 - x_2y_1z_2, x_1y_1z_2 + x_1y_2z_1 + x_2y_1z_1 - x_2y_2z_2)$

Vergleich liefert LS = RS.

Wir verzichten hier auf die Durchführung des restlichen Beweises.

Nach der Hamilton-Theorie wird auch hier der Buchstabe i eingeführt durch $(0, 1) = i$. Dann erhalten wir wieder $(0, 1) \cdot (0, 1) = (-1, 0)$ oder $i^2 = -1$.

Ganz entscheidend ist nun der Fundamentalsatz der Algebra. Er besagt, dass alle Gleichungen $x^n + a_1x^{n-1} + \ldots + a_n = 0$ mit $a_s \in \mathbb{C}$, $n \in \mathbb{N}$ in $\mathbb{C}$ lösbar sind. Es besteht also keine Notwendigkeit neben i noch weitere Zahlen zu erschaffen. Der Beweis ist tiefliegend. Wir verzichten auf seine Wiedergabe und verweisen auf den hervorragenden Aufsatz von R. Remmert über komplexe Zahlen.

2.2.3 Zwei weitere Definitionen

$\overline{X} = x_1 - ix_2$ heißt konjugiertes Element zu $X = x_1 + ix_2$.

$\mathrm{N}(X) = \mathrm{N}(x_1 + ix_2) = X\overline{X} = (x_1 + ix_2)(x_1 - ix_2) = x_1^2 + x_2^2$ wird als Norm von X bezeichnet (Siehe Aufgabe (2)).

2.3 Veranschaulichungen

Mathematiker suchten nach anschaulichen Darstellungen dieser „mystischen" Zahlen, dieser „quantitates impossibiles".

2.3.1 Die Gauß-Ebene

Carl Friedrich Gauß (1777–1875) hat in bekannter Weise den Punkten der Ebene bijektiv die komplexen Zahlen $X = x_1 + ix_2$ zugeordnet. Dabei sind x_1, x_2 die Koordinaten in einem rechtwinkligen Koordinatensystem (Abb. II,8).

Wird auch noch der Punkt ∞ dazugenommen, so sprechen wir von der Gauß-Ebene.

2.3.2 Andere Schreibweisen

Augustin Louis Cauchy (1789–1857) verwendet Polarkoordinaten und schreibt
$X = r(\cos \varphi + i \sin \varphi)$.
Während Leonhard Euler (1707–1789) sich der Exponentialschreibweise bedient $X = re^{i\varphi}$
($e \approx 2,71$ ist die Euler-Konstante).
Dies setzt den folgenden, tiefliegenden Satz $e^{i\varphi} = \cos \varphi + i \sin \varphi$ voraus.

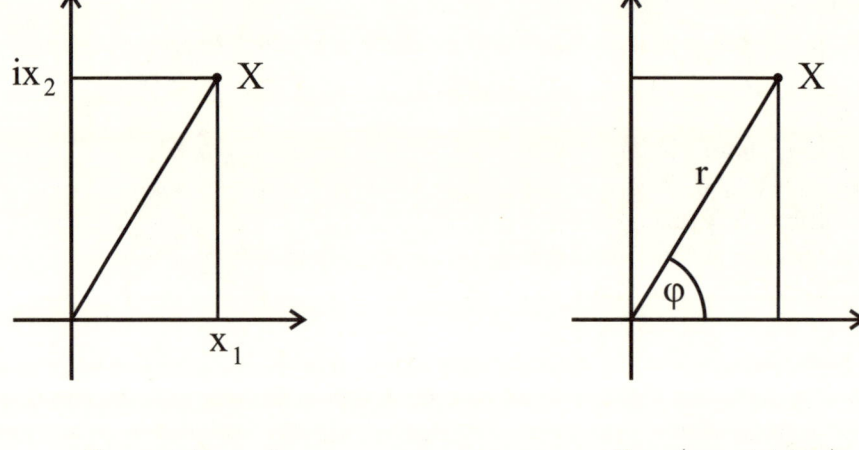

$$X = x_1 + ix_2 \qquad\qquad X = r(\cos \varphi + i \sin \varphi)$$

Abb. II,8: Darstellungen von Gauß und Cauchy

2.3.3 Grundoperationen in der Zahlenebene

Zur Darstellung der Summe $X_1 + X_2$ bedienen wir uns einfach des Kräfteparallelogramms – so
wie es Abb. II,9 zeigt. Bei der Multiplikation dagegen verwenden wir die Euler-Exponentendar
$X_1 = r_1 e^{i\varphi_1}, X_2 = r_2 e^{i\varphi_2}$. Multiplikation liefert $X_1 \cdot X_2 = r_1 r_2 e^{i(\varphi_1 + \varphi_2)}$. Es handelt sich um
eine Kombination einer Streckung mit einer Drehung, um eine Drehstreckung (Abb. II,9).

2.3.4 Die Riemann-Zahlenkugel

Wir legen auf die Gauß-Ebene im Ursprung eine Kugel. Der Südpol der Kugel ist also
Berührpunkt. Nun wird die Gauß-Ebene zentral vom Nordpol aus auf die Kugel projiziert
(stereographische Projektion, Aufgabe (5) in I). Diese Darstellung komplexer Zahlen auf der
Kugel geht auf Bernhard Riemann (1826–1866) zurück und erfreut sich großer Beliebtheit.
Dem Punkt ∞ entspricht der Nordpol. Damit ist der Punkt ∞ wirklich mit den Fingern
greifbar! Man spricht kurz von der Riemann-Zahlenkugel.

2.4 Etwas Historie

2.4.1 Zur Geschichte der komplexen Zahlen

Es ist äußerst lehrreich, die Genesis der komplexen Zahlen zu verfolgen.
Es begann schon mit dem italienischen Mathematiker und Arzt Girolamo Cardano (1501–1576). Er verwendete bei der Lösung von Gleichungen erstmals imaginäre Zahlen.

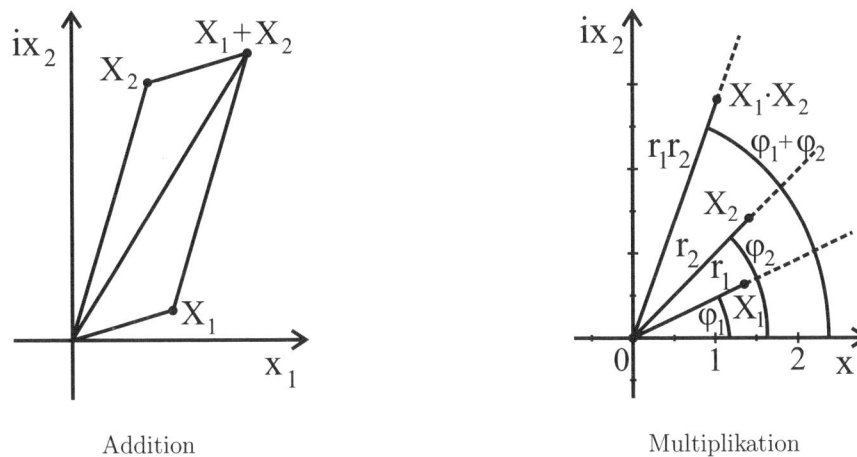

Addition

Multiplikation

Abb. II,9: Addition und Multiplikation in der Gauß-Ebene

Viele bedeutende Mathematiker haben sich mit diesen seltsamen Zahlen beschäftigt, etwa R. Descartes (1596–1695), J. Newton (1643–1727). G. Leibniz (1646–1716) nennt imaginäre Wurzeln eine „feine und wunderbare Zuflucht des göttlichen Geistes, beinahe ein Zwitterwesen zwischen Sein und Nichtsein". L. Euler (1707–1783) rechnet souverän mit komplexen Zahlen, hat aber trotzdem Schwierigkeiten zu erklären, was diese „ohnmöglichen" Zahlen wirklich sind. Schließlich findet er die berühmten „Euler-Formeln":
$\cos x = \frac{1}{2}(e^{ix} + e^{-ix})$, $\sin x = \frac{1}{2i}(e^{ix} - e^{-ix})$.
Der norwegische Feldmesser C. Wessel versuchte 1797 die komplexen Zahlen als Punkte der Ebene darzustellen und der schweizerische Buchhalter J. R. Argand tat dies 1806 auf ähnliche Weise.
Klarheit bezüglich der komplexen Zahlen bringt letztlich erst C. F. Gauß (1777–1855). Er schreibt: „So wie man sich das ganze Reich aller reellen Größen durch eine unendliche gerade Linie denken kann, so kann man das ganze Reich aller reellen und imaginären Größen sich durch eine unendliche Ebene sinnlich machen . . . ". Er sorgte Kraft seiner Autorität dafür, dass sich diese Deutung überall verbreitete. Dadurch wurde den komplexen Zahlen das Geheimnisvolle, das Mystische genommen.
Trotz dieser Fortschritte waren die Algebraiker noch nicht zufrieden – es war ihnen alles zu anschaulich. Erst die Definition komplexer Zahlen als geordnete Paare reeller Zahlen im Jahre 1835 durch Hamilton löste auch dieses Problem zur vollsten Zufriedenheit.

Die Deutung durch B. Riemann auf der Kugel stellt einen ganz besonderen Leckerbissen dar. Heute sind die komplexen Zahlen aus der Algebra, aber auch Physik und Elektrotechnik nicht mehr wegzudenken.

2.4.2 Carl Friedrich Gauß (1777–1855)

Aus seinem Leben:
Er wurde 1777 in einer armseligen Hütte als Sohn eines Gärtners in Braunschweig geboren. Großzügige Gönner ermöglichten ihm ab 1795 in Göttingen zu studieren. Dort wurde er 1807 zum Professor und zum Direktor der Sternwarte berufen. Dieser Hochschule blieb er zeitlebens treu. Er war zweimal verheiratet und hatte 6 Kinder. Um das Märchen vom weltfremden Mathematiker zu zerstreuen, erwähnen wir, dass er auch in Börsengeschäften sehr erfolgreich war. Seine so gewonnenen Einkünfte überstiegen ganz wesentlich das Gehalt eines gewöhnlichen Professors. Nach seinem Tod 1855 erfuhr er viele Ehrungen: Straßen wurden nach ihm benannt, in Braunschweig ein Denkmal errichtet (der Sockel ist ein reguläres 17-Eck), Gedenkmünzen geprägt, etliche Briefmarken herausgebracht und schließlich erschien die leider eingezogene 10-DM-Note.

Carl Friedrich Gauß (1777–1855)

Seine wissenschaftlichen Leistungen:
Wie kaum ein anderer hat er die mathematischen Wissenschaften beeinflusst. Er wird als „Fürst der Mathematiker", als „Princeps mathematicorum" bezeichnet. Man kann ihn mit Fug und Recht als ein Universalgenie betrachten. Wir nennen hier stichwortartig einige der von ihm bearbeiteten Fachgebiete. In jedem von ihnen hat er bahnbrechende Ergebnisse erzielt.

70

Zahlentheorie: Reziprozitätsgesetze für quadratische Reste. Bahnbrechendes Werk „Disquisitiones arithmeticae".

Algebra: Erster Beweis des Fundamentalsatzes der Algebra.

Funktionentheorie: Untersuchung elliptischer Funktionen, doppelte Periodizität.

Numerik: Gauß-Fehlerkurve, Methode der kleinsten Quadrate.

Geometrie: Gauß-Krümmungsmaß, Theorema egregium, Ansätze zur nichteuklidischen Geometrie. Konstruktion regulärer Polygone mit Zirkel und Lineal (17-Eck).

Astronomie: Auf Grund seiner Berechnungen wurde der Planet Ceres wiedergefunden und Pallas neu entdeckt.

Sonstiges: Hannoversche Triangulation, Erfindung eines Telegraphen, Untersuchungen zum Magnetismus und zur Potentialtheorie.

Nach der lückenhaften Aufzählung seiner wissenschaftlichen Leistungen wollen wir nun einige Begebenheiten aus seinem Leben erzählen und aus Briefen zitieren. Dabei soll der Mensch Gauß deutlich werden.

Der Mensch Gauß:

Im Rechenunterricht hatte der Lehrer verlangt, die ganzen Zahlen von 1 bis 100 zu addieren. Er hoffte vermutlich, für längere Zeit Ruhe zu haben. Doch kaum war die Aufgabe gestellt, knallte der 8-jährige Gauß seine Schiefertafel mit dem richtigen Ergebnis 5050 auf das Pult des Lehrers mit den Worten „Da ligget se". Bis zum Ende seiner Tage erzählte Gauß gern, dass sein Ergebnis damals als einziges richtig war. Er verwendete den folgenden Trick

$$S = 1 + 2 + \ldots + 100$$
$$S = 100 + 99 + \ldots + 1$$
$$2S = 100 \cdot 101.$$

Damit hatte der frühreife Gauß die Summenformel für die arithmetische Reihe entdeckt.

Man sollte auch erwähnen, dass Gauß ein extrem langsamer und gründlicher Arbeiter war. In einem Brief an Bessel schreibt er: „Zur Mathematik brauche ich Zeit, viel Zeit, viel mehr Zeit, als Sie sich wohl vorstellen mögen. Und meine Zeit ist vielfach beschränkt, sehr beschränkt. Ich brauche ferner dazu Heiterkeit des Geistes, und die ist leider nur zu sehr und zu vielfach getrübt".

Das „Kollegienlesen" empfand er als „unbeschreiblich drückend, lästig und zeitraubend". Da schreibt er 1810: „Ich lese in diesem Winter zwei Collegia für drei Hörer, wovon einer nur mittelmäßig, einer kaum mittelmäßig vorbereitet ist und dem dritten sowohl Vorbereitung als Fähigkeit fehlt. Das sind nun einmal die onera einer mathematischen Profession".

Im Zusammenhang mit der Vorzeichenregel bei Gauß-Summen lesen wir: „Endlich, vor ein paar Tagen ist der Beweis gelungen – aber nicht meinem eigenen mühsamen Suchen, sondern bloß durch die Gnade Gottes, möchte ich sagen. Wie der Blitz einschlägt, hat sich das Rätsel gelöst".

Und wie stand er zu Frauen? Auch diese Frage hat er selber beantwortet. „Gewiss werden auch Sie erfahren, dass unter allen Gütern des Lebens das Glück das aus einer wohlgetroffenen ehelichen Verbindung entspringt, das größte und reinste ist, was allen übrigen erst die Krone aufsetzt".

Und das Ende? 1854 hatte Gauß sich zum ersten Mal seit 20 Jahren ein wenig aus Göttingen herausbegeben um die letzten Arbeiten am Bau der Eisenbahn nach Kassel zu beobachten. Die Pferde seines Wagens, aufgescheucht durch den Baulärm scheuten und Gauß wurde auf die Straße geschleudert. Von diesem Sturz hat er sich nicht mehr erholt.

Kurz vor seinem Tod vermachte Gauß sein Hirn einem befreundeten Anatomen. Das Präparat wird auch heute noch im Göttinger Max-Planck-Institut für biophysikalische Chemie aufbewahrt. Auf einem angeklebten, stark vergilbten Zettel ist zu lesen "C. F. G. gest. 1855, wog frisch mit Häuten 1492 Gramm". Gehirnanatomen stellten fest, dass dieses Hirn zwar besonders reich an Stirnwindungen aber sonst völlig unauffällig ist. Dies wurde in neuerer Zeit durch tomographische Untersuchungen bestätigt.

2.5 Grundelemente

2.5.1 Punkte

Unter Punkten verstehen wir jetzt die Elemente des Körpers $\mathbb{C}$ mit dem Punkt ∞.

2.5.2 Geraden über $\mathbb{C}$

Satz:
Die Geraden lassen sich innerhalb der Gauß-Ebene genau in der folgenden Weise darstellen
$\{X \in \mathbb{C} \mid X\overline{M} + \overline{X}M + d = 0\} \cup \{\infty\}$ *mit* $M \in \mathbb{C}^*, d \in \mathbb{R}$.
Dazu gehört eine Äquivalenzdefinition wie in 1.2.2.

Beweis:
Mit $M = m_1 + im_2$, $X = x_1 + ix_2$ erhalten wir die Gleichung
$(x_1 + ix_2)(m_1 - im_2) + (x_1 - ix_2)(m_1 + im_2) + d = 0$ oder $2m_1x_1 + 2m_2x_2 + d = 0$.
Wegen $M \in \mathbb{C}^*$ oder $m_1^2 + m_2^2 \neq 0$ ist dies nach 1.2.2 die Gleichung einer Geraden.

2.5.3 Kreise über $\mathbb{C}$

Satz:
Die Kreise lassen sich innerhalb der Gauß-Ebene genau in der folgenden Weise darstellen
$\{X \in \mathbb{C} \mid N(X - M) = c\}$ *mit* $M \in \mathbb{C}$ *und* $c \in \mathbb{R}^+$.

Beweis:
Wir schreiben zunächst die Gleichung in anderer Form
$N(X - M) = c \Leftrightarrow (X - M)(\overline{X} - \overline{M}) = c \Leftrightarrow X\overline{X} - X\overline{M} - \overline{X}M + M\overline{M} = c$.
Mit $M = m_1 + im_2$, $X = x_1 + ix_2$ erhalten wir
$x_1^2 + x_2^2 - (x_1 + ix_2)(m_1 - im_2) - (x_1 - ix_2)(m_1 + im_2) + m_1^2 + m_2^2 = c$ oder
$(x_1 - m_1)^2 + (x_2 - m_2)^2 = c$.

Dies ist nach 1.2.3 die Gleichung eines Kreises mit Mittelpunkt $M = m_1 + im_2$ und Radiusquadrat $r^2 = c$.

2.6 Spiegelungen über $\mathbb{C}$

Wie lassen sich denn nun die Spiegelungen in der Gauß-Ebene beschreiben?

2.6.1 Satz: Spiegelung an Spezialkreis

Die Spiegelung am Kreis $X \cdot \overline{X} = 1$ lässt sich innerhalb der Gauß-Ebene genau in der folgenden Weise darstellen

$$\sigma(X) : \begin{cases} X' = \frac{1}{\overline{X}} & \text{wenn } N(X) \neq 0 \\ \infty & \text{wenn } N(X) = 0 \end{cases}$$

Beweis:
Nach 1.3 gelten in der (x_1, x_2)-Ebene für unsere Kreisspiegelung die Gleichungen
$x_1' = \frac{x_1}{x_1^2 + x_2^2}$, $x_2' = \frac{x_2}{x_1^2 + x_2^2}$ wenn $x_1^2 + x_2^2 \neq 0$.
Damit erhalten wir
$\sigma(X) : X' = x_1' + ix_2' = \frac{x_1 + ix_2}{x_1^2 + x_2^2} = \frac{X}{X\overline{X}} = \frac{1}{\overline{X}}$.
Die Punkte 0 und ∞ entsprechen einander.

2.6.2 Satz: Spiegelung an Kreis allgemein

Die Spiegelung an den Kreisen $\{X \in \mathbb{C} \mid N(X - M) = c\}$ lassen sich innerhalb der Gauß-Ebene genau in der folgenden Weise darstellen
$$\sigma(X) : \begin{cases} X' = \frac{\overline{X}M + c - M\overline{M}}{\overline{X} - \overline{M}} & \text{wenn } \overline{X} - \overline{M} \neq 0 \\ \infty & \text{wenn } \overline{X} - \overline{M} = 0 \end{cases}$$

Beweis:
Nach 1.3 gelten in der (x_1, x_2)-Ebene für unsere Kreisspiegelungen die folgenden Gleichungen
$x_1' - m_1 = \frac{r^2(x_1 - m_1)}{(x_1 - m_1)^2 + (x_2 - m_2)^2}$, $x_2' - m_2 = \frac{r^2(x_2 - m_2)}{(x_1 - m_1)^2 + (x_2 - m_2)^2}$

Damit erhalten wir

$X' = x_1' + ix_2' = M + \frac{r^2[(x_1 - m_1) + i(x_2 - m_2)]}{(x_1 - m_1)^2 + (x_2 - m_2)^2} =$

$= M + \frac{r^2[(x_1 + ix_2) - (m_1 + im_2)]}{(x_1 - m_1)^2 + (x_2 - m_2)^2} =$

$= M + \frac{r^2(X - M)}{(X - M)(\overline{X} - \overline{M})} =$

$= M + \frac{r^2}{\overline{X} - \overline{M}} = \frac{M\overline{X} - M\overline{M} + r^2}{\overline{X} - \overline{M}}$.

Mit $c = r^2$ ist alles bewiesen. Die Punkte M und ∞ entsprechen einander.

2.6.3 Satz: Spiegelung an Gerade

Die Spiegelungen an den Geraden $\{X \in \mathbb{C} \mid X\overline{M} + \overline{X}M + d = 0\} \cup \{\infty\}$ lassen sich innerhalb der Gauß-Ebene genau auf die folgende Weise darstellen
$X' = \frac{-\overline{X}M - d}{\overline{M}}$, $\infty \mapsto \infty$.

Beweis:

In 1.5 wurden die Spiegelungen an den Geraden mit der Gleichung
$x_2 = \text{tg}\,\alpha \cdot x_1 + t$ untersucht. Es ergaben sich die Gleichungen
$x_1' = x_1 \cos 2\alpha + x_2 \sin 2\alpha - t \sin 2\alpha$
$x_2' = x_1 \sin 2\alpha - x_2 \cos 2\alpha + t(1 + \cos 2\alpha)$.
Nun vergleichen wir die beiden Geradengleichungen $X\overline{M} + \overline{X}M + d = 0$, also $2m_1 x_1 + 2m_2 x_2 + d = 0$ mit $x_2 = \text{tg}\,\alpha \cdot x_1 + t$ oder $x_1 \sin \alpha - x_2 \cos \alpha + t \cos \alpha = 0$.
Dies ergibt
$2m_1 = \sin \alpha$, $2m_2 = -\cos \alpha$, $d = t \cos \alpha$.
Wir setzen ein und erhalten
$X' = \frac{-\overline{X}M - d}{\overline{M}} =$

$= \frac{-(x_1 - ix_2)(m_1 + im_2) - d}{m_1 - im_2} =$

$= \frac{[(x_2 \cos \alpha - x_1 \sin \alpha - 2d) + i(x_2 \sin \alpha + x_1 \cos \alpha)](\sin \alpha - i \cos \alpha)}{(\sin \alpha + i \cos \alpha)(\sin \alpha - i \cos \alpha)}$.

Mit $\sin 2\alpha = 2 \sin \alpha \cos \alpha$, $\cos 2\alpha = \cos^2 \alpha - \sin^2 \alpha$, $\cos^2 \alpha = \frac{1}{2}(1 + \cos 2\alpha)$
ergibt sich weiter
$X' = (x_2 \sin 2\alpha + x_1 \cos 2\alpha - t \sin 2\alpha) + i(x_1 \sin 2\alpha - x_2 \cos 2\alpha + t(1 + \cos 2\alpha))$.
Das aber sind genau die Gleichungen aus 1.5.
Der Punkt ∞ ist Fixpunkt.

Bemerkungen:

1. Rein formal lassen sich in 2.6.2 und 2.6.3 die Abbildungsgleichungen dadurch gewinnen, dass die Kreis- bzw. die Geradengleichungen nach X aufgelöst und dann dieses X durch X' ersetzt wird.
2. Alle Beweise in 2.5 und 2.6 lassen sich auch in entgegengesetzter Richtung führen. Damit ist die Aussage „genau" in den jeweiligen Sätzen berechtigt.
3. Auch die Geometrie über $\mathbb{C}$ lässt sich selbstverständlich blinden Menschen vermitteln – sie können Geometrie über $\mathbb{C}$ rein rechnerisch betreiben.

2.7 Orthogonalität

Wollen wir die Geometrie systematisch mit Spiegelungen aufbauen, so muss auch die Orthogonalität auf diese Abbildungen zurückgeführt werden.

2.7.1 Definition

Ein Zykel k_1 heißt orthogonal zum Zykel k_2 – in Zeichen $k_1 \perp k_2$ – genau dann, wenn $k_1 \neq k_2$ und $\sigma_{k_1}(k_2) = k_2$.

2.7.2 Orthogonalitätskriterien

(a) Zwei verschiedene Geraden
Gleichungen $k_i : X\overline{M_i} + \overline{X}M_i + d_i = 0$ mit $M_i \in \mathbb{C}^*$, $d_i \in \mathbb{R}$
für $i \in \{1, 2\}$, Äquivalenz
$$k_1 \perp k_2 \Leftrightarrow \boxed{M_1\overline{M_2} + \overline{M_1}M_2 = 0}$$

(b) Eine Gerade und ein Kreis
Gleichungen
$k_1 : X\overline{M_1} + \overline{X}M_1 + d_1 = 0$ mit $M_1 \in \mathbb{C}^*$, $d_1 \in \mathbb{R}$
$k_2 : \mathrm{N}(X - M_2) = c_2$ mit $M_2 \in \mathbb{C}$ und $c_2 \in \mathbb{R}^+$
$$k_1 \perp k_2 \Leftrightarrow \boxed{M_2\overline{M_1} + \overline{M_2}M_1 + d_1 = 0}$$
Dies besagt, dass Orthogonalität genau dann vorliegt, wenn der Kreismittelpunkt M_2 auf der Geraden k_1 liegt.

(c) Zwei verschiedene Kreise
Gleichungen
$k_i : \mathrm{N}(X - M_i) = c_i$ mit $M_i \in \mathbb{C}$ und $c_i \in \mathbb{R}^+$, $i \in \{1, 2\}$, $|k_1 \cap k_2| = 2$
$$k_1 \perp k_2 \Leftrightarrow \boxed{\mathrm{N}(M_1 - M_2) = c_1 + c_2}$$
Dies besagt, dass im Dreieck aus M_1, M_2 und einem der Schnittpunkte $k_1 \cap k_2$ der Satz des Pythagoras gilt.

Mit den drei Kriterien erkennt man, dass aus $k_1 \perp k_2$ sofort folgt $k_2 \perp k_1$.

Beweis der Kriterien:
Die folgenden Beweise lassen sich rückwärts lesen, so dass die Bedingungen nicht nur notwendig, sondern auch hinreichend sind.

a) $k_1 : X\overline{M_1} + \overline{X}M_1 + d_1 = 0$, $\sigma_{k_1} : X' = -\frac{\overline{X}M_1 + d_1}{\overline{M_1}}$
$k_2 : X\overline{M_2} + \overline{X}M_2 + d_2 = 0$
Ein Punkt P liege auf k_2, nicht aber auf k_1, also
$$P \in k_2 : P\overline{M_2} + \overline{P}M_2 + d_2 = 0 \qquad (1)$$
$$P \notin k_1 : P\overline{M_1} + \overline{P}M_1 + d_1 \neq 0 \qquad (2)$$
Wenn $\sigma_{k_1}(k_2) = k_2$ gelten soll, muss der Bildpunkt $P' = -\frac{\overline{P}M_1 + d_1}{\overline{M_1}}$ von P wieder auf k_2 liegen.
So erhalten wir $P'\overline{M_2} + \overline{P'}M_2 + d_2 = 0$ und weiter
$$-\frac{\overline{P}M_1 + d_1}{\overline{M_1}}\overline{M_2} - \frac{P\overline{M_1} + d_1}{M_1}M_2 + d_2 = 0 = P\overline{M_2} + \overline{P}M_2 + d_2.$$

Umformung liefert $(M_1\overline{M_2} + \overline{M_1}M_2)(P\overline{M_1} + \overline{P}M_1 + d_1) = 0$
Wegen (2) folgt das Kriterium. In den beiden noch fehlenden Fällen gehen wir genauso vor.

b) $k_1: X\overline{M_1} + \overline{X}M_1 + d_1 = 0$, $\sigma_{k_1}: X' = -\frac{\overline{X}M_1+d_1}{\overline{M_1}}$

$k_2: \mathrm{N}(X - M_2) = c_2$ oder $X\overline{X} - X\overline{M_2} - \overline{X}M_2 = c_2 - M_2\overline{M_2} := a_2$.

Ein Punkt P liege auf k_2, nicht aber auf k_1.

$P \in k_2: P\overline{P} - P\overline{M_2} - \overline{P}M_2 - a_2 = 0$ \hfill (1)

$P \notin k_1: P\overline{M_1} + \overline{P}M_1 + d_1 \neq 0$ \hfill (2)

Wenn $\sigma_{k_1}(k_2) = k_2$ gelten soll, muss der Bildpunkt $P' = -\frac{\overline{P}M_1+d_1}{\overline{M_1}}$ von P wieder auf k_2 liegen. So erhalten wir $P'\overline{P'} - P'\overline{M_2} - \overline{P'}M_2 - a_2 = 0$ und mit (1) weiter

$$\frac{\overline{P}M_1+d_1}{\overline{M_1}} \cdot \frac{P\overline{M_1}+d_1}{M_1} + \frac{\overline{P}M_1+d_1}{\overline{M_1}}\overline{M_2} + \frac{P\overline{M_1}+d_1}{M_1}M_2 - a_2 = 0 = P\overline{P} - P\overline{M_2} - \overline{P}M_2 - a_2.$$

Mühsame Umformung liefert

$(M_2\overline{M_1} + \overline{M_2}M_1 + d_1)(P\overline{M_1} + \overline{P}M_1 + d_1) = 0$

Wegen (2) folgt das Kriterium.

(c) $k_1: X\overline{X} - \overline{X}M_1 - X\overline{M_1} = c_1 - M_1\overline{M_1} := a_1$, $\sigma_{k_1}: X' = \frac{\overline{X}M_1+a_1}{\overline{X}-\overline{M_1}}$

$k_2: X\overline{X} - \overline{X}M_2 - X\overline{M_2} = c_2 - M_2\overline{M_2} := a_2$.

$P \in k_2: P\overline{P} - M_2\overline{P} - \overline{M_2}P - a_2 = 0$ \hfill (1)

$P \notin k_1: P\overline{P} - M_1\overline{P} - \overline{M_1}P - a_1 \neq 0$ \hfill (2)

Wenn $\sigma_{k_1}(k_2) = k_2$ dann $P' = \frac{\overline{P}M_1+a_1}{\overline{P}-\overline{M_1}} \in k_2$ also $P'\overline{P'} - M_2\overline{P'} - \overline{M_2}P' - a_2 = 0$ und mit (1) weiter

$$\frac{\overline{P}M_1+a_1}{\overline{P}-\overline{M_1}} \cdot \frac{P\overline{M_1}+a_1}{P-M_1} - \frac{\overline{P}M_1+a_1}{\overline{P}-\overline{M_1}}\overline{M_2} - \frac{P\overline{M_1}+a_1}{P-M_1}M_2 - a_2 = 0 = P\overline{P} - M_2\overline{P} - \overline{M_2}P - a_2.$$

Mühsamste Umformung liefert

$(a_1 + P\overline{P} - M_2\overline{P} - \overline{M_2}P + M_1\overline{M_2} + \overline{M_1}M_2)(P\overline{P} - \overline{M_1}P - M_1\overline{P} - a_1) = 0$

Wegen (2) folgt daraus

$a_1 + P\overline{P} - M_2\overline{P} - \overline{M_2}P + M_1\overline{M_2} + \overline{M_1}M_2 = 0$

oder mit $a_1 = c_1 - M_1\overline{M_1}$ und $c_2 = P\overline{P} - \overline{P}M_2 - P\overline{M_2} + M_2\overline{M_2}$

$c_1 + c_2 = M_1\overline{M_1} + M_2\overline{M_2} - M_1\overline{M_2} - \overline{M_1}M_2 = (M_1 - M_2)(\overline{M_1} - \overline{M_2}) = \mathrm{N}(M_1 - M_2)$.

2.8 Zykelverwandtschaften

Nun wenden wir uns einem besonders wichtigen Thema zu, dem der Zykelverwandtschaften. Darunter versteht man Abbildungen, welche die Punkte der Gauß-Ebene, aber auch die Menge aller Zykel bijektiv auf sich abbilden. Hier bewährt sich die Darstellung mit komplexen Zahlen ganz besonders. Mit den Spiegelungen an Zykeln haben wir bereits Beispiele solcher Abbildungen kennengelernt.

2.8.1 Weitere, besonders einfache Beispiele

Werfen Sie beim Studium der folgenden Abbildungen stets einen Blick auf die Abb. II,10!

(a) Drehung (Rotation)

Drehpunkt sei der Ursprung, Drehwinkel α.

$X' = re^{i(\varphi+\alpha)} = re^{i\alpha} \cdot e^{i\varphi} = e^{i\alpha}X$. Wir schreiben $X' = AX$ mit $A \in \mathbb{C}$ und $\mathrm{N}(A) = 1$.

(b) Verschiebung (Translation)

$X' = X + a_1 + ia_2$

$X' = X + A$ mit $A \in \mathbb{C}^*$

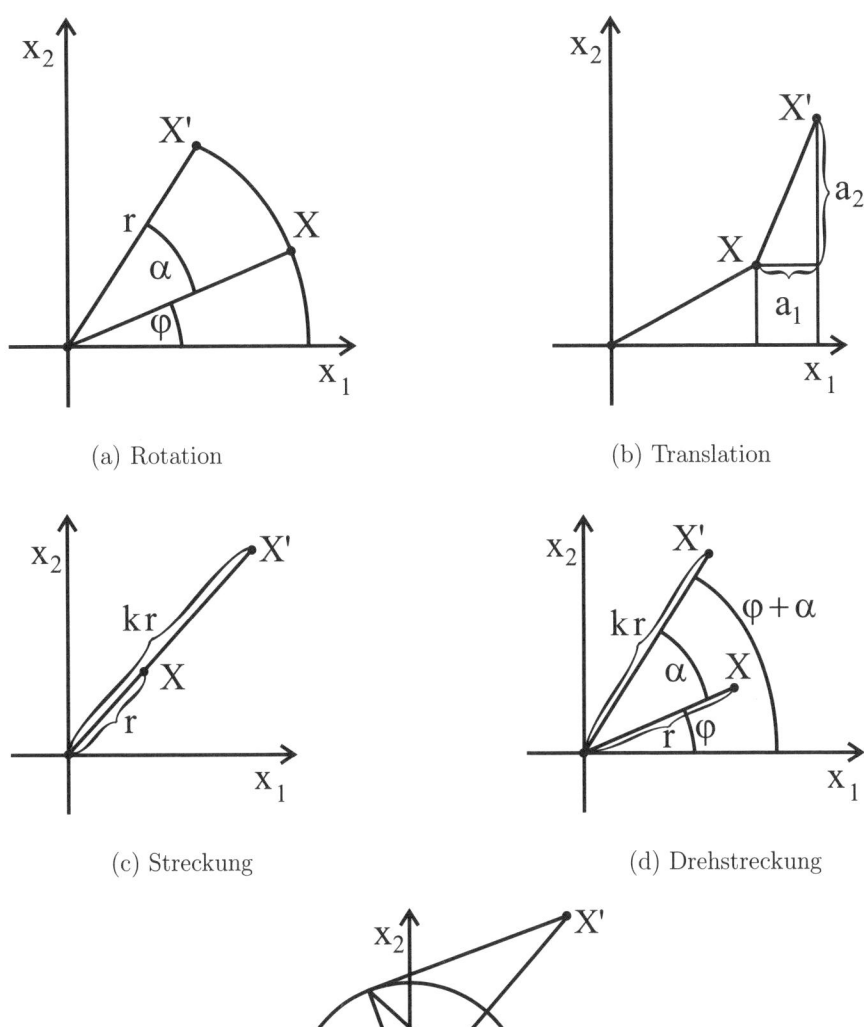

(a) Rotation

(b) Translation

(c) Streckung

(d) Drehstreckung

(e) Reziprokation

Abb. II,10: Verschiedene Zykelverwandtschaften

(c) Zentrische Streckung

Zentrum der Streckung sei der Ursprung, Streckungsfaktor $k \in \mathbb{R}^+$, $k \neq 1$.

$X' = kre^{i\varphi} = kX$

$X' = AX$ mit $A \in \mathbb{R}^+$, $A \neq 1$

d) Drehstreckung

Drehpunkt und Streckungszentrum sei der Ursprung, Drehwinkel α, Streckungsfaktor $k \in \mathbb{R}^+$, $k \neq 1$.

$X' = kre^{i(\varphi+\alpha)} = ke^{i\alpha} \cdot re^{i\varphi} = ke^{i\alpha}X$

$X' = AX$ mit $A \in \mathbb{C}^*$, und $N(A) = k^2$.

(Streckung ($\alpha = 0$) und Drehung ($k = 1$) sind als Sonderfälle zu betrachten.)

Diese vier – schon aus der Schule bekannten Abbildungen – sind zykeltreu, also Zykelverwandtschaften (Nachrechen mit komplexen Zahlen).

(e) Verkettung

Nun lassen sich Abbildungen nacheinander durchführen – sie werden verknüpft, verkettet. Handelt es sich bei den Einzelabbildungen um Zykelverwandtschaften, dann auch bei der Gesamtabbildung. Wir erläutern dies an einem Beispiel.

Erste Abbildung: Spiegelung an der Geraden $x_2 = 0$ bzw. $X - \overline{X} = 0$

$\sigma_1(X): X_1 = \overline{X}$

Zweite Abbildung: Spiegelung am Kreis $X\overline{X} = 1$

$\sigma_2(X_1): X' = \frac{1}{\overline{X_1}}$

Verknüpfung

$\sigma_1 \circ \sigma_2(X): X' = \frac{1}{X}$.

Man nennt diese Abbildung aus verständlichen Gründen auch die

(f) Reziprokation

Auch die Abbildung (d) ist eine aus zwei Abbildungen, nämlich Drehung und Streckung (Drehzentrum und Streckzentrum fallen zusammen), zusammengesetzte Abbildung.

Zur Schreibweise:

1. Wie in Abschnitt 2.1.2 bedeutet der Kringel „$\circ$" Verknüpfung.

Achtung: Die zuerst durchgeführte Abbildung wird rechts angeschrieben. Eine reine Konvention!

2. Statt $X' = AX$ schreibt man oft $X \mapsto AX$ oder man führt einen Funktionsbuchstaben ein $X' = f(X)$.

2.8.2 Homographien H

(a) Definition

Gegeben seien $S, T, U, V \in \mathbb{C}$ mit $SV - TU \neq 0$.

Den Ausdruck $SV - TU$ bezeichnet man auch als Abbildungsdeterminante – kurz det – oder als Abbildungsdiskriminante.

Wir definieren jetzt Abbildungen der Gauß-Ebene.

$$\boxed{\mu(X): \quad X' = \frac{SX+T}{UX+V}}$$

$U \neq 0$

Wir erzwingen in diesem Fall Bijektivität durch Einbeziehung des Punktes ∞ und definieren $\mu(-\frac{V}{U}) = \infty$ und weiter $\mu(\infty) = \frac{S}{U}$.

$U = 0$

Wegen $SV - TU \neq 0$ haben wir jetzt $V \neq 0$ und $X' = \frac{1}{V}(SX + T)$.

Es genügt zu definieren $\mu(\infty) = \infty$.

Die Menge H all dieser Abbildungen bezeichnen wir als die Homographien oder nach August Ferdinand Möbius (1790–1868) auch als Möbius-Abbildungen.

(Von Möbius wird in IV noch die Rede sein.)

Bemerkung:

Bezüglich der Bijektivität ist es von Vorteil, μ als Abbildung der X-Ebene auf die X'-Ebene zu betrachten. Dann definieren wir wieder $\mu(-\frac{V}{U}) = \infty$, $\mu(\infty) = \frac{S}{U}$. Dabei liegen die Originalpunkte $-\frac{V}{U}, \infty$ in der X-Ebene und die Bildpunkte $\infty, \frac{S}{U}$ in der X'-Ebene.

Die Umkehrabbildung $\mu^{-1}(X'): \quad X = \frac{-VX'+T}{UX'-S}$ der X'-Ebene zurück auf die X-Ebene stellt mit $\mu^{-1}(\frac{S}{U}) = \infty$, $\mu^{-1}(\infty) = -\frac{V}{U}$ dann besonders deutlich die Bijektivität sicher.

(b) *Satz:*

Die Homographien sind Zykelverwandtschaften.

Beweis:

$U \neq 0$. Wir betrachten vier verschiedene Abbildungen.

$$\mu_1(X) \quad : \quad X_1 = -\frac{U^2}{SV-TU} X \qquad \text{Drehstreckung}$$
$$\mu_2(X_1) \quad : \quad X_2 = X_1 - \frac{UV}{SV-TU} \qquad \text{Translation}$$
$$\mu_3(X_2) \quad : \quad X_3 = \frac{1}{X_2} \qquad\qquad\quad \text{Reziprokation}$$
$$\mu_4(X_3) \quad : \quad X' = X_3 + \frac{S}{U} \qquad\qquad \text{Translation}$$

Jetzt werden diese Abbildungen verknüpft (von rechts nach links).

$\mu_1 \circ \mu_2 \circ \mu_3 \circ \mu_4(X)$:

$$X' = X_3 + \frac{S}{U} =$$
$$= \frac{1}{X_2} + \frac{S}{U} =$$
$$= \frac{1}{X_1 - \frac{UV}{SV-TU}} + \frac{S}{U} =$$
$$= \frac{SV-TU}{-U^2 X - UV} + \frac{S}{U} =$$
$$= \frac{SV-TU}{-U(UX+V)} + \frac{S}{U} =$$
$$= \frac{TU+SUX}{U(UX+V)} = \frac{SX+T}{UX+V}.$$

Die verwendeten Teilabbildungen Translation, Reziprokation und Drehstreckung sind bekanntlich (Schulmathematik) zykeltreu, also gilt dies auch für deren Verkettung.

$U = 0$. Es gilt jetzt $V \neq 0$.

$$\mu_1(X) \qquad\qquad\qquad : X_1 = \tfrac{S}{V}X \qquad\qquad \text{Drehstreckung}$$
$$\mu_2(X_1) \qquad\qquad\qquad : X' = X_1 + \tfrac{T}{V} \qquad\quad \text{Translation}$$
$$\mu_1 \circ \mu_2(X) \;:\; X' = \tfrac{S}{V}X + \tfrac{T}{V}$$

Mit obiger Begründung handelt es sich auch in diesem Fall um eine zykeltreue Abbildung. Damit ist der Satz bewiesen.

(c) *Satz:*

Die Menge H aller Homographien bildet bezüglich der Verkettung „$\circ$" eine Gruppe. Wir schreiben $(H, \circ)$.

Beweis:

Zum Nachweis der Gruppenstruktur müssen wir das Erfülltsein der in 2.1.2 genannten Axiome zeigen.

Abgeschlossenheit

Seien $\mu_1(X):\; X_1 = \tfrac{SX+T}{UX+V}$ mit $SV - TU \neq 0$

und $\mu_2(X_1):\; X' = \tfrac{AX_1+B}{CX_1+D}$ mit $AD - BC \neq 0$

zwei Homographien. Sie werden jetzt verknüpft.

$$\mu_1 \circ \mu_2(X) \;:\; X' = \frac{\tfrac{SX+T}{UX+V}A+B}{\tfrac{SX+T}{UX+V}C+D} =$$

$$= \frac{(SX+T)A+B(UX+V)}{(SX+T)C+D(UX+V)} =$$

$$= \frac{X(AS+BU)+(AT+BV)}{X(CS+DU)+(CT+DV)}$$

Wir berechnen die Determinante der neuen Abbildung.

$$(AS + BU)(CT + DV) - (AT + BV)(CS + DU) = (SV - TU)(AD - BC) \neq 0$$

Die Verknüpfung liefert also wieder eine Homographie.

Neutrales Element

Das ist die identische Abbildung id: $X' = \tfrac{1 \cdot x + 0}{0 \cdot x + 1}$.

Inverses Element

Sei $\mu(X):\; X_1 = \tfrac{SX+T}{UX+V}$ mit $\det = SV - TU \neq 0$.

Es soll genau eine Homographie

$\mu^{-1}(X_1):\; X' = \tfrac{AX_1+B}{CX_1+D}$ so existieren, dass

neben $\det = AD - BC \neq 0$ auch noch gilt

$$\mu \circ \mu^{-1}(X) \;:\; X' = \frac{X(AS+BU)+(AT+BV)}{X(CS+DU)+(CT+DV)} = X.$$

Dies aber bedeutet: $AS + BU = CT + DV = 1$ und weiter $AT + BV = CS + DU = 0$. Dieses Gleichungssystem besitzt genau die Lösungen $A = \tfrac{V}{\det}$, $B = -\tfrac{T}{\det}$, $C = -\tfrac{U}{\det}$, $D = \tfrac{S}{\det}$. Damit erhalten wir die gesuchte inverse Abbildung

$$\mu^{-1}(X):\; X' = \frac{\tfrac{V}{\det}X - \tfrac{T}{\det}}{-\tfrac{U}{\det}X + \tfrac{S}{\det}} = \frac{VX-T}{-UX+S} \text{ wieder mit } \det = SV - TU.$$

Es gilt nicht nur $\mu \circ \mu^{-1}(X) = X$, sondern auch $\mu^{-1} \circ \mu(X) = X$.

Assoziativität

Diese Eigenschaft lässt sich durch stures Nachrechnen beweisen – doch darauf möchten wir hier verzichten.

Wesentlich eleganter wäre es, jede Homographie $X' = \frac{SX+T}{UX+V}$ durch die zugehörige Matrix $A = \begin{pmatrix} S & T \\ U & V \end{pmatrix}$ zu charakterisieren. Die Verknüpfung der Abbildungen würde dann der Matrizenmultiplikation entsprechen. Von ihr weiß man, dass sie assoziativ, aber nicht kommutativ ist. Die Gruppe $(H, \circ)$ erwiese sich damit als nicht-abelsch.

Jeder Abbildungsmatrix A wird die Abbildungsdeterminante $\det A = SV - TU$ zugeordnet.

2.8.3 Antihomographien $\overline{H}$

(a) Definition

Wir bedienen uns der Formulierungen in 2.8.2 – ersetzen aber X durch $\overline{X}$. So erhalten wir

$$\boxed{\mu(X): \ X' = \frac{S\overline{X}+T}{U\overline{X}+V}} \text{ mit } SV - TU \neq 0.$$

Die Sonderregelungen für den Punkt ∞ werden entsprechend übernommen.

Die Menge $\overline{H}$ all dieser Abbildungen bezeichnen wir als Antihomographien.

(b) Satz:

Die Antihomographien sind Zykelverwandtschaften.

Beweis:

Wir zerlegen diese Abbildungen und verwenden dabei die Teilabbildungen aus 2.8.2 (b). Allerdings wird eine weitere Abbildung hinzugefügt.

$U \neq 0$

$\mu_0(X): \ X_1 = \overline{X}$ Spiegelung an $X - \overline{X} = 0$ oder $x_2 = 0$.

Dann gilt weiter

$\mu_1(X_1) \quad : \quad X_2 = -\frac{U^2}{SV-TU}X_1$

$\mu_2(X_2) \quad : \quad X_3 = X_2 - \frac{UV}{SV-TU}$

$\mu_3(X_3) \quad : \quad X_4 = \frac{1}{X_3}$

$\mu_4(X_4) \quad : \quad X' = X_4 + \frac{S}{U}$

Verkettung liefert

$\mu_0 \circ \mu_1 \circ \mu_2 \circ \mu_3 \circ \mu_4(X): \ X' = \frac{S\overline{X}+T}{U\overline{X}+V}$

Wieder sind die verwendeten Teilabbildungen zykeltreu, also auch die Gesamtabbildung.

Im Falle $U = 0$ verfahren wir genauso.

(c) Satz:

Die Menge H aller Antihomographien bildet bei Verknüpfung keine Gruppe.

Beweis:

Es genügt zu zeigen, dass eine der in 2.1.2 genannten Bedingungen – etwa die Abgeschlossenheit – nicht erfüllt ist.

Seien

$\mu_1(X): \ X_1 = \frac{S\overline{X}+T}{U\overline{X}+V}$ mit $\det = SV - TU \neq 0$, also auch $\overline{SV} - \overline{TU} \neq 0$ und

$\mu_2(X_1): \ X' = \frac{A\overline{X_1}+B}{C\overline{X_1}+D}$ mit $\det = AD - BC \neq 0$

zwei Antihomographien. Sie werden jetzt verknüpft.

$$\mu_1 \circ \mu_2(X) \ : \ X' = \frac{\frac{\overline{S}X+\overline{T}}{\overline{U}X+\overline{V}}A+B}{\frac{\overline{S}X+\overline{T}}{\overline{U}X+\overline{V}}C+D} =$$

$$= \frac{X(A\overline{S}+B\overline{U})+(A\overline{T}+B\overline{V})}{X(C\overline{S}+D\overline{U})+(C\overline{T}+D\overline{V})}$$

$\det = (\overline{SV} - \overline{TU})(AD - BC) \neq 0$.

Die Verknüpfung liefert also keine Antihomographie, sondern eine Homographie – sie ist nicht abgeschlossen.

Die Menge $M = H \cup \overline{H}$ aller Homographien und Antihomographien zusammengenommen bildet bei Verknüpfung „$\circ$" eine Gruppe. Wir schreiben $(M, \circ)$.

Beweis:

Abgeschlossenheit

Wir wissen bereits, dass die Verknüpfung zweier Homographien, aber auch zweier Antihomographien stets eine Homographie liefert. Wie aber ist es bei Verknüpfung einer Antihomographie mit einer Homographie?

$\mu_1(X): \ X_1 = \frac{SX+T}{UX+V}$ mit $\det = SV - TU \neq 0$, also auch $\overline{SV} - \overline{TU} \neq 0$ eine Homographie und

$\mu_2(X_1): \ X' = \frac{A\overline{X_1}+B}{C\overline{X_1}+D}$ mit $AD - BC \neq 0$

eine Antihomographie. Jetzt werden sie verknüpft.

$$\mu_1 \circ \mu_2(X) \ : \ X' = \frac{\frac{\overline{SX+T}}{\overline{UX+V}}A+B}{\frac{\overline{SX+T}}{\overline{UX+V}}C+D} =$$

$$= \frac{\overline{X}(A\overline{S}+B\overline{U})+(A\overline{T}+B\overline{V})}{\overline{X}(C\overline{S}+D\overline{U})+(C\overline{T}+D\overline{V})}$$

$\det = (\overline{SV} - \overline{TU})(AD - BC) \neq 0$.

Es handelt sich um eine Antihomograhie.

Damit ist gezeigt, dass Abgeschlossenheit vorliegt.

Neutrales Element

Das neutrale Element ist natürlich wieder die identische Abbildung id.

Inverses Element

Für Homographien wurde die Existenz jeweils genau einer inversen Homographie bereits gezeigt.

Aber auch zu jeder Antihomographie $\mu(X): X' = \frac{S\overline{X}+T}{U\overline{X}+V}$ gehört genau eine inverse Antiho-

mographie und zwar $\mu^{-1}(X): X' = \frac{\frac{\overline{V}}{\det}\overline{X}-\frac{\overline{T}}{\det}}{-\frac{\overline{U}}{\det}\overline{X}+\frac{\overline{S}}{\det}} = \frac{\overline{V}X-\overline{T}}{-\overline{U}X+\overline{S}}$

Die Berechnung erfolgt genau wie in Abschnitt 2.8.2 (c).

Assoziativität

Wieder ist ein direktes Nachrechnen möglich und wieder verzichten wir darauf. Wir verweisen aber erneut auf den eleganten Weg – wir streben ja nach Eleganz – über die Multiplikation von Matrizen.

2.8.4 Ein echter Höhepunkt

Wir haben gezeigt, dass es sich bei den Homographien, aber auch bei den Antihomographien um Zykelverwandtschaften handelt. Der folgende, auf Karl Christian v. Staudt (1798–1867) zurückgehende Satz besagt aber noch sehr viel mehr, nämlich, dass es andere Zykelverwandtschaften überhaupt nicht gibt.

Satz:
Die Abbildungen $M = H \cup \overline{H}$ sind genau die Zykelverwandtschaften.

Der Beweis ist sehr anspruchsvoll, wir müssen hier auf ihn verzichten und verweisen auf einschlägige Literatur.

Um bei dem uns begleitenden Vergleich zu bleiben: Wir sehen einen stolzen Gipfel vor uns, werden (können) ihn aber nicht erklimmen. Trotzdem sollten wir den Anblick genießen.

2.9 Nochmals zurück zu den Spiegelungen

Als Ersatz für den fehlenden Beweis in 2.8.4 ersteigen wir einen anderen, weniger schwierigen Gipfel.

In I,6.1 wurde gezeigt, dass alle Zykelspiegelungen zykeltreu sind. Natürlich gilt das auch für Produkte solcher Abbildungen.

2.9.1 Satz, ein Nebengipfel

Satz:
Die Homographien sind genau die geradzahligen Produkte von Spiegelungen.
Wir können schreiben $H = \prod_{s=1}^{2n} \sigma_s$, $n \in \mathbb{N}$. Manchmal spricht man auch von Spiegelungsprodukten gerader Länge.

Beweis:
(a) Die geraden Spiegelungsprodukte sind Homographien.

Spiegelung an zwei Kreisen k_1, k_2

$\sigma_1(X): \ X_1 = \frac{\overline{X}M_1 + c_1 - \overline{M_1}M_1}{\overline{X} - \overline{M_1}}$, $\sigma_2(X_1): \ X' = \frac{\overline{X_1}M_2 + c_2 - \overline{M_2}M_2}{\overline{X_1} - \overline{M_2}}$

$\sigma_1 \circ \sigma_2(X) \ : \ X' = \frac{X(\overline{M_1}M_2 + c_2 - M_2\overline{M_2}) + (M_2c_1 - M_1\overline{M_1}M_2 - c_2M_1 + M_1M_2\overline{M_2})}{X(\overline{M_1} - \overline{M_2}) + (c_1 - M_1\overline{M_1} + M_1\overline{M_2})}$

$\det = c_1c_2 \neq 0$, also Homographie.

Spiegelung an zwei Geraden k_1, k_2

$\sigma_1(X): \ X_1 = -\frac{\overline{X}M_1 + d_1}{\overline{M_1}}$, $\sigma_2(X_1): \ X' = -\frac{\overline{X_1}M_2 + d_2}{\overline{M_2}}$

$\sigma_1 \circ \sigma_2(X) \ : \ X' = \frac{X\overline{M_1}M_2 + M_2d_1 - d_2M_1}{\overline{M_1}\,\overline{M_2}}$

$\det = (M_1\overline{M_1})(M_2\overline{M_2}) \neq 0$, also Homographie.

Spiegelung an Kreis und Gerade k_1, k_2

$\sigma_1(X): \ X_1 = \frac{\overline{X}M_1 + c_1 - \overline{M_1}M_1}{\overline{X} - \overline{M_1}}$, $\sigma_2(X_1): \ X' = -\frac{\overline{X_1}M_2 + d_2}{\overline{M_2}}$

$\sigma_1 \circ \sigma_2(X) \ : \ X' = \frac{-X(M_2\overline{M_1} + d_2) - M_2c_1 + M_1\overline{M_1}M_2 + d_2M_1}{X\overline{M_2} - M_1\overline{M_2}}$

$\det = c_1(M_2\overline{M_2}) \neq 0$, also Homographie.

(Andere Reihenfolge $\sigma_1 \circ \sigma_2(X)$ liefert gleiches Ergebnis.)

(b) Jede Homographie ist ein Spiegelungsprodukt gerader Länge.

Zum Beweis greifen wir auf die Zerlegungen einer Homographie in 2.8.2 zurück. Jede dieser Einzelabbildungen setzen wir aus zwei (oder vier) Spiegelungen zusammen.

Translation $X' = X + A, \ A \in \mathbb{C}^*$

$\sigma_1(X): \ X_1 = \frac{A}{\overline{A}}(-\overline{X} - \overline{A})$

Spiegelung an der Geraden $X\overline{A} + \overline{X}A + A\overline{A} = 0$.

$\sigma_2(X_1): \ X' = -\frac{A}{\overline{A}}\overline{X_1}$

Spiegelung an der Geraden $X\overline{A} + \overline{X}A = 0$.

$\sigma_1 \circ \sigma_2(X): \ X' = -\frac{A\overline{A}}{\overline{A}A}(-X - A) = X + A.$

Streckung $X' = AX, \ A \in \mathbb{R}^+, \ A \neq 1$

$\sigma_1(X): \ X_1 = \frac{1}{A\overline{X}}$

Spiegelung am Kreis $X\overline{X} = \frac{1}{A}$

$\sigma_2(X_1): \ X' = \frac{1}{\overline{X_1}}$

Spiegelung am Kreis $X\overline{X} = 1$

$\sigma_1 \circ \sigma_2(X): \ X' = \frac{1}{\overline{X_1}} = AX.$

Reziprokation $X' = \frac{1}{\overline{X}}$

$\sigma_1(X): \ X_1 = \frac{1}{\overline{X}}$

Spiegelung am Kreis $X\overline{X} = 1$

$\sigma_2(X_1): \ X' = \overline{X_1}$

Spiegelung an der Geraden $X - \overline{X} = 0$ oder $x_2 = 0$

$\sigma_1 \circ \sigma_2(X): \ X' = \overline{X_1} = \frac{1}{X}.$

Drehung $X' = AX, \ A \in \mathbb{C}$, und $N(A) = 1$

Es gibt $D \in \mathbb{C}^*$ so dass $A = \frac{D}{\overline{D}}$

$\sigma_1(X): \ X_1 = -\overline{X}$

Spiegelung an der Geraden $X + \overline{X} = 0$ oder $x_1 = 0$

$\sigma_2(X_1): \ X' = -\frac{D}{\overline{D}}\overline{X_1}$

Spiegelung an der Geraden $\overline{D}X + D\overline{X} = 0$

$\sigma_1 \circ \sigma_2(X): \ X' = -\frac{D}{\overline{D}}\overline{X_1} = \frac{D}{\overline{D}}X = AX.$

Die Drehstreckung in 2.8.1 (d) ist zusammengesetzt aus einer Drehung und einer Streckung. Dabei fallen Drehzentrum und Streckzentrum im Ursprung zusammen.

Damit ist unser Satz bewiesen, denn jedes Produkt einer geraden Anzahl von Spiegelungen kann aus Paaren von Spiegelungen und damit als Produkt von Homographien, schließlich als Homographie dargestellt werden.

2.9.2 Spiegelungsprodukte ungerader Länge

Genau wie in 2.9.1 lässt sich der folgende Satz beweisen.

Satz:

Die Antihomographien sind genau die Spiegelungsprodukte ungerader Länge,
$\overline{H} = \prod\limits_{s=1}^{2n-1} \sigma_s,\ n \in \mathbb{N}$ (Aufgabe 16).

Wir fassen 2.9.1 und 2.9.2 zusammen.

Satz:

Die Zykelverwandtschaften $M = H \cup \overline{H}$ sind genau die Spiegelungsprodukte,
$M = \prod\limits_{s=1}^{n} \sigma_s,\ n \in \mathbb{N}$.

2.10 v. Staudt, ein fast vergessener Mathematiker

Karl Christian v. Staudt (1798–1867)

Er entstammt einer fränkischen Adelsfamilie. Nachkommen wohnen auch heute noch in seinem Geburtshaus in Rothenburg ob der Tauber. Er studierte in Göttingen bei C. F. Gauß. Dieser aber übersah leider dessen mathematische Fähigkeiten. Nach der Promotion war Staudt über viele Jahre Schulmeister. Er unterrichtete an einem Gymnasium und dem Polytechnikum. Erst 1835 avancierte er zum Professor an der Universität Erlangen. Staudt arbeitete dort bis zu seinem Tod.

Er hatte kaum Umgang mit Menschen und schrieb unentwegt an seinen Büchern. Sein Stil war sehr streng und formal. Offenbar fehlte Staudt jegliche pädagogische Fähigkeit. So waren seine Arbeiten nur schwer verständlich – dies gilt auch für sein Hauptwerk „Geometrie der Lage". Es wundert deshalb nicht, dass er lange Zeit keine Anerkennung fand. Erst in späteren Jahren erkannte man seine überragende Bedeutung für die Entwicklung der Geometrie, vor allem der projektiven Geometrie.

2.11 Aufgaben zu Kapitel II,2

(1) Beweisen Sie das Erfülltsein der restlichen Axiome in 2.2.2.

(2) Zeigen Sie

zur Konjugation $\overline{X + Y} = \overline{X} + \overline{Y}$, $\overline{X \cdot Y} = \overline{X} \cdot \overline{Y}$, $\overline{\overline{X}} = X$

und zur Norm $N(X \cdot Y) = N(X) \cdot N(Y)$, $N(1) = 1$, $N(-X) = -N(X)$.

(3) Gegeben $k_1 : \overline{X}X = 25$, $k_2 : N(X - M) = 16$, Gesucht $k_1 \cap k_2$.

(4) $(\cos \varphi + i \sin \varphi)^n = \cos n\varphi + i \sin n\varphi$ mit $n \in \mathbb{N}$. Beweisen Sie diese berühmte, schon auf Abraham de Moivre (1667–1754) zurückgehende Formel.

(5) Gegeben

$X = 2r(\cos \frac{1}{4}\pi + i \sin \frac{1}{4}\pi)$, $Y = 3r(\cos \frac{1}{8}\pi + i \sin \frac{1}{8}\pi)$, $Z = \frac{1}{2}r(\cos(-\frac{1}{3})\pi + i \sin(-\frac{1}{3})\pi)$. Berechnen Sie $X^2, Y^2, Z^4, X^7 Y^2 Z^5$.

(6) Studieren Sie die Punktfolge $1, X, X^2, X^3, \ldots$, wobei X eine gegebene komplexe Zahl ist. Fallunterscheidung? Kann man X so wählen, dass die Punktfolge periodisch wird?

(7) In der Gauß-Ebene seien ein Zykel k_1 und die Punkte A, B mit $A \in k_1$, $B \notin k_1$ gegeben. Beweisen Sie, dass durch die beiden Punkte genau ein Zykel k_2 geht mit $k_1 \cap k_2 = \{A\}$. Gehen Sie analytisch und auch elementargeometrisch vor!

(8) $X' = \frac{2}{X}$

(a) Aus welchen Teilabbildungen lässt sich diese Abbildung zusammensetzen?

(b) Was wird bei dieser Abbildung aus dem Kreis $X\overline{X} - X - \overline{X} = 0$?

(c) Berechnen Sie die Fixpunkte der Abbildung.

(9) Beantworten Sie alle Fragen der Aufgabe 8 für die folgende Abbildung $X' = \frac{i}{X}$.

(10) Bestimmen Sie die Fixpunkte der folgenden Abbildungen

$f_1(x) = \frac{X+i}{X-i}$, $f_2(X) = X + 2\overline{X}$, $f_3(X) = X^2 + 1$.

(11) $\zeta_1 : X' = k_1 X + T_1$, $\zeta_2 : X' = k_2 X + T_2$ mit $k_1, k_2 \in \mathbb{R}^+$, $T_1, T_2 \in \mathbb{C}$.

Warum handelt es sich um zentrische Streckungen? Beschreiben Sie die durch Verkettung entstehende Abbildung. Fallunterscheidung.

(12) Sind die Kreise $N(X - (3 + 4i)) = 1$, $N(X - (2 + i)) = 9$ orthogonal? Bestimmen Sie die Schnittpunkte.

(13) In der Gauß-Ebene schneiden sich orthogonale Zykel. Beweisen Sie das unter Verwendung der Orthogonalitätskriterien.

(14) Was wird aus der über der x_1-Achse gelegenen Halbkreisfläche $X\overline{X} = 1$ bei der Abbildung $X' = \frac{X-1}{X+1}$.

(15) In welchen Bereich geht das Dreieck $A(0,0)$, $B(1,-i)$, $C(1,+i)$ durch die Abbildung $X' = (\frac{1}{2}\sqrt{2} + \frac{i}{2}\sqrt{2})X$ über? Was bedeutet diese Transformation geometrisch?

(16) Beweisen Sie den Satz: 2.9.2 in Analogie zu 2.9.1.

3. Geometrie über Körperpaaren (K, L)

(unter Betonung des finiten Standpunktes)

Wir ersetzen jetzt den Körper $\mathbb{R}$ aus II,2 durch einen anderen Körper K, führen dann eine quadratische (und separable) Erweiterung durch und kommen so zu einem Erweiterungskörper L. Über dem Körperpaar (K, L) können wir in völliger Analogie zu II,2 – dort hatten wir das Paar $(\mathbb{R}, \mathbb{C})$ – eine neue Geometrie, die (K, L)-Geometrie entwickeln. Wir kommen darauf in Kapitel IV nochmals zurück.

Nun hat in den letzten Jahren die endliche Geometrie sehr an Bedeutung gewonnen. Sie vereint in idealer Weise ganz verschiedene mathematische Disziplinen, wie Geometrie, Zahlentheorie, und Kombinatorik. Auch bei vielen Anwendungen spielt sie eine wesentliche Rolle. Wir nennen die Struktur des Kosmos (P. E. Kustaanheimo – G. Järnefeld), Physik der Elementarteilchen (E. G. Beltrametti), Statistik (E. Seiden), die Kodierungstheorie und die Geometrie der Atomkerne.

Benjamino Segre (1903–1977), Vater der endlichen Geometrie

Sein Leben:
Segre führte ein ganz normales Leben, war verheiratet und hatte drei Kinder. Es sollte erwähnt werden, dass B. Segre sich für andere Menschen besonders eingesetzt hat. Freiheit war für ihn äußerst wichtig. Besonders spektakulär war sein Engagement für den russischen Mathematiker I. R. Shafarewich.

Seine Karriere:
Nach dem Studium in Turin, Paris und Rom wurde er Professor an der Universität Bologna. Wegen seines jüdischen Glaubens war er gezwungen, 1939 zu emigrieren. Er fand Aufnahme in England. Erst 1946 konnte Segre nach Italien zurückkehren. In Rom übernahm er als Nachfolger von F. Severi den Lehrstuhl für Geometrie.

Seine Forschung:
Die Publikationsliste von Segre zählt 398 Titel (Bücher und wissenschaftliche Arbeiten). Dabei besticht seine Vielseitigkeit. Da geht es etwa um algebraische Geometrie, um Differentialgeometrie, um Topologie, ... aber auch um Mechanik und Optik. Segre war ein Universalmathematiker. Die letzten 25 Jahre seines Lebens widmete er der endlichen Geometrie (Galois-Geometrie). Er wurde deren Wegbereiter, ja Vorkämpfer. Um ihn herum entstand eine ganze Schule bedeutender Mathematiker, die auf diesem Gebiet arbeiteten. Einige Namen seien genannt: G. Tallini, V. Ceccherini, A. Barlotti, L. A. Rosati, L. Lombardo-Radice, M. Marchi, V. Dicuonzo, ...

Die Lehre:
Segre war – so erzählen seine Schüler – ein begnadeter, aber auch strenger Lehrer. Der Vortragsstil war knapp, doch perfekt und stets exakt. Sein deutlich ausgeprägtes Pflichtbewusstsein forderte er auch von seinen Studenten.

Ehrungen:

B. Segre war in aller Welt als hervorragender Mathematiker bekannt. Da konnten Ehrungen der verschiedensten Art nicht ausbleiben: Ehrendoktorate, Mitgliedschaften in verschiedenen Akademien, sowie Orden und Ehrenzeichen.

Ferenc Karteszi (1907–1989)

Dieser ungarische Mathematiker muss hier unbedingt genannt werden. Denn er hat zur Entwicklung der endlichen Geometrie ganz wesentlich beigetragen.

Ferenc Karteszi (1907–1989)

Ferenc Karteszi wurde am 13.02.1907 in Cegled (Ungarn) geboren. Er studierte an der Universität Budapest und erwarb dort den Titel eines Doktors der Wissenschaften. In den Jahren 1931–1940 unterrichtete er an einem Gymnasium in Györ. Auch später bewahrte er engste Kontakte zur Schule. So betätigte er sich etwa als Mitarbeiter einer Schülerzeitung. Es glückte ihm der Sprung an die Universität – ein überaus seltenes Ereignis (siehe v. Staudt). Im Jahre 1950 übernahm er einen Lehrstuhl für Geometrie und Didaktik an der Universität Budapest. Diesen betreute er bis zu seiner Pensionierung im Jahre 1977. Eines seiner Hauptarbeitsgebiete war die finite Geometrie. In einem Buch stellte er dieses Spezialgebiet in meisterhafter Weise dar und bewies damit sein außergewöhnliches didaktisches Geschick. Daneben beschäftigte sich Karteszi mit anderen Gebieten, wie Kombinatorik, darstellender Geometrie und Graphentheorie. Etliche Bücher und verschiedene wissenschaftliche Publikationen sind entstanden. Einige Jahre verbrachte er als Gast an der Universität Bologna. Karteszi starb nach einem arbeitsreichen Leben am 09.05.1989 in Budapest. Die Welt verlor mit ihm einen begeisterten und begeisternden Geometer.
Nach diesem Loblied auf die endliche Geometrie – und ihre Vorreiter B. Segre – F. Karteszi

wollen auch wir uns dieser Disziplin zuwenden. Wir starten deshalb nicht mit irgendeinem Körper K, sondern mit einem endlichen Körper. Auf diese Weise werden manche Ergebnisse aus II,2 zwar wiederholt, aber durch Anzahlaussagen ergänzt. Daneben eröffnen sich auch völlig neue Aspekte.

Nun ist allerdings der Moment gekommen, wo wir wirklich etwas klettern müssen. Wir erinnern nochmals an Schwindelfreiheit und Trittsicherheit und an die recht beruhigende Bemerkung: „Zwar ausgesetzt, aber genussvoll".

3.1 Etwas Algebra

In 2.1.3 hatten wir den Begriff des Körpers definiert und als Beispiele $\mathbb{Q}, \mathbb{R}, \mathbb{C}$ genannt. Jetzt wollen wir andere, ganz spezielle Körper untersuchen.

3.1.1 Definitionen

(a) Ein Körper K heißt endlich, wenn er endlich viele Elemente enthält.

Bei q Elementen schreiben wir $K(q)$. Manchmal sprechen wir auch von einem Galoisfeld $GF(q)$.

Evariste Galois (1811–1832)

(b) Die Charakteristik eines endlichen Körpers ist die kleinste natürliche Zahl k, so dass für das neutrale Element e der Multiplikation gilt $k \cdot e = 0$.

Wir schreiben Char $K = k$.

In dieser Arbeit klammern wir den Fall Char $K = 2$ völlig aus. Er fällt total aus dem Rahmen und führt auf merkwürdige Sätze. Aus unserer Definition folgt, dass k eine Primzahl sein muss.

3.1.2 Einige Sätze – ohne Beweis

(a) Die Anzahl der Elemente eines endlichen Körpers ist stets eine Primzahlpotenz $q = p^e$, p prim, $e \in \mathbb{N}$, $p > 2$ und zu jeder solchen Zahl gibt es genau einen endlichen Körper.

(b) Gegeben sei ein endlicher Körper $K = GF(q)$.

Für alle Elemente $X \in K$ gilt $X^{q-1} = 1$ und es gibt Elemente ω so, dass

$K = \{\omega, \omega^2, \ldots, \omega^{q-1} = 1\}$.

Die Elemente ω heißen primitiv.

(c) In jedem endlichen Körper gibt es in $K^* = K \setminus \{0\}$ Quadrate und Nichtquadrate gleicher Anzahl, also jeweils $\frac{1}{2}(q-1)$.

Das Produkt zweier Quadrate, aber auch zweier Nichtquadrate liefert ein Quadrat. Verknüpft man dagegen Quadrat und Nichtquadrat, so erhält man ein Nichtquadrat.

(d) In einem endlichen Körper K ist jedes Element von K sowohl als Summe als auch als Differenz zweier Quadrate aus K darstellbar.

3.1.3 Restklassenbildung

Jetzt geht es darum, die Konstruktion von GF(p), p prim durchzuführen.

(a) *Die Prozedur:*
Wir betrachten $K = \{0, 1, 2\}$ und definieren für diese drei Elemente eine neue Addition und Multiplikation auf folgende Weise: Zunächst bilden wir Summe und Produkt in der gewohnten Weise, bestimmen dann den Rest, der bei Division durch 3 bleibt. Dieser Rest ist – so definieren wir – die gesuchte neue Summe bzw. das neue Produkt. Man spricht auch von der Restklassen-Addition bzw. Multiplikation modulo 3.
Nach diesem Rezept sind die folgenden Tabellen angefertigt. Wir lesen ab: Quadrat 1, Nichtquadrat 2, primitives Element 2.

+	0	1	2
0	0	1	2
1	1	2	0
2	2	0	1

·	0	1	2
0	0	0	0
1	0	1	2
2	0	2	1

GF(3)

Den beiden Tabellen entnehmen wir, dass K mit den neu definierten Rechenoperationen den Körper GF(3) bilden.
Entsprechende Tafeln lassen sich auch für andere Werte p anfertigen.
In den folgenden Tafeln finden wir die Ergebnisse bei Restklassenoperation modulo 5. Wir lesen ab: Quadrate 1, 4, Nichtquadrate 2, 3, primitive Elemente 2, 3.

+	0	1	2	3	4
0	0	1	2	3	4
1	1	2	3	4	0
2	2	3	4	0	1
3	3	4	0	1	2
4	4	0	1	2	3

·	0	1	2	3	4
0	0	0	0	0	0
1	0	1	2	3	4
2	0	2	4	1	3
3	0	3	1	4	2
4	0	4	3	2	1

GF(5)

(b) *Satz:*
Restklassenbildung in $K = \{0, 1, \ldots, q - 1\}$ führt genau dann auf einen Körper, wenn q Primzahl p ist. Wir erhalten $K = GF(p)$.

Beweis:
q sei zunächst keine Primzahl, also $q = q_1 \cdot q_2$ (alte Multiplikation). Dann bildet K^* bei der neuen Multiplikation keine Gruppe, denn es wäre ja $(q_1 \cdot q_2) \bmod q = 0$ und demnach das Körperaxiom K2 nicht erfüllt.
Sei nun q eine Primzahl p. Dann bleibt zu zeigen, dass alle Körperaxiome erfüllt sind. Wir beschränken uns hier auf das Axiom K1 und überlassen den Rest in Aufgabe 3.9(2) dem Leser.
$(K, +)$ ist abelsche Gruppe:

Die Abgeschlossenheit ist nach unserer Konstruktion erfüllt.

Neutrales Element ist 0.

Das zu X inverse Element ist $p - X$.

Kommutativität schließlich liegt vor, weil

$(a + b) \bmod p = (b + a) \bmod p$.

3.1.4 Quadratische Körpererweiterung

Wir starten mit $K = \mathrm{GF}(q)$ und konstruieren $L = \mathrm{GF}(q^2)$.

(a) *Lemma:*

Im Startkörper $K = GF(q)$ gibt es ein quadratisches (separables) irreduzibles Polynom der Form $f(x) = x^2 + b$.

Beweis:

Wir nehmen an, alle Polynome $f(x) = x^2 + b_i$ mit $b_i \in \{1, 2, \ldots, q-1\}$ seien reduzibel, also $\alpha_i^2 + b_i = 0$. Die Quadrate α_i^2 sind paarweise voneinander verschieden und es gibt ihrer $\frac{1}{2}(q-1)$ (siehe 3.1.2(c)). Wir haben aber $q - 1$ Gleichungen. Widerspruch!

(b) *Quadratische Körpererweiterung:*

Wir starten mit $K = \mathrm{GF}(q)$. Auf Grund unseres Lemmas gibt es in diesem Körper ein irreduzibles Polynom der Form $f(x) = x^2 + b$. Jetzt nehmen wir zu $\mathrm{GF}(q)$ ein neues Element $\varepsilon \notin \mathrm{GF}(q)$ mit $\varepsilon^2 + b = 0$ hinzu – wir „adjungieren". Dann betrachten wir alle Elemente $X = x_1 + \varepsilon x_2$ mit $x_1, x_2 \in K$. Mit diesen q^2 Zahlen rechnen wir genauso unbekümmert wie innerhalb von $\mathrm{GF}(q)$ – beachten dabei aber stets $\varepsilon^2 + b = 0$. Genau wie in 2.2.2 zeigt man, dass $L = \{x_1 + \varepsilon x_2 | x_1, x_2 \in K\}$ einen Körper bildet. Wir sprechen von dem quadratischen Erweiterungskörper $L = \mathrm{GF}(q^2)$.

Wir haben die Erweiterung von $\mathbb{R}$ nach $\mathbb{C}$ in allgemeinerer Form wiederholt. An die Stelle von $i^2 + 1 = 0$ tritt jetzt $\varepsilon^2 + b = 0$.

Startet man mit $K = \mathrm{GF}(p)$, so ergibt sich $L = \mathrm{GF}(p^2)$. Bei Verwendung eines irreduziblen Polynoms vom Grad $e \in \mathbb{N} \setminus \{1\}$ lässt sich aus $\mathrm{GF}(p)$ sogar $L = \mathrm{GF}(p^e)$ konstruieren. Damit sind alle endlichen Körper konstruktiv erreichbar.

Natürlich läuft das Erweiterungsverfahren auch bei Startkörpern, die nicht endlich sind.

(c) *Definitionen:*

$\overline{X} = x_1 - \varepsilon x_2$ heißt *konjugiertes Element* von $X = x_1 + \varepsilon x_2$.

$\mathrm{N}(X) = \mathrm{N}(x_1 + \varepsilon x_2) = X\overline{X} = x_1^2 - \varepsilon^2 x_2^2 = x_1^2 + b x_2^2$

wird als *Norm von X* bezeichnet. Unter $\mathrm{N}(L)$ verstehen wir die Menge aller Elemente aus K, welche als Norm darstellbar sind.

(d) *Satz:*

Genau dann gilt $X = \overline{X}$, wenn $X \in K$.

Beweis:

Mit $X = x_1 + \varepsilon x_2$, $\overline{X} = x_1 - \varepsilon x_2$ gilt $X = \overline{X} \Rightarrow x_2 = 0$ und umgekehrt $x_2 = 0 \Rightarrow X = \overline{X}$.

(e) *Satz:*

Für den endlichen Erweiterungskörper L von K gilt $\mathrm{N}(L^*) = K^* \subset L^{*^2}$.

Bei der Erweiterung von $\mathbb{R}$ nach $\mathbb{C}$ ist der Satz falsch. Denn $\mathrm{N}(X) = x_1^2 + x_2^2$ kann nie negativ sein. Unser Satz passt tatsächlich nur für endliche Körper.

Beweis:

Der Beweis besteht aus drei Teilen.

Erster Teil:

Jedes Element aus L^* hat eine Norm in K^*.

Diese Aussage ist trivial.

$X = x_1 + \varepsilon x_2 \in L^*$, $\mathrm{N}(X) = X\overline{X} = x_1^2 + bx_2^2$. Mit $b \in K^*$ haben wir $\mathrm{N}(X) \in K^*$.

Zweiter Teil:

Jedes Element $c \in K^* = K \setminus \{0\}$ kommt als Norm vor.

Dies ist nun ganz und gar nicht trivial.

$c \in K^{*^2}$.

In diesem Fall gibt es $g \in K^*$, so dass $g^2 = c$. Nun berechnen wir die Norm von $G = g + \varepsilon \cdot 0$ und erhalten $\mathrm{N}(G) = g^2 = c$.

$c \notin K^{*^2}$.

Aus $\varepsilon^2 + b = 0$ folgt $\varepsilon = \pm\sqrt{-b}$. Dies bedeutet $-b \notin K^{*^2}$.

Nun unterscheiden wir erneut zwei Fälle.

$\boxed{-1 \in K^{*^2}}$

Mit $-1 \in K^{*^2}$ und $-b \notin K^{*^2}$ folgt nach 3.1.2(c) $b \notin K^{*^2}$ und weiter $\frac{c}{b} \in K^{*^2}$. Es gibt also $g \in K^*$ so, dass $g^2 = \frac{c}{b}$. Nun berechnen wir die Norm von $G = 0 + \varepsilon g$ und erhalten $\mathrm{N}(G) = bg^2 = b\frac{c}{b} = c$.

$\boxed{-1 \notin K^{*^2}}$

Mit $-1 \notin K^{*^2}$ und $-b \notin K^{*^2}$ folgt nach 3.1.2(c) $b \in K^{*^2}$. Es gibt also $g \in K^*$ so, dass $g^2 = b$. Nun berechnen wir die Norm von $G = f + \varepsilon h$ und erhalten $\mathrm{N}(G) = f^2 + bh^2 = f^2 + g^2h^2$. Weil nach 3.1.2(d) $c \in K^*$ als Summe zweier Quadrate darstellbar ist, gibt es $f, h \in K^*$ so, dass $c = f^2 + g^2b^2$.

Dritter Teil:

Jede Norm ist Element von L^{*^2}.

$\mathrm{N}(X) = X\overline{X} = X\,X^q = X^{q+1} = (X^{\frac{q+1}{2}})^2 \in L^{*^2}$.

(f) Ein Beispiel:

Wir starten mit $K = \mathrm{GF}(3)$ – siehe die Tabellen in 3.1.3(a). In diesem Körper gibt es genau ein irreduzibles Polynom der Form $f(x) = x^2 + b$, nämlich $f(x) = x^2 + 1$. Wir adjungieren ε

mit $\varepsilon^2 + 1 = 0$. Die 9 Elemente des Erweiterungskörpers werden explizit angegeben:
$L = \{0, \varepsilon, 2\varepsilon; 1, 1 + \varepsilon, 1 + 2\varepsilon; 2, 2 + \varepsilon, 2 + 2\varepsilon\}$.
Für die Norm ergibt sich $N(X) = x_1^2 + bx_2^2 = x_1^2 + x_2^2$.
Wir überlassen es dem Leser, Tafeln für Addition und Multiplikation in L aufzustellen. Jedes der 9 Elemente aus L hat eine Norm in K und jedes Element aus K ist tatsächlich Norm.

3.2 Grundelemente endlicher (K, L)-Geometrie

Die analytische Geometrie über $\mathbb{R}$ (Descartes) und ebenso die über $\mathbb{C}$ (Gauß) war aus der klassischen Schulgeometrie hervorgegangen. Die vertraute Geometrie wurde damit auf völlig andere Weise beschrieben.

Jetzt geht es darum, den gesamten Formelapparat rein formal zu erweitern. Dies geschieht ohne anschauliche, geometrische Motivation.

Wir hatten $\mathbb{R}$ quadratisch zu $\mathbb{C}$ erweitert und dann über dem Körperpaar $(\mathbb{R}, \mathbb{C})$ unsere Geometrie in II,2 entwickelt.

Jetzt startet man mit irgendeinem Körper K, erweitert ihn quadratisch zum Körper L und baut dann über diesem Körperpaar eine Geometrie auf. Man spricht von der (K, L)-Geometrie. Im Hinblick auf die bereits erwähnte Bedeutung endlicher Strukturen bedienen wir uns in diesem Buch endlicher Körper. Etliche Sätze und Beweise lassen sich wörtlich aus II,2 übernehmen. Trotzdem ergeben sich noch viele Abweichungen – etwa die Anzahlaussagen. Wir bemühen uns, nur Beweise anzugeben, die bisher nicht erbracht wurden.

3.2.1 (K, L)-Punkte

Unter (K, L)-Punkten verstehen wir die Elemente des Körpers L, zusammen mit einem Punkt ∞.
Mit $|K| = q$ folgt $|L| = q^2$. Die Gesamtzahl aller (K, L)-Punkte beträgt also $q^2 + 1$.

3.2.2 (K, L)-Geraden

(a) Definition:
$\{X \in L | X\overline{M} + \overline{X}M + d = 0\} \cup \{\infty\}$
mit $M \in L^*$, $d \in K$. Punktmengen dieser Art werden als (K, L)-Geraden bezeichnet.
Multiplikation der Gleichung mit einem Faktor $k \in K^*$ liefert eine andere, jedoch äquivalente Gleichung. Sie beschreibt die gleiche Gerade.
Mit $M = m_1 + \varepsilon m_2$, $X = x_1 + \varepsilon x_2$ ergibt sich eine andere Darstellung
$\{x_1, x_2 \in K | m_1 x_1 + b m_2 x_2 + \frac{1}{2}d = 0\} \cup \{\infty\}$
wobei $m_1, m_2 \in K$, $(m_1, m_2) \neq (0, 0)$, $d \in K$.

(b) Satz:
Mit $|K| = q$, $|L| = q^2$ beträgt die Gesamtzahl aller (K, L)-Geraden $q^2 + q$.

Beweis:

Für M haben wir $q^2 - 1$, für d nur q und schließlich für k noch $q - 1$ Werte. Damit erhalten wir für die Gesamtzahl aller (K, L)-Geraden $\frac{(q^2-1)q}{q-1} = q(q + 1)$.

(c) *Satz:*

Zwei (K, L)-Punkte $A, B \in L$ mit $|\{A, B\}| = 2$ bestimmen genau eine (K, L)-Gerade, die durch sie hindurchgeht.

Beweis:

$A = a_1 + \varepsilon a_2$, $B = b_1 + \varepsilon b_2$, $A \neq B$.

Gesucht wird eine (K, L)-Gerade g mit der Gleichung $x_1 m_1 + b x_2 m_2 + \frac{1}{2} d = 0$, wobei $m_1, m_2, d \in K$, $(m_1, m_2) \neq (0, 0)$. Dann gilt $A \in g: a_1 m_1 + b a_2 m_2 + \frac{1}{2} d = 0$

$B \in g: b_1 m_1 + b b_2 m_2 + \frac{1}{2} d = 0$.

m_1, m_2 sind nicht beide 0. Wir nehmen an, $m_1 \neq 0$. Wegen der genannten Äquivalenz können wir sogar $m_1 = 1$ schreiben.

So erhalten wir

$a_1 + b a_2 m_2 + \frac{1}{2} d = 0$

$b_1 + b b_2 m_2 + \frac{1}{2} d = 0$

Dann sind m_2 und d bekanntlich eindeutig bestimmt, wenn

$\det \begin{pmatrix} a_2 & \frac{1}{2} \\ b_2 & \frac{1}{2} \end{pmatrix} = \frac{1}{2}(a_2 - b_2) \neq 0$.

Wir können mit $b m_2 = \frac{b_1 - a_1}{a_2 - b_2}$ und $\frac{1}{2} d = \frac{a_1 b_2 - a_2 b_1}{a_2 - b_2}$ die Gleichung der Geraden explizit angeben.

$(a_2 - b_2) x_1 + (b_1 - a_1) x_2 + (a_1 b_2 - a_2 b_1) = 0$.

Sollte gelten $a_2 - b_2 = 0$, so muss $a_1 - b_1$ von 0 verschieden sein (wegen $A \neq B$) und wir starten mit $m_2 = 1$. Es ergibt sich natürlich dieselbe Gleichung.

(d) *Satz:*

Ein (K, L)-Punkt X liegt genau dann auf der (K, L)-Geraden g durch die (K, L)-Punkte $A, B \in L$ mit $|\{A, B\}| = 2$, wenn für das Verhältnis gilt $\frac{A - X}{B - X} \in K$.

Beweis:

Erste Richtung: $\frac{A - X}{B - X} \in K \Rightarrow X \in g(A, B)$.

Mit 3.1.4 (d) folgt

$\frac{A - X}{B - X} = \frac{\overline{A} - \overline{X}}{\overline{B} - \overline{X}}$ und weiter

$X(\overline{A} - \overline{B}) + \overline{X}(-A + B) + (A\overline{B} - \overline{A}B) = 0$.

Mit $A = a_1 + \varepsilon a_2$, $B = b_1 + \varepsilon b_2$, $X = x_1 + \varepsilon x_2$ folgt daraus

$x_1(a_2 - b_2) + x_2(b_1 - a_1) + (a_1 b_2 - a_2 b_1) = 0$.

Das aber ist genau die Gleichung der (K, L)-Geraden durch A und B aus (c).

Zweite Richtung: $X \in g(A, B) \Rightarrow \frac{A - X}{B - X} \in K$.

Wir durchlaufen den ersten Beweis startend mit

$X(\overline{A} - \overline{B}) + \overline{X}(-A + B) + (A\overline{B} - \overline{A}B) = 0$.

einfach rückwärts.

Bemerkung:

In I,8.1 wurde das Verhältnis definiert durch $\mathrm{TV}(A, BC) = \frac{\overline{AB}}{\overline{AC}}$ und in I,8.3 das Doppel-verhältnis durch $\mathrm{DV}(AB, CD) = \frac{\overline{AC}}{\overline{AD}} : \frac{\overline{BC}}{\overline{BD}}$, $\mathrm{DV}(\infty B, CD) = \frac{\overline{BD}}{\overline{BC}}$ (vgl. I,8.5).

Dabei bedeutete etwa $\overline{AB}$ die euklidische Länge der Strecke AB.

Jetzt wird diese Definition erweitert.

$\mathrm{TV}(A, BC) = \frac{A-B}{A-C}$, $\mathrm{DV}(AB, CD) = \frac{A-C}{A-D} : \frac{B-C}{B-D}$, $\mathrm{DV}(\infty B, CD) = \frac{B-D}{B-C}$.

Dabei gilt $A, B, C, D \in L$.

3.2.3 (K, L)-Kreise, (K, L)-Zykel

(a) Definition:

$\{X \in L \mid \mathrm{N}(X - M) = c\}$ mit $M \in L$.

Die Definition von c in Analogie zur Gauß-Ebene bereitet Schwierigkeiten. Wir legen fest $c \in \mathrm{N}(L^*)$ und mit 3.1.4(e) weiter $c \in K^*$.

M heißt Mittelpunkt des (K, L)-Kreises und c ist das Quadrat des Radius.

Mit $M = m_1 + \varepsilon m_2, X = x_1 + \varepsilon x_2$ ergibt sich eine andere Darstellung.

$\mathrm{N}(X - M) = c \Rightarrow (X - M)(\overline{X} - \overline{M}) = c$

$\Rightarrow (x_1 - m_1)^2 - \varepsilon^2(x_2 - m_2)^2 = c$

$\Rightarrow (x_1 - m_1)^2 + b(x_2 - m_2)^2 = c$

mit $m_1, m_2 \in K$, $c \in K^*$. Die Menge aller (K, L)-Geraden und (K, L)-Kreise zusammen bezeichnen wir als (K, L)-Zykel.

(b) Satz:

Mit $|K| = q, |L| = q^2$ beträgt die Gesamtzahl aller (K, L)-Kreise $q^3 - q^2$ und die aller (K, L)-Zykel $q^3 + q$.

Beweis:

Für M haben wir q^2 und für c noch $q - 1$ Werte. Damit erhalten wir für die Gesamtzahl aller (K, L)-Kreise $q^2(q - 1)$.

Die Anzahl der (K, L)-Zykel ergibt sich sofort zu $(q^2 + q) + (q^3 - q^2) = q(q^2 + 1)$.

(c) Satz:

Drei nicht auf einer (K, L)-Geraden liegende (nicht kollineare) (K, L)-Punkte A, B, C mit $|\{A, B, C\}| = 3$ bestimmen genau einen (K, L)-Kreis, der durch sie hindurchgeht.

Beweis:

$A = a_1 + \varepsilon a_2, B = b_1 + \varepsilon b_2, C = c_1 + \varepsilon c_2$.

Gesucht wird ein Kreis k mit der Gleichung

$(x_1 - m_1)^2 + b(x_2 - m_2)^2 = c$. Dann gilt

$A \in k: a_1^2 - 2a_1 m_1 + m_1^2 + ba_2^2 - 2ba_2 m_2 + bm_2^2 = c$
$B \in k: b_1^2 - 2b_1 m_1 + m_1^2 + bb_2^2 - 2bb_2 m_2 + bm_2^2 = c$
$C \in k: c_1^2 - 2c_1 m_1 + m_1^2 + bc_2^2 - 2bc_2 m_2 + bm_2^2 = c.$

Subtraktion liefert

$2m_1(b_1 - a_1) + 2m_2 b(b_2 - a_2) = b_1^2 - a_1^2 + b(b_2^2 - a_2^2),$
$2m_1(c_1 - a_1) + 2m_2 b(c_2 - a_2) = c_1^2 - a_1^2 + b(c_2^2 - a_2^2).$

Dann sind m_1 und m_2 eindeutig bestimmt, wenn

$$\det \begin{pmatrix} b_1 - a_1 & b_2 - a_2 \\ c_1 - a_1 & c_2 - a_2 \end{pmatrix} = (b_1 c_2 - b_2 c_1) + (a_2 c_1 - a_1 c_2) + (a_1 b_2 - a_2 b_1) \neq 0.$$

Im Beweis von 3.2.2(c) wurde die Gleichung der (K, L)-Geraden durch A und B explizit angegeben. Liegt auch noch der Punkt $C = c_1 + \varepsilon c_2$ auf ihr, so ergibt sich durch Einsetzen
$(b_1 c_2 - b_2 c_1) + (a_2 c_1 - a_1 c_2) + (a_1 b_2 - a_2 b_1) = 0.$

Unsere Determinante ist also genau dann von 0 verschieden, wenn die (K, L)-Punkte A, B, C nicht kollinear sind.

Damit ist die eindeutige Existenz nachgewiesen. Eine explizite Darstellung der Kreisgleichung erfolgt in (d).

(d) Satz:

Ein Punkt $X \in L$ liegt genau dann auf dem (K, L)-Kreis k durch die nicht-kollinearen (K, L)-Punkte $A, B, C \in L$ mit $|\{A, B, C\}| = 3$, wenn für das Doppelverhältnis gilt $\frac{A-C}{B-C} : \frac{A-X}{B-X} \in K$.
(Siehe Bemerkung zu 3.2.2(d).)

Weil die Punkte A, B, C nicht kollinear sind, gilt nach Satz 3.2.2(d) $R = \frac{A-C}{B-C} \notin K$ und weiter $R \neq 0$. Unsere Behauptung lautet dann $R \cdot \frac{B-X}{A-X} \in K$.

Beweis:

1. Richtung: Es ist zu zeigen $R \cdot \frac{B-X}{A-X} \in K \Rightarrow X \in k(ABC)$.
Mit 3.1.4(d) folgt aus der Annahme

$$R \cdot \frac{B-X}{A-X} = \overline{R} \cdot \frac{\overline{B-X}}{\overline{A-X}}$$

und weiter $X\overline{X}(R - \overline{R}) + X(-R\overline{A} + \overline{R}B) + \overline{X}(-RB + \overline{R}A) + (RB\overline{A} - \overline{R}BA) = 0$
Wegen $R \notin K$ gilt $R - \overline{R} \neq 0$. Division liefert

$$X\overline{X} - X\frac{R\overline{A} - \overline{R}B}{R - \overline{R}} - \overline{X}\frac{RB - \overline{R}A}{R - \overline{R}} + \frac{BR\overline{A} - \overline{B}RA}{R - \overline{R}} = 0.$$

Jetzt schreiben wir
$M = \frac{RB - \overline{R}A}{R - \overline{R}} \in L$ also $\overline{M} = \frac{R\overline{A} - \overline{R}B}{R - \overline{R}}$ und weiter $M\overline{M} - c = \frac{BR\overline{A} - \overline{B}RA}{R - \overline{R}}$.
Mit diesen Bezeichnungen ergibt sich
$X\overline{X} - X\overline{M} - \overline{X}M + M\overline{M} - c = 0$ oder $\mathrm{N}(X - M) = c$.
Wegen 3.1.4(e) folgt $c \in K$.
Wir rechnen leicht nach $\mathrm{N}(A - M) = \mathrm{N}(B - M) = \mathrm{N}(C - M) = c$. Damit haben wir die Gleichung des durch A, B, C nach 3.2.3(c) eindeutig bestimmten (K, L)-Kreises gefunden. Doch da bleibt noch ein kleiner Schönheitsfehler. Wir müssen zeigen $c \neq 0$. Sei $c = 0$, also $\mathrm{N}(X - M) = 0$. Dann folgt $\mathrm{N}(A - M) = 0$ und daraus $A = M$. Dies bedeutet $A = \frac{RB - \overline{R}A}{R - \overline{R}}$.

Umformung liefert $AR = BR$ und weiter $A = B$. Damit haben wir einen Widerspruch zu $|\{A, B, C\}| = 3$.

2. Richtung: Es ist zu zeigen $X \in k(ABC) \Rightarrow R \cdot \frac{B-X}{A-X} \in K$.

Sei $X\overline{X} - X\overline{M} - \overline{X}M + M\overline{M} = c$ die Gleichung des Kreises $k(ABC)$ und $R = \frac{A-C}{B-C}$. Dann gilt

$A \in k: A\overline{A} - A\overline{M} - \overline{A}M + M\overline{M} = c$

$B \in k: B\overline{B} - B\overline{M} - \overline{B}M + M\overline{M} = c$

$C \in k: C\overline{C} - C\overline{M} - \overline{C}M + M\overline{M} = c$

Durch Subtraktion folgt daraus

$(A\overline{A} - C\overline{C}) - \overline{M}(A - C) - M(\overline{A} - \overline{C}) = 0$

$(B\overline{B} - C\overline{C}) - \overline{M}(B - C) - M(\overline{B} - \overline{C}) = 0$

Nun wird die erste dieser beiden Gleichungen mit $(B - C)$ und die zweite mit $(A - C)$ multipliziert. Erneute Subtraktion gibt

$(A\overline{A} - C\overline{C})(B - C) - (B\overline{B} - C\overline{C})(A - C) = M[(\overline{A} - \overline{C})(B - C) - (\overline{B} - \overline{C})(A - C)]. \quad (*)$

Weiter berechnen wir

$$R - \overline{R} = \frac{A-C}{B-C} - \frac{\overline{A}-\overline{C}}{\overline{B}-\overline{C}} = \frac{1}{(B-C)(\overline{B}-\overline{C})}[(A - C)(\overline{B} - \overline{C}) - (\overline{A} - \overline{C})(B - C)]. \quad (**)$$

Wegen $R \notin K$ gilt $R - \overline{R} \neq 0$. Mit (*), (**) erhalten wir weiter

$$M(R - \overline{R}) = \frac{(B\overline{B} - C\overline{C})(A - C) - (A\overline{A} - C\overline{C})(B - C)}{(B-C)(\overline{B}-\overline{C})}.$$

Nach mühsamer Rechnung stellt sich heraus

$$M(R - \overline{R}) = B\frac{A-C}{B-C} - A\frac{\overline{A}-\overline{C}}{\overline{B}-\overline{C}} = BR - A\overline{R}.$$

Wegen $A \in k$ hatten wir $A\overline{A} - A\overline{M} - \overline{A}M + M\overline{M} = c$. Einsetzen von M ergibt

$$c = \frac{\overline{A}BR - \overline{A}BR}{R - \overline{R}} + M\overline{M}.$$

Der Startkreis $k(ABC)$ hat demnach die Gleichung

$$X\overline{X}(R - \overline{R}) - X(\overline{A}R - \overline{B}R) - \overline{X}(BR - A\overline{R}) + (\overline{A}BR - A\overline{B}R) = 0.$$

Diese Gleichung lässt sich in der Form

$$R\frac{B-X}{A-X} = \overline{R}\frac{\overline{B}-\overline{X}}{\overline{A}-\overline{X}}$$ schreiben.

Nach 3.1.4(d) bedeutet dies $R \cdot \frac{B-X}{A-X} \in K$.
Wir haben den ersten Beweis einfach rückwärts durchlaufen.

3.3 (K, L)-Zykelverwandtschaften

3.3.1 Definitionen und der erweiterte v. Staudt-Satz

Mit $S, T, U, V \in L$ und $SV - TU \neq 0$ definieren wir

$$\boxed{\mu(X) : \ X' = \tfrac{SX+T}{UX+V}} \quad (K, L)\text{-Homographien } H$$

$$\boxed{\mu(X) : \ X' = \tfrac{S\overline{X}+T}{U\overline{X}+V}} \quad (K, L)\text{-Antihomographien } \overline{H}$$

Bis hierher entsprechen die Definitionen genau denen, die uns bei den komplexen Zahlen (2.8.2 und 2.8.3) begegnet sind.

Doch jetzt kommt etwas wesentlich Neues, etwas sehr Kompliziertes.

$$\boxed{\mu(X) : \ X' = \tfrac{S \cdot \rho(X)+T}{U \cdot \rho(X)+V}} \quad (K, L)\text{-Zykelverwandtschaften } M$$

Die mit dem (K, L)-Punkt ∞ zusammenhängenden speziellen Definitionen werden direkt aus 2.8.2 übernommen.

Was aber bedeutet $\rho(X)$?

Bijektive Abbildungen $\rho(X)$ des Körpers L auf sich, welche sowohl die Addition $(\rho(X + Y) = \rho(X) + \rho(Y))$ als auch die Multiplikation $(\rho(X \cdot Y) = \rho(X) \cdot \rho(Y))$ erhalten, heißen Automorphismen von L. Für die Menge all dieser Automorphismen schreiben wir Aut L. Bleibt bei diesen Abbildungen auch noch der Körper K als Ganzes (nicht unbedingt elementweise) fest, so verwenden wir die Bezeichnung $\overline{\text{Aut}_K L}$.

Nun gilt – das ist der langen Rede kurzer Sinn – $\rho(X) \in \overline{\text{Aut}_K L}$.

Betrachten wir jetzt die Körpererweiterung (3.1.4) von $K = \mathbb{R}$ nach $L = \mathbb{C}$. Es zeigt sich, dass für $\rho(X)$ nur noch zwei Möglichkeiten existieren, nämlich $\rho(X) = X$ und $\rho(X) = \overline{X}$. Wir haben also $|\overline{\text{Aut}_\mathbb{R} \mathbb{C}}| = 2$ und damit unser früheres Ergebnis $M = H \cup \overline{H}$.

Wir gehen zum endlichen Fall über mit $K = \text{GF}(p^e = q)$, Char $K \neq 2$, p prim, $e \in \mathbb{N}$ und $L = \text{GF}(p^{2e} = q^2)$. Nun lässt sich beweisen $\overline{\text{Aut}_K L} = $ Aut L und weiter $|\overline{\text{Aut}_K L}| = |\text{Aut } L| = 2e$. Für die Anzahl aller (K, L)-Zykelverwandtschaften folgt damit $|M| = 2e|H|$. Lediglich für $e = 1$ ergibt sich auch im endlichen Fall $M = H \cup \overline{H}$.

Durch Zerlegung wie in 2.8.2(b) zeigt man, dass alle Abbildungen aus M zykeltreu sind. Noch mehr! Es stellt sich heraus, dass auch jetzt der v. Staudt-Satz gilt:

Die Abbildungen aus M sind genau die (K, L)-Zykelverwandtschaften.

Die Mengen H und M bilden bei der üblichen Verknüpfung Gruppen.

Wir verzichten auf Begründungen und wenden uns stattdessen einfacheren Sätzen zu.

Bemerkungen:

1. Zähler und Nenner jeder (K, L)-Zykelverwandtschaft können mit einem Faktor $k \in L^*$ multipliziert werden. Die Abbildung ändert sich dabei nicht. Dies bedeutet für die Abbildungsdeterminante $SV - TU \in L^* \cdot (L^*)^2$. Sie ist also nur bis auf Quadrate von L^* festgelegt.

2. Wir geben die Automorphismen explizit an

Aut $L = \{X^p, X^{p^2}, \ldots, X^{p^{2e}}\}$.

Dabei gilt $X^{p^{2e}} = X$ und $X^{p^e} = X^q = \overline{X}$.

3.3.2 Punkte auf einer (K, L)-Geraden

Satz:
Jede (K, L)-Gerade enthält genau $q + 1$ (K, L)-Punkte.

Beweis:
Wir starten mit einer H-Geraden

$g: \{X \in L \mid X\overline{M} + \overline{X}M + d = 0\} \cup \{\infty\}$. Auf g liege ein (K, L)-Punkt $A \neq 0$, $A \neq \infty$. Also gilt $A\overline{M} + \overline{A}M + d = 0$.

Nun wenden wir auf g die (K, L)-Homographie

$\mu(X): X' = AX + B$ oder $\mu^{-1}(X'): X = \frac{X' - B}{A}$ an.

Anstelle von X' schreiben wir Y und setzen dann ein

$\frac{Y - B}{A}\overline{M} + \frac{\overline{Y} - \overline{B}}{A}M + d = 0$

$\Rightarrow (Y - B)\overline{M}A + (\overline{Y} - \overline{B})MA + dA\overline{A} = 0$

$\Rightarrow Y(\overline{M}A) + \overline{Y}(MA) = B\overline{M}A + \overline{B}MA - dA\overline{A}$.

Die rechte Seite ist Element aus K und MA Element aus L^*. Deshalb ist das Bild g' von g wieder eine (K, L)-Gerade.

Enthält eine der beiden Geraden genau $q + 1$ (K, L)-Punkte dann auch die andere. Dies folgt aus der Bijektivität unserer (K, L)-Homographie.

Jetzt kommt es nur darauf an, wenigstens eine (K, L)-Gerade mit $q + 1$ (K, L)-Punkten zu finden – dann ist alles bewiesen. Wir wählen die (K, L)-Gerade mit der Gleichung $X + \overline{X} = 0$, bzw. $x_1 = 0$. Diese Gerade enthält alle Punkte $0 + \varepsilon x_2$ mit $x_2 \in K$, also insgesamt q. Nun wird noch der Punkt ∞ dazugenommen und der Satz ist bewiesen.

3.3.3 Punkte auf einem (K, L)-Kreis

Satz:
Jeder (K, L)-Kreis enthält genau $q + 1$ (K, L)-Punkte.

Beweis:
Wir starten mit einem (K, L)-Kreis

$k = \{X \in L \mid X\overline{X} - X\overline{M} - \overline{X}M + M\overline{M} - c = 0\}$.
Auf k existiert ein (K, L)-Punkt $A \neq M$. Also gilt

$A\overline{A} - A\overline{M} - \overline{A}M + M\overline{M} - c = 0$.

Nun wenden wir auf k die (K, L)-Homographie

$\mu(X): X' = \frac{1}{X - A}$ oder $\mu^{-1}(X'): X = \frac{1 + X'A}{X'}$ an.

Anstelle von X' schreiben wir Y und setzen ein

$$\frac{1+YA}{Y} \cdot \frac{1+\overline{YA}}{\overline{Y}} - \frac{1+YA}{Y}\overline{M} - \frac{1+\overline{YA}}{\overline{Y}}M + M\overline{M} - c = 0$$

$$\Rightarrow (1+YA)(1+\overline{YA}) - (1+YA)\overline{MY} - (1+\overline{YA})MY + (M\overline{M}-c)Y\overline{Y} = 0$$

$$\Rightarrow 1 + Y(A-M) + \overline{Y}(\overline{A}-\overline{M}) + Y\overline{Y}(A\overline{A} - A\overline{M} - \overline{A}M + M\overline{M} - c) = 0.$$

Der letzte Summand wird 0 (wegen $A \in K$), also bleibt

$$Y(A-M) + \overline{Y}(\overline{A}-\overline{M}) + 1 = 0.$$

Wegen $A \neq M$ handelt es sich um eine (K,L)-Gerade g. Enthält eine der beiden Mengen g, k genau $q+1$ (K,L)-Punkte, dann auch die andere. Dies folgt aus der Bijektivität unserer (K,L)-Abbildung.

Zusammen mit dem Satz 3.3.2 ist der Beweis abgeschlossen.

3.3.4 Dreitransitivität von H

Satz:

Die Gruppe der (K,L)-Homographien H operiert scharf 3-transitiv auf der Menge aller (K,L)-Punkte, $L \cup \{\infty\}$.

Vor dem Beweis definieren wir 3-Transitivität.

Wenn es zu je zwei Tripeln $(A_1, A_2, A_3), (B_1, B_2, B_3)$ von (K,L)-Punkten genau eine (K,L)-Homographie $\mu(X)$ so gibt, dass $\mu(A_i) = B_i, i \in \{1,2,3\}$, dann operiert H *scharf 3-transitiv* auf $L \cup \{\infty\}$. Dabei sollen die Punkte eines jeden Tripels paarweise verschieden sein.

Beweis:

Zunächst sei $\infty \notin \{A_1, A_2, A_3\}$.

Wir betrachten nun die Abbildung

$$\mu(X): \; X' = \frac{(X-A_1)(A_2-A_3)}{(X-A_3)(A_2-A_1)} = \frac{X(A_2-A_3) - A_1(A_2-A_3)}{X(A_2-A_1) - A_3(A_2-A_1)}$$

oder aufgelöst nach X

$$\mu^{-1}(X'): \; X = \frac{X'A_3(A_2-A_1) - A_1(A_2-A_3)}{X'(A_2-A_1) - (A_2-A_3)}.$$

Für die Determinante dieser Abbildung gilt

$$-(A_2-A_3)A_3(A_2-A_1) + (A_2-A_1)A_1(A_2-A_3) = (A_2-A_1)(A_2-A_3)(A_1-A_3) \neq 0.$$

Also handelt es sich bei $\mu(X)$ um eine (K,L)-Homographie.

Weiter gilt $\mu(A_1) = 0, \mu(A_2) = 1, \mu(A_3) = \infty$.

Die Punktetripel (A_1, A_2, A_3) und $(0, 1, \infty)$ werden bijektiv aufeinander abgebildet.

Bleibt noch zu zeigen, dass dies die einzige (K,L)-Homographie ist, die dies tut.

Abwechslungshalber arbeiten wir jetzt mit der inversen Abbildung.

Wir nehmen Folgendes an $\mu^{-1}(X'): \; X = \frac{SX'+T}{UX'+V}$.

Nun wird verlangt $\mu^{-1}(0) = \frac{T}{V} = A_1$, $\mu^{-1}(1) = \frac{S+T}{U+V} = A_2$, $\mu^{-1}(\infty) = \frac{S}{U} = A_3$. Dabei gilt $U \neq 0, V \neq 0, U+V \neq 0$. Was wird erwartet? Für S, T, U, V sollen sich genau die Werte unserer Startabbildung ergeben.

Mit $T = A_1V$, $S = A_3U$ folgt aus $\frac{S+T}{U+V} = A_2$ weiter $U(A_3-A_2) = V(A_2-A_1)$ und $U = V\frac{A_2-A_1}{A_3-A_2}$.

Durch Einsetzen erhalten wir

$$\mu^{-1}(X'): \quad X = \frac{A_3 U X' + A_1 V}{U X' + V} = \frac{X' A_3 V \frac{A_2 - A_1}{A_3 - A_2} + A_1 V}{X' V \frac{A_2 - A_1}{A_3 - A_2} + V} = \frac{X' A_3 (A_2 - A_1) - A_1 (A_2 - A_3)}{X'(A_2 - A_1) - (A_2 - A_3)}.$$

Das aber ist genau die eingangs angegebene Gleichung. Es gibt also genau eine Abbildung der gewünschten Art.

Bleibt noch der Fall $\infty \in \{A_1, A_2, A_3\}$, etwa $A_3 = \infty$. Dann vereinfacht sich unsere Abbildungsgleichung zu

$$\mu(X): \quad X' = \frac{X - A_1}{A_2 - A_1} \quad \text{oder} \quad \mu^{-1}(X'): \quad X = X'(A_2 - A_1) + A_1.$$

Auch jetzt lässt sich zeigen, dass genau diese (K, L)-Homographie die Tripel (A_1, A_2, ∞) und $(0, 1, \infty)$ ineinander überführt.

In jedem Fall wird also zunächst das Punktetripel (A_1, A_2, A_3) durch genau eine (K, L)-Homographie auf das Tripel $(0, 1, \infty)$ abgebildet. Dieses lässt sich dann durch genau eine weitere (K, L)-Homographie dem Tripel (B_1, B_2, B_3) zuordnen. Die Verkettung der beiden Homographien liefert genau eine, zum Nachweis von „scharf 3-transitiv" erforderliche Abbildung.

Damit ist der Beweis erbracht.

3.3.5 Satz

Mit $|K| = q, |L| = q^2$ beträgt die Gesamtzahl aller (K, L)-Homographien und auch die aller Antihomographien $|H| = |\overline{H}| = q^2(q^4 - 1)$ und schließlich die aller (K, L)-Zykelverwandtschaften $|M| = 2eq^2(q^4 - 1)$.

Beweis:

Für die Anzahl aller Punktetripel in der (K, L)-Ebene ergibt sich (Kombinatorik: Anordnung zu je Dreien) $\binom{q^2+1}{3}$.

Wir starten mit einem ganz speziellen Tripel. Weil die Gruppe H scharf 3-transitiv auf $L \cup \{\infty\}$ operiert, gibt es genau $\binom{q^2+1}{3}$ (K, L)-Homographien, die das Starttripel auf sich bzw. die übrigen Tripel abbilden.

Beachtet man noch, dass etwa (A_1, A_2, A_3) auf (B_1, B_2, B_3), (B_1, B_3, B_2), (B_2, B_1, B_3), (B_2, B_3, B_1), (B_3, B_1, B_2), (B_3, B_2, B_1) abgebildet werden kann, so folgt für die Gesamtzahl aller (K, L)-Homographien

$$\binom{q^2+1}{3} \cdot 3! = (q^2 + 1)q^2(q^2 - 1) = q^2(q^4 - 1).$$

Ersetzt man in den Gleichungen der (K, L)-Homographien X durch $\overline{X}$, so entstehen die (K, L)-Antihomographien. Die Anzahl bleibt unverändert.

Mit 3.3.1 folgt für die Anzahl aller Zykelverwandtschaften $|M| = 2e|H| = 2eq^2(q^4 - 1)$.

3.3.6 Der Satz von Miquel

In I,12.1.1 des vorliegenden Buches wurde der Satz von Miquel formuliert und bewiesen. Abb. I,22 zeigt die Situation. Zum Beweis hatten wir mit einer Kreisspiegelung die einfachere Pivot-Konfiguration erzeugt.

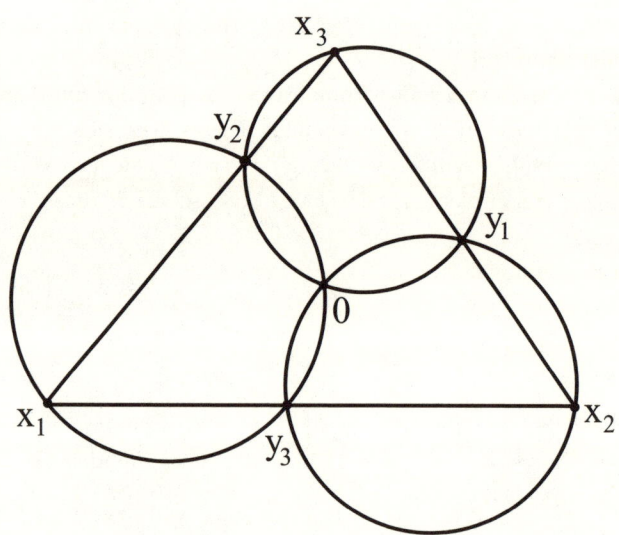

Abb. II,11: Zum Satz von Miquel in der (K, L)-Ebene

Wir behaupten nun, dass der Satz auch in der (K, L)-Ebene gilt. Zur Erinnerung wird der Satz hier nochmals formuliert.

Satz:
Wenn die Quadrupel $(PQAB), (PSAD), (QRBC), (RSCD), (PQRS)$ von (K, L)-Punkten jeweils auf einem (K, L)-Kreis liegen, dann gilt dies auch für das Quadrupel $(ABCD)$. Dabei wird vorausgesetzt $|\{A, B, C, D, P, Q, R, S\}| = 8$.

Beweis:
Mit der Zykelverwandtschaft $\mu(X) : \quad X' = \frac{\overline{XP} - \overline{CP}}{\overline{X} - \overline{P}}, \ P, C \in L, P \neq C, \ P\overline{P} - P\overline{C} \in K^*$ (Aufgabe 9) wird die einfachere Pivot-Konfiguration erzeugt. Dabei gilt $\mu(P) = \infty$ und $\mu(C) = 0$. Wie aus Abb. II,11 ersichtlich, schreiben wir statt $A', S', Q', R', B', D', C'$ der Reihe nach $X_1, X_2, X_3, Y_1, Y_2, Y_3, 0$ (0 Ursprung). Im Gegensatz zum Beweis in Kapitel I können wir jetzt nicht mit dem Satz vom Sehnenviereck arbeiten. Stattdessen verwenden wir Verhältnisse (Bemerkung zu 3.2.2).

Verhältnisse auf drei Geraden	Doppelverhältnisse auf drei Kreisen
$m_1 = \dfrac{y_3 - x_1}{y_3 - x_2}$	$n_1 = \dfrac{x_2 - y_3}{x_2 - y_1} \cdot \dfrac{y_1}{y_3} = \dfrac{y_3 - x_2}{y_1 - x_2} \cdot \dfrac{y_1}{y_3}$
$m_2 = \dfrac{y_1 - x_2}{y_1 - x_3}$	$n_2 = \dfrac{x_3 - y_1}{x_3 - y_2} \cdot \dfrac{y_2}{y_1} = \dfrac{y_1 - x_3}{y_2 - x_3} \cdot \dfrac{y_2}{y_1}$
$m_3 = \dfrac{y_2 - x_3}{y_2 - x_1}$	$n_3 = \dfrac{x_1 - y_2}{x_1 - y_3} \cdot \dfrac{y_3}{y_2} = \dfrac{y_2 - x_1}{y_3 - x_1} \cdot \dfrac{y_3}{y_2}$

Jetzt wird gerechnet:
$$m_1 m_2 m_3 n_1 n_2 n_3 = \frac{y_3 - x_1}{y_3 - x_2} \cdot \frac{y_1 - x_2}{y_1 - x_3} \cdot \frac{y_2 - x_3}{y_2 - x_1} \cdot \frac{y_3 - x_2}{y_1 - x_2} \cdot \frac{y_1}{y_3} \cdot \frac{y_1 - x_3}{y_2 - x_3} \cdot \frac{y_2}{y_1} \cdot \frac{y_2 - x_1}{y_3 - x_1} \cdot \frac{y_3}{y_2} = 1.$$

Liegen 5 Quadrupel von (K, L)-Punkten auf (K, L)-Zykeln, so sind nach den Sätzen 3.2.2(d), 3.2.3(d) die entsprechenden Verhältnisse Elemente aus K. Für das zum sechsten Quadrupel gehörende Verhältnis errechnet sich aus obiger Gleichung ein Element aus K. Nach 3.2.3(d), 3.2.2(d) liegen also auch diese Punkte auf einem (K, L)-Zykel.

3.4 (K, L)-Spiegelungen

Wir werfen zunächst einen Blick auf die Spiegelungen in der Gauß-Ebene (2.6). Die zugehörigen Abbildungsgleichungen können wir als Definition direkt übernehmen.

(K, L)-Geradenspiegelung
$\{X \in L \mid X\overline{M} + \overline{X}M + d = 0\} \cup \{\infty\}$, $M \in L^*$, $d \in K$, Äquivalenz

$$\sigma(X) : \begin{cases} X' = \dfrac{-\overline{X}M - d}{\overline{M}} \\ \infty \leftrightarrow \infty \end{cases}, \quad \det\begin{pmatrix} -M & -d \\ 0 & \overline{M} \end{pmatrix} = -M\overline{M} \in \mathrm{N}(L^*) \subset (L^*)^2.$$

(K, L)-Kreisspiegelung
$\{X \in L \mid \mathrm{N}(X - M) = c\}$, $M \in L$, $c \in \mathrm{N}(L^*) = K^*$

$$\sigma(X) : \begin{cases} X' = \dfrac{\overline{X}M + c - M\overline{M}}{\overline{X} - \overline{M}} \\ M \leftrightarrow \infty \end{cases}, \quad \det\begin{pmatrix} M & c - M\overline{M} \\ 1 & -\overline{M} \end{pmatrix} = -M\overline{M} + M\overline{M} - c = -c \in \mathrm{N}(L^*) \subset (L^*)^2.$$

Man hofft natürlich, dass der schöne Produktsatz 2.9 auch im Bereich der (K, L)-Ebene gilt. Aber leider:

Satz:

Die Produkte aus einer geraden Anzahl von (K, L)-Spiegelungen liefern lediglich eine echte Untergruppe H_N von H. Wir können schreiben $\prod\limits_{i=1}^{2n} \sigma_i = H_N$.

Dabei heißen die (K, L)-Homographien, deren Determinante aus L^{*^2} stammt, Homographien 1. Klasse. Die Menge all dieser Abbildungen wird mit H_1 bezeichnet.

Beweis:

Dass jedes Produkt aus einer geraden Zahl von (K, L)-Spiegelungen eine Homographie 1. Klasse ist, folgt sofort aus der oben gezeigten Tatsache, dass die Determinante jeder einzelnen Spiegelung aus L^{*^2} ist.

Dass umgekehrt jede Homographie 1. Klasse Produkt einer geraden Anzahl von (K, L)-Spiegelungen ist, ergibt sich über Zerlegungen wie in 2.9.

Weiter stellt sich heraus $|H_1| = \frac{1}{2}|H|$.

Im Falle $(\mathbb{R}, \mathbb{C})$ ist eine Unterscheidung zwischen Homographien aus H_1 und aus H_2 nicht möglich.

3.5 Ein konkretes Beispiel endlicher (K, L)-Geometrie

Wir kehren zur Algebra in 3.1.4(f) zurück. Dort wurde durch adjungieren eines Elementes ε mit $\varepsilon^2 = 2$ – also $b = 1$ – der Körper $K = \mathrm{GF}(q = 3)$ zum Körper $L = \mathrm{GF}(q^2 = 9)$ erweitert. Wir geben die Elemente von L nochmals an - allerdings jetzt durch Paare von Zahlen aus K. Dann wird durchnumeriert.

$L = \mathrm{GF}(9) =$
$= \{(0,0), (0,1), (0,2), (1,0), (1,1), (1,2), (2,0), (2,1), (2,2)\} = \{1, 2, 3, 4, 5, 6, 7, 8, 9\}$.

Jetzt entwickeln wir die Elemente der zugehörigen (K, L)-Geometrie.

(K, L)-*Punkte*

$L \cup \{\infty\}$ Anzahl $q^2 + 1 = 10$.

(K, L)-*Geraden* $\{(x_1, x_2) \in K^2 \mid x_1 m_1 + x_2 m_2 + d = 0\} \cup \{\infty\}$

mit $m_1, m_2, d \in K$, $(m_1, m_2) \neq (0, 0)$. Zu beachten ist die Äquivalenz von Gleichungen bei Multiplikation mit 2. Anzahl $q(q + 1) = 12$.

Die folgende Tabelle zeigt die Geradengleichungen mit den jeweils inzidierenden (K, L)-Punkten. Anstelle von ∞ wurde geschrieben 10.

Gleichung		(K, L)-Punkte
x_1	$= 0$	1, 2, 3, 10
x_2	$= 0$	1, 4, 7, 10
$x_1 + x_2$	$= 0$	1, 6, 8, 10
$2x_1 + x_2$	$= 0$	1, 5, 9, 10
$2x_2 + 1$	$= 0$	2, 5, 8, 10
$x_2 + 1$	$= 0$	3, 6, 9, 10
$2x_1 + 1$	$= 0$	4, 5, 6, 10
$2x_1 + 2x_2 + 1 = 0$		2, 4, 9, 10
$2x_1 + x_2 + 1$	$= 0$	3, 4, 8, 10
$x_1 + 1$	$= 0$	7, 8, 9, 10
$x_1 + 2x_2 + 1$	$= 0$	2, 6, 7, 10
$x_1 + x_2 + 1$	$= 0$	3, 5, 7, 10

Dieser Tabelle lassen sich verschiedene Aussagen entnehmen. Wir geben ein Beispiel:

Es gibt in dieser Geometrie vier Geradenbüschel zu je drei Geraden:

$(1,2,3,10)$, $(4,5,6,10)$, $(7,8,9,10)$

$(1,4,7,10)$, $(2,5,8,10)$, $(3,6,9,10)$

$(1,6,8,10)$, $(2,4,9,10)$, $(3,5,7,10)$

$(1,5,9,10)$, $(3,4,8,10)$, $(2,6,7,10)$

(K,L)-Kreise

$\{(x_1, x_2) \in K^2 \mid (x_1 - m_1)^2 - \varepsilon^2(x_2 - m_2)^2 = c\}$

Wegen $-\varepsilon^2 = 1$ erhalten wir für die Gleichung der Kreise $(x_1 - m_1)^2 + (x_2 - m_2)^2 = c$.

Dabei gilt $m_1, m_2 \in K$, $c \in N(L^*) = K^* = \{1, 2\}$.

Anzahl der (K,L)-Kreise $q^2(q-1) = 18$.

Die folgende Tabelle zeigt Kreisgleichungen mit den jeweils inzidierenden (K,L)-Punkten.

$c = 1$

m_1,	m_2	Gleichung		(K,L) − Punkte
0	0	$x_1^2 + x_2^2 + 2$	$= 0$	$2,3,4,7$
0	1	$x_1^2 + x_2^2 + x_2$	$= 0$	$1,3,5,8$
0	2	$x_1^2 + x_2^2 + 2x_2$	$= 0$	$1,2,6,9$
1	0	$x_1^2 + x_2^2 + x_1$	$= 0$	$1,5,6,7$
1	1	$x_1^2 + x_2^2 + x_1 + x_2 + 1$	$= 0$	$2,4,6,8$
1	2	$x_1^2 + x_2^2 + x_1 + 2x_2 + 1$	$= 0$	$3,4,5,9$
2	0	$x_1^2 + x_2^2 + 2x_1$	$= 0$	$1,4,8,9$
2	1	$x_1^2 + x_2^2 + 2x_1 + x_2 + 1$	$= 0$	$2,5,7,9$
2	2	$x_1^2 + x_2^2 + 2x_1 + 2x_2 + 1$	$= 0$	$3,6,7,8$

$c = 2$

m_1,	m_2	Gleichung		(K,L) − Punkte
0	0	$x_1^2 + x_2^2 + 1$	$= 0$	$5,6,8,9$
0	1	$x_1^2 + x_2^2 + x_2 + 2$	$= 0$	$4,6,7,9$
0	2	$x_1^2 + x_2^2 + 2x_2 + 2$	$= 0$	$4,5,7,8$
1	0	$x_1^2 + x_2^2 + x_1 + 2$	$= 0$	$2,3,8,9$
1	1	$x_1^2 + x_2^2 + x_1 + x_2$	$= 0$	$1,3,7,9$
1	2	$x_1^2 + x_2^2 + x_1 + 2x_2$	$= 0$	$1,2,7,8$
2	0	$x_1^2 + x_2^2 + 2x_1 + 2$	$= 0$	$2,3,5,6$
2	1	$x_1^2 + x_2^2 + 2x_1 + x_2$	$= 0$	$1,3,4,6$
2	2	$x_1^2 + x_2^2 + 2x_1 + 2x_2$	$= 0$	$1,2,4,5$

Auch dieser Tabelle entnehmen wir eine Aussage. Es gibt 9 Paare, sich nicht schneidender (K,L)-Kreise:

$(2,3,4,7) - (5,6,8,9)$, $(1,3,5,8) - (4,6,7,9)$,

$(1,2,6,9) - (4,5,7,8)$, $(1,5,6,7) - (2,3,8,9)$,

$(2,4,6,8) - (1,3,7,9)$, $(3,4,5,9) - (1,2,7,8)$,

$(1,4,8,9) - (2,3,5,6)$, $(2,5,7,9) - (1,3,4,6)$,

$(3,6,7,8) - (1,2,4,5)$.

Wir verzichten auf weitere Untersuchungen unserer Spezialebene, empfehlen aber dem Leser, immer wieder darauf zurückzukommen.

Bemerkung:
Trotz 3.3.6 lässt sich in unserer Spezialebene keine Aussage zum Satz von Miquel machen. Das ist verwunderlich! In der Startkonfiguration Abb. I,22 muss es zwei Paare sich nicht schneidender Kreise geben: $(PQAB), (RSCD)$ und $(QRBC), (SPAD)$. Ein Blick in die Liste aller Paare zeigt, dass im Fall $q = 3$ so etwas nicht existieren kann. Unsere Ebene ist einfach zu mager.

3.6 Orthogonalität

3.6.1 Definition, Kriterien

$k_1 \perp k_2 \Leftrightarrow \sigma_{k_1}(k_2) = k_2$

Mit dieser Definition lassen sich – genau wie in 2.7.2 – verschiedene Orthogonalitätskriterien entwickeln. Die Beweise können wörtlich übernommen werden. Trotzdem geben wir die Bedingungen hier nochmals an.

(a) Zwei verschiedene (K, L)-Geraden k_1, k_2
Gleichungen $k_i : X\overline{M_i} + \overline{X}M_i + d_i = 0, \ i \in \{1, 2\}$
$k_1 \perp k_2 \Leftrightarrow M_1\overline{M_2} + \overline{M_1}M_2 = 0.$

(b) Eine (K, L)-Gerade k_1 und ein (K, L)-Kreis k_2
Gleichungen $k_1 : X\overline{M_1} + \overline{X}M_1 + d_1 = 0, k_2 : \mathrm{N}(X - M_2) = c_2$
$k_1 \perp k_2 \Leftrightarrow M_2 \in k_1.$

(c) Zwei verschiedene (K, L)-Kreise k_1, k_2
Gleichungen $k_i : \mathrm{N}(X - M_i) = c_i, \ i \in \{1, 2\}$
$k_1 \perp k_2 \Leftrightarrow \mathrm{N}(M_1 - M_2) = c_1 + c_2.$

Die Verwendung endlicher Körper ist die Ursache für das Auftreten verrückter Sätze. Das sind Aussagen, die mit unseren vertrauten klassischen Vorstellungen von Kreis und Gerade nicht mehr übereinstimmen. Die Abstraktion hat einen beachtlichen Grad erreicht.

3.6.2 Ein erstes Kuriosum

In der (K, L)-Ebene gibt es (K, L)-Kreise $\mathrm{N}(X - M_i) = c_i, \ i \in \{1, 2\}$, die konzentrisch und orthogonal sind. Dieser Fall tritt genau dann ein, wenn $c_1 + c_2 = 0$ und $M_1 = M_2$.

Beweis:
Weil die beiden Kreise konzentrisch sind, gilt $M_1 = M_2$, also $\mathrm{N}(M_1 - M_2) = 0$. Mit dem dritten Orthogonalitätskriterium folgt $c_1 + c_2 = 0$.

Aus der Spezialebene in 3.5:

$k_1 : X\overline{X} = 1$, $k_2 : X\overline{X} = 2$, konzentrisch wegen $M_1 = M_2 = 0$, orthogonal weil
$c_1 + c_2 = 1 + 2 = 0$.

3.6.3 Ein zweites Kuriosum

In der (K, L)-Ebene gilt für orthogonale (K, L)-Zykel k_1, k_2 stets $|k_1 \cap k_2| \in \{0, 2\}$.

Beweis:

Durch geeignete (K, L)-Homographien lässt es sich so einrichten, dass die orthogonalen
(K, L)-Zykel die Gleichungen $X\overline{X} = c$, $x_1^2 + b x_2^2 = c \in K^*$ und $X - \overline{X} = 0$, $x_2 = 0$
besitzen. Einsetzen liefert $x_1^2 = c$. Diese Gleichung besitzt genau zwei oder gar keine Lösung,
je nachdem c Quadrat oder Nichtquadrat in K^* ist (3.1.2).
Spezialebene aus 3.5:
$X\overline{X} = x_1^2 + x_2^2 = 2$, $X - \overline{X} = x_2 = 0$. Orthogonal, weil Kreismittelpunkt 0 auf Gerade. Kein
Schnittpunkt, weil $x_1^2 = 2$ in K keine Lösung besitzt.

3.6.4 Ein drittes Kuriosum

In der (K, L)-Ebene gibt es Quadrupel von (K, L)-Zykeln, die paarweise orthogonal sind.
Wir sprechen von Orthogonalquadrupeln.

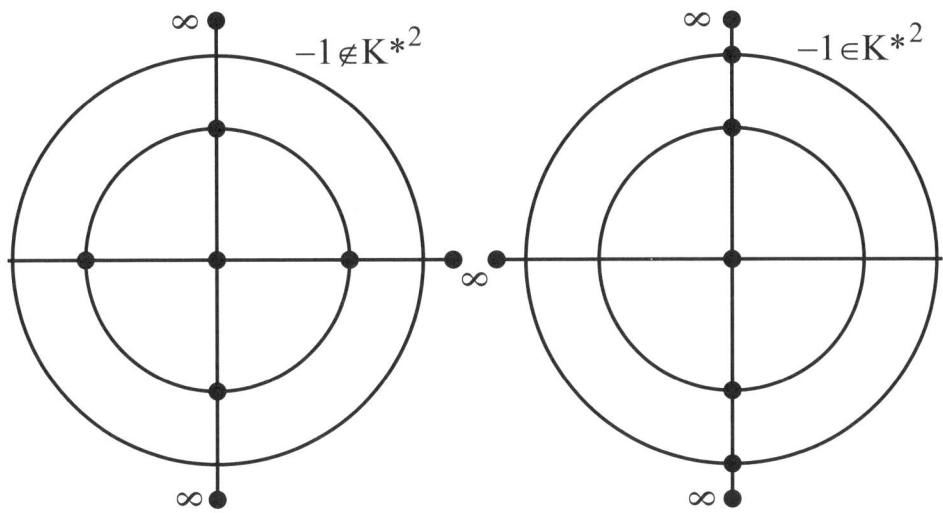

Abb. II,12: Orthogonalquadrupel

Beweis:

Wir geben einfach in unserem Beispiel ein solches Quadrupel an.
$k_1 : X\overline{X} = 1$, $k_2 : X\overline{X} = 2$, $k_3 : X - \overline{X} = 0$, $k_4 : X + \overline{X} = 0$.

Bemerkungen:

1. Für den in die (K, L)-Geometrie eingeführten blinden Menschen sind die drei letzten Aussagen keine Kuriositäten. Denn er kennt ja unsere klassische, anschauliche Geometrie gar nicht. Er hat sie nie „gesehen".

2. (K, L)-Orthogonalquadrupel gestatten eine interessante geometrische Charakterisierung der Fälle $-1 \in K^{*2}$ und $-1 \notin K^{*2}$. Dabei werden die Schnittpunkte untersucht. Hier das Ergebnis:

$-1 \notin K^{*2}$

Genau ein Zykel des Orthogonalquadrupels enthält keinerlei Schnittpunkte und die anderen drei jeweils genau 4.

$-1 \in K^{*2}$

Genau ein Zykel des Orthogonalquadrupels enthält genau 6 Schnittpunkte und die anderen drei jeweils genau 2. Abb. II,12 veranschaulicht die Situation.

3.7 Berührzykelketten, ein spezielles Problem

An einem ganz speziellen Beispiel soll jetzt gezeigt werden, wie man abseits der großen Routen noch reizvolle Klettereien entdecken kann.

3.7.1 Berühr-Tripel

Eine Konfiguration von drei, sich paarweise in drei verschiedenen Punkten berührenden (K, L)-Zykeln heißt Berührtripel (Abb. II,13). Es existiert, wenn Char $K \neq 2$. Solche Tripel lassen sich sofort konstruieren. Wir wählen den Punkt ∞ als einen der drei Berührpunkte. Dann entarten zwei Zykel zu (K, L)-Geraden. Dies bedeutet keine Einschränkung der Allgemeinheit. Schließlich betten wir diese spezielle Konfiguration in ein Koordinatensystem so ein, dass gilt

$z_2: X + \overline{X} = 2, x_1 = 1$

$z_1: X + \overline{X} = -2, x_1 = -1$

$z_0: X\overline{X} = 1, x_1^2 + bx_2^2 = 1.$

3.7.2 Apollonius-Konfiguration

Satz:
Genau dann, wenn $q = (4\alpha - 1)^{2n-1}$ mit $\alpha, n \in \mathbb{N}$ und $4\alpha - 1$ prim, gibt es genau zwei (K, L)-Zykel $K_1, \widetilde{K_1}$, die jeden der drei Zykel z_0, z_1, z_2 in genau einem Punkt berühren.

Beweis:
(a) Die neuen Zykel können keine (K, L)-Geraden sein – sonst hätten wir im Punkt ∞ drei Berührzykel. Also gilt für die gesuchten Zykel die Gleichung $(x_1 - m_1)^2 + b(x_2 - m_2)^2 = c$.

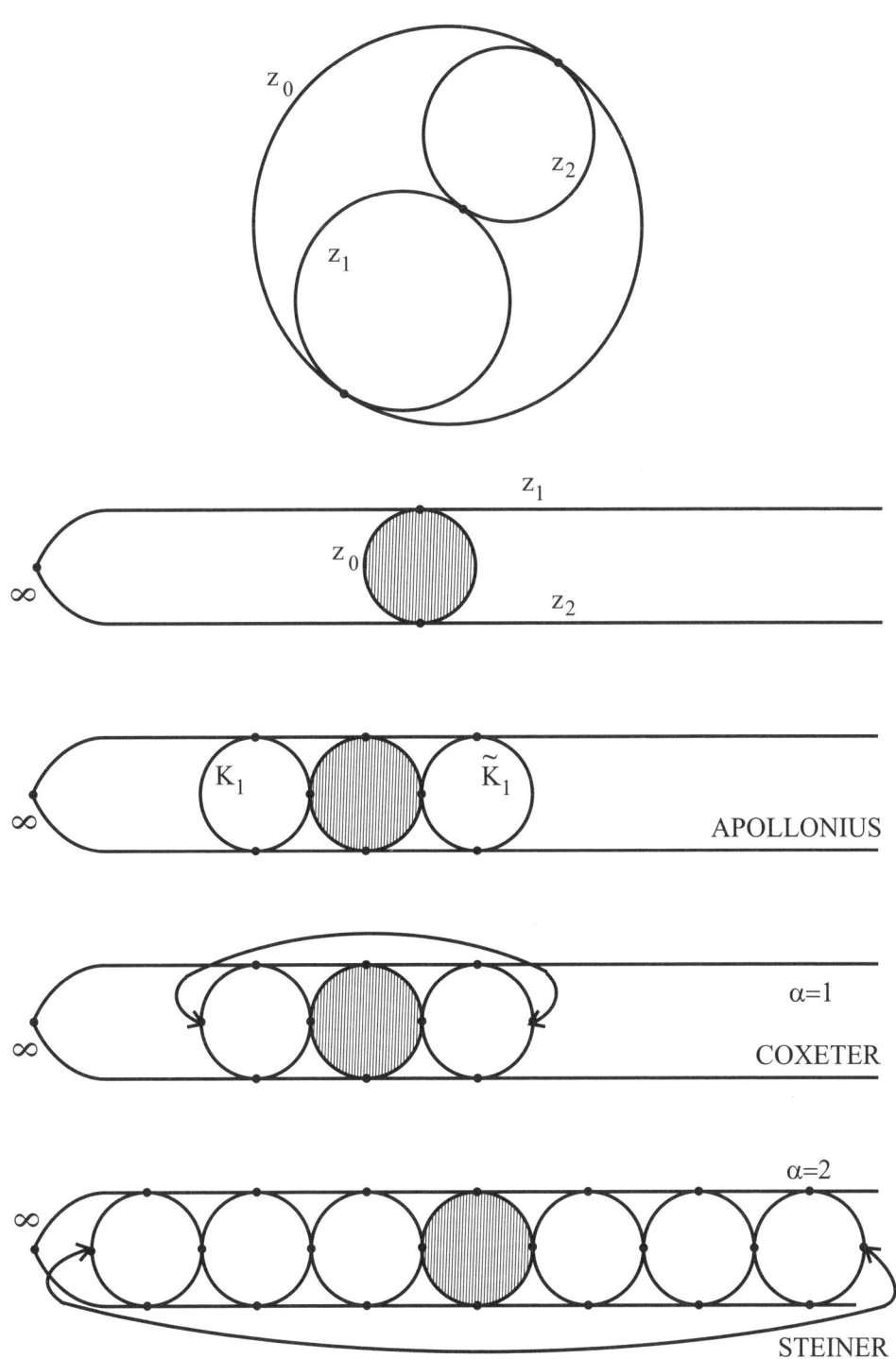

Abb. II,13: Berührzykel

(b) Berührbedingungen

K_1: berührt z_1 : $(1 + m_1)^2 + b(x_2 - m_2)^2 = c$, K_1: berührt z_2 : $(1 - m_1)^2 + b(x_2 - m_2)^2 = c$. Subtraktion liefert $m_1 = 0$, $b(x_2 - m_2)^2 = c - 1$. Weil es nur einen einzigen Schnittpunkt (den Berührpunkt) geben soll, folgt weiter $c = 1$. Damit haben wir: $x_1^2 + b(x_2 - m_2)^2 = 1$.

K_1 berührt z_0:

K_1 : $x_1^2 + b(x_2 - m_2)^2 = 1$, z_0 : $x_1^2 + bx_2^2 = 1$. Jetzt liefert Subtraktion $x_2 = \frac{1}{2}m_2$. Eingesetzt in die Gleichung von z_0 gibt das $x_1^2 = \frac{1}{4}(4 - bm_2^2)$. Weil es genau einen Schnittpunkt gibt, erhalten wir weiter $m_2^2 = \frac{4}{b}$ oder $m_2 = \pm\frac{2}{\sqrt{b}}$ und schließlich die Gleichungen K_1, $\widetilde{K_1}$: $x_1^2 + bx_2^2 \pm 4\sqrt{b}x_2 + 3 = 0$.

(c) Nun betrachten wir $(-1)\cdot b = -b$. Wir wissen $-b \notin K^{*2}$ und $b = \frac{4}{m_2^2} \in K^{*2}$. Dies bedeutet $-1 \notin K^{*2}$. Die Zahlentheorie lehrt uns, dass dann gilt $q \equiv -1 \bmod 4$ oder $q = (4\alpha - 1)^{2n-1}$ mit $\alpha, n \in \mathbb{N}, 4\alpha - 1$ prim.

3.7.3 Coxeter-Konfiguration

Satz:

Genau dann, wenn $q = 3^{2n-1}$ mit $n \in \mathbb{N}$, berühren sich die zwei Zykel $K_1, \widetilde{K_1}$.
Wir sprechen von einem Coxeter-Quintupel.

Beweis:

K_1 : $x_1^2 + bx_2^2 + 4\sqrt{b}x_2 + 3 = 0$,
$\widetilde{K_1}$: $x_1^2 + bx_2^2 - 4\sqrt{b}x_2 + 3 = 0$.

Subtraktion liefert $x_2 = 0$ und damit weiter $x_1^2 = -3$. Weil es genau einen Schnittpunkt geben soll, haben wir $-3 = 0$. Dies kann für Primzahlen p mit $q = p^{2n-1}$ nur erfüllt sein, wenn $p = 3$. (Coxeter untersucht nur den Fall $p = q = 3$.)

Die Idee von Coxeter ist verrückt, denn in der vetrauten Schulgeometrie kann eine solche Konstellation nicht auftreten.

3.7.4 Geschlossene Steiner-Ketten

Satz:

Genau dann, wenn $q = (4\alpha - 1)^{2n-1}$ mit $\alpha, n \in \mathbb{N}, 4\alpha - 1$ prim, gibt es in der zugehörigen (K, L)-Ebene geschlossene Berührzykelketten zu je $(4\alpha + 1)$ Zykel.
Wir sprechen von Steiner-$(4\alpha + 1)$-Tupeln.

Beweis:

1. Teil

Zunächst zeigen wir mit vollständiger Induktion, dass für das letzte Zykelpaar gilt $K_\beta, \widetilde{K_\beta}$: $x_1^2 + bx_2^2 \pm 4\sqrt{b}\beta x_2 + 4\beta^2 - 1 = 0$, Mittelpunkt $M_\beta(0, \mp\frac{2\beta}{\sqrt{b}})$.

Für $\beta = 1$ ist alles klar. Wir haben die Coxeter-Konfiguration. Nun gelte die Behauptung bis hin zu β. Wir betrachten zunächst nur einen einzigen Zykel K_β, nämlich den mit Mittelpunkt $M_\beta(0, +\frac{2\beta}{\sqrt{b}})$.

Wie ist es dann mit $\beta + 1$? Der neue Zykel hat die Gleichung $(x_1 - m_1)^2 + b(x_2 - m_2)^2 = c$, und weil er z_1, z_2 berührt, sogar $x_1^2 + b(x_2 - m_2)^2 = 1$.

Er soll aber auch noch den vorhergehenden Zykel berühren. Wir berechnen die Schnittpunkte.

$K_\beta: \ x_1^2 + bx_2^2 - 4\beta\sqrt{b}x_2 + 4\beta^2 - 1 = 0,$

$K_{\beta+1}: \ x_1^2 + bx_2^2 - 2bm_2x_2 + bm_2^2 - 1 = 0.$

Daraus ergibt sich durch Subtraktion $x_2 = \dfrac{4\beta^2 - bm_2^2}{-2bm_2 + 4\beta\sqrt{b}} = \dfrac{(2\beta - m_2\sqrt{b})(2\beta + m_2\sqrt{b})}{2\sqrt{b}(2\beta - m_2\sqrt{b})}.$

Wegen $m_2 > \frac{2\beta}{\sqrt{b}}$ gilt $2\beta - m_2\sqrt{b} \neq 0$, also weiter

$x_2 = \frac{2\beta + m_2\sqrt{b}}{2\sqrt{b}}.$

Eingesetzt in die Gleichung von K_β errechnet sich

$x_1^2 = -\frac{1}{4}(4\beta^2 - 4\beta m_2\sqrt{b} + bm_2^2 - 4).$

Wenn es genau einen Schnittpunkt geben soll, erhalten wir

$4\beta^2 - 4\beta m_2\sqrt{b} + bm_2^2 - 4 = 0$ oder weiter $m_2 = \frac{2}{\sqrt{b}}(\beta \pm 1)$.

Wegen $m_2 > \frac{2\beta}{\sqrt{b}}$ scheidet das negative Vorzeichen aus.

Einsetzen von $m_2 = \frac{2}{\sqrt{b}}(\beta + 1)$ in die Gleichung von $K_{\beta+1}$ liefert

$K_{\beta+1}: \ x_1^2 + bx_2^2 - 4\sqrt{b}(\beta + 1)x_2 + 4(\beta + 1)^2 - 1 = 0.$

Damit ist der Induktionsbeweis abgeschlossen. Wir haben die gewünschte Gleichung erhalten. Die Gleichung von $\widetilde{K_\beta}$ ergibt sich aus Symmetriebetrachtungen.

2. Teil

Die beiden Zykel $K_\beta, \widetilde{K_\beta}$ sollen sich jetzt berühren. Subtraktion der zugehörigen Gleichungen ergibt $x_2 = 0$ und damit weiter $x_1^2 = 1 - 4\beta^2$. Berührung liegt vor, wenn $1 - 4\beta^2 = 0$ oder wenn $(2\beta - 1)(2\beta + 1) = 0$.

Wir betrachten nun die folgende Tabelle.

β	$2\beta - 1$	$2\beta + 1$
1	1	3
2	3	5
3	5	7
4	7	[9]
5	9	11
6	11	13
7	13	[15]
$\vdots$	$\vdots$	$\vdots$

$\boxed{\beta = 1}$

Der Fall $(2\beta - 1)(2\beta + 1) = 1 \cdot 3 = 0$ kann wegen $1 \neq 0$ nur eintreten für $3 = 0$. Dies aber bedeutet, dass der zugrundegelegte Körper K die Charakteristik $p = 3$ hat. Also gilt $q = 3^{2n-1}$ – das aber ist genau der Coxeter-Fall.

$\boxed{\beta = 2}$

Jetzt gehen wir einen Schritt weiter. Die Kreise $K_1, \widetilde{K_1}$ sollen sich nicht berühren, also $3 \neq 0$. Der Fall $(2\beta - 1)(2\beta + 1) = 3 \cdot 5 = 0$ kann also nur eintreten, wenn $5 = 0$. Also gilt Char $K = p = 5$ und weiter $q = 5^{2n-1}$. So fahren wir fort!

Eine Schwierigkeit tritt auf, wenn $2\beta + 1$ keine Primzahl ist, etwa für $\beta = 7$ mit $2\beta + 1 = 15 = 3 \cdot 5$. Die Primfaktoren führen mit $3 = 0, 5 = 0$ auf Berührzykeln, die bereits ausgeschieden sind. Dies bedeutet $15 \neq 0$. Wir haben also nur die Fälle zu betrachten, bei denen $2\beta + 1$ Primzahl ist.

$\boxed{\beta \in \mathbb{N}}$ $2\beta + 1$ Primzahl

Mit $2\beta + 1 = 0$ erhalten wir Char $K = 2\beta + 1$ und $q = (2\beta + 1)^{2n-1}$.

Vergleichen wir mit $q = (4\alpha - 1)^{2n-1}$, so folgt $2\beta + 1 = 4\alpha - 1$ und weiter $\beta = 2\alpha - 1$.

Mit den β Kreispaaren und z_0, z_1, z_2 ergibt sich die Anzahl der Zykel in einer geschlossenen Berührkreiskette: $2\beta + 3 = 4\alpha + 1$. Damit ist unser Satz 3.7.4 bewiesen.

Bemerkung:

Ein zu Scherzen aufgelegter Mathematiker sprach anstelle von geschlossenen Berührzykelkette von Wurstpackungen oder kurz von Clustern.

3.7.5 Satz

Mit 3.7.4 ist es möglich, alle Primzahlen der Form $4\alpha - 1$ unter Verwendung der Steiner-$(4\alpha + 1)$-Tupel geometrisch zu charakterisieren.

Tabelle:	α	$p = 4\alpha - 1$ Primzahlen	$4\alpha + 1$ Steiner
	1	3	5
	2	7	9
	3	11	13
	4	(15)	(17)
	5	19	21
	6	23	25
	7	(27)	(29)
	8	31	33
	$\vdots$	$\vdots$	$\vdots$

3.7.6 Und noch mehr!

Wie im bisherigen Text sei $q = p^{2n-1} = (4\alpha - 1)^{2n-1}$ mit $\alpha, n \in \mathbb{N}$, $p = 4\alpha - 1$ prim, und $\beta = 2\alpha - 1$. Dann existieren geschlossene Berührzykelketten zu je $2\beta + 3$ Zykel. Die Gesamtzahl solcher Ketten beträgt genau $q^2(q^4 - 1)\frac{1}{2p}$, wenn $p > 3$, und $q^2(q^4 - 1)\frac{1}{60}$, wenn $p = 3$.

3.8 Was bleibt noch zu tun?

Für den fleißigen Leser gibt es noch viel zu tun.

3.8.1 Ausbau der endlichen und nicht-endlichen (K, L)-Geometrie

Spezielle Nischen wie die Sache mit den Berührzykelketten – hier ist Phantasie gefragt,
Entwicklung einer Büscheltheorie,
Aufbau eines Poincaré-Modells der nichteuklidischen Geometrie,
genauere Untersuchung verschiedener Anwendungen, ...

3.8.2 Anspruchsvollere Klettereien

Was ist mit dem bisher ausgeklammerten Fall Char $K = 2$?
Wie ist es, wenn man mit einer nichtquadratischen Körpererweiterung startet?
Kann man auch völlig andere algebraische Strukturen – etwa Schiefkörper, Quasikörper, Ringe, ... zugrundelegen?

3.9 Aufgaben zu Kapitel II,3

(1) Erweitern Sie den Körper GF(3) durch Hinzunahme eines Elementes ε zum Körper GF(9) und stellen Sie für GF(9) eine Multiplikations- und Additionstafel auf.
(2) Beweisen Sie, dass bei Restklassenbildung modulo p (p ist Primzahl) wirklich ein Körper entsteht. Was geschieht bei Restklassenbildung modulo 6?
(3) Stellen Sie Additions- und Multiplikationstafeln auf für GF(5) und GF(7). Bestimmen Sie dann für diese Fälle alle irreduziblen Polynome der Form $f(x) = x^2 + c$.
(4) Lösen Sie in $GF(7)$ die Gleichungen $x^2 + 4x + 2 = 0$ und $x^2 + c = 0$ mit $c \in \{1, 2, 3, 4, 5, 6\}$.
(5) $K = $ GF(3), $L = $ GF(9). Berechnen Sie alle (K, L)-Punkte auf den (K, L)-Kreisen $X\overline{X} = c$ mit $c \in \{1, 2\}$.
(6) $K = $ GF(q)
Gegeben ein Punkt A.
(a) Liegt A auf einem Kreis k, so gibt es durch A genau q Berührkreise bezüglich k. Diese Kreise bilden ein „Berührkreisbüschel". Es enthält $\binom{q}{2}$ Berührkreispaare.
(b) In A gibt es genau $q + 1$ Berührkreisbüschel.
Beweisen Sie!
(7) $K = $ GF(q)
Gegeben sei ein Kreis k. Dann gibt es genau q^2 (K, L)-Kreise, die k orthogonal schneiden. Beweisen Sie!
(8) Die (K, L)-Geraden sind genau die (K, L)-Zykel, welche den (K, L)-Punkt ∞ enthalten. Beweis?

(9) Untersuchen Sie die folgende (K, L)-Antihomographie

$$\mu(X) : \quad X' = \frac{\overline{XP} - \overline{CP}}{\overline{X} - P}, \text{ mit } C, P \in L, C \neq P, P\overline{P} - P\overline{C} \in K^*.$$

Im Einzelnen: Fixpunkte, $\mu(P), \mu(C)$, Bilder der (K, L)-Kreise durch P, sowie durch P und C.

(10) X_i, Y_i mit $i \in \{1, 2, 3, 4\}$ seien acht paarweise verschiedene (K, L)-Punkte. Dann gilt

$$\frac{\mathrm{DV}(Y_1 X_2, Y_2 X_1)}{\mathrm{DV}(Y_2 X_3, Y_3 X_2)} \cdot \frac{\mathrm{DV}(Y_3 X_4, Y_4 X_3)}{\mathrm{DV}(Y_4 X_1, Y_1 X_4)} = \mathrm{DV}(Y_1 Y_3, Y_2 Y_4) \cdot \mathrm{DV}(X_1 X_3, X_2 X_4).$$

Beweis?

(11) Zeigen Sie mit Aufgabe 10, dass der Satz von Miquel auch in der (K, L)-Ebene gilt.

(12) $K = \mathrm{GF}(q)$

Gegeben sei ein (K, L)-Kreis k und zwei (K, L)-Punkte A, B mit $A \in k, B \notin k$.

Beweisen Sie die Existenz genau eines (K, L)-Kreises h durch B, der mit k genau den Punkt A gemeinsam hat.

(13) Geben Sie im Falle $K = \mathrm{GF}(3)$ ein Orthogonalquadrupel (vier paarweise orthogonale (K, L)-Kreise) an und berechnen Sie die Schnittpunkte. Führen Sie das auch durch für $\mathrm{GF}(5)$.

(14) Voraussetzung zum Satz von Miquel ist die Existenz einer Grundkonfiguration. Sie besteht aus vier paarweise verschiedenen Punktequadrupeln – je zwei benachbarte haben zwei Punkte gemeinsam. Zeigen Sie, dass im Falle $K = \mathrm{GF}(3)$ eine solche Grundkonfiguration nicht existiert (Bemerkung zu 3.5).

(15) $K = \mathrm{GF}(q)$. Wie viele (K, L)-Zykel gehen durch einen (K, L)-Punkt und wie viele durch zwei verschiedene (K, L)-Punkte?

(16) $K = \mathrm{GF}(q)$

Es gibt genau $\frac{1}{2} q(q^4 - 1)$ Paare von (K, L)-Kreisen, die sich berühren,

genau $\frac{1}{4} q^3 (q^2 + 1)(q + 1)$ Paare von (K, L)-Kreisen, die sich schneiden und

genau $\frac{1}{4} q^2 (q^2 + 1)(q - 1)(q - 2)$, die sich meiden.

Beweisen Sie!

(17) $K = \mathrm{GF}(q)$

Jeder (K, L)-Kreis wird

von genau $(q^2 - 1)$ (K, L)-Kreisen berührt,

von genau $\frac{1}{2} q^2 (q + 1)$ (K, L)-Kreisen geschnitten und

von genau $\frac{1}{2} q(q - 1)(q - 2)$ (K, L)-Kreisen gemieden.

Beweis?

(18) Der Satz 3.7.6 ist zu beweisen.

(19) Sei $K = \mathrm{GF}(5)$.

(a) $f(x) = x^2 + 2$ ist irreduzibel über K. Beweis?

(b) Ermitteln Sie die Gleichung des Kreises k durch die Punkte $(0, 0), (1, 0), (0, 1)$.

(c) Bestimmen Sie die anderen Punkte auf k.

(20) Wählen Sie den Körper $\mathbb{Q}$ der rationalen Zahlen zum Start. Adjungieren Sie dann ε mit $\varepsilon^2 = 2$. So erhalten Sie den Körper $L = \{(x_1, x_2) \in \mathbb{Q}^2 / x_1 + \varepsilon x_2\}$.
Beschreiben Sie die zugehörige (K, L)-Geometrie unter Verwendung der euklidischen (x_1, x_2)-Ebene.

(21) (K, L)-Ebene, Char $K \neq 2$.

(a) Geraden berühren (Tangenten), schneiden (Sekanten) oder meiden (Passanten) einen gegebenen Kreis k. Beweisen Sie diese Aussage und berechnen Sie die Anzahl aller Tangenten, Sekanten und Passanten bezüglich k.

(b) Die vom Berührpunkt verschiedenen Punkte von Tangenten heißen „ex"-Punkte, die Punkte auf k „on"-Punkte und alle übrigen Punkte zwangsläufig „in"-Punkte. Wie groß ist die Anzahl von Punkten dieser drei Klassen?

4. Zusammenfassung zu Teil II

Ganz mit Mitteln der Schulmathematik wurde Geometrie zunächst mit reellen Zahlen betrieben.

Unter Beschränkung auf die Ebene begann dann das elegante Arbeiten mit den komplexen Zahlen. Themen waren dabei die Spiegelungen, die Zykelverwandtschaften und die Orthogonalität. Der Gipfel – nämlich der v. Staudt-Satz – wurde nicht erreicht. Eigentlich haben wir in diesem Abschnitt die Geometrie mit $\mathbb{R}$ nur in die Sprache der komplexen Zahlen übersetzt. Der Körper $\mathbb{C}$ entstand aus dem Körper $\mathbb{R}$ durch quadratische Erweiterung. Startet man mit irgendeinem Körper K, so ergibt sich durch quadratische Erweiterung der Körper L. Dies führt zu einer wesentlichen, rein formalen Ausweitung der Geometrie, zur (K, L)-Geometrie. Wir beschränkten uns hier auf endliche Körper K mit Char $K \neq 2$ und erhielten viele überraschende Aussagen. Auch in diesem Abschnitt blieben etliche Gipfel für uns unerstiegen.

Insgesamt haben wir eine Entwicklung der Geometrie vom Anschaulichen zur Abstraktion dargestellt. Betrachten Sie in diesem Zusammenhang die Bilder des russischen Malers Wassily Kandinsky (1886–1944). Auch bei ihm vollzieht sich dieser Wandel. Beginnend mit rein gegenständlichen Bildern bleibt am Ende nur ein abstraktes Spiel mit Farben.

Und nun noch einige Worte zu unserem Bergvergleich:

Wir haben in diesem Kapitel mit einer leichten Bergwanderung ($\mathbb{R}$) begonnen. Sehr schnell aber wurde das Gelände steiler, anstrengender. Sie kamen sicher ganz schön ins Schwitzen ($\mathbb{C}$). Schließlich aber waren tatsächlich Schwindelfreiheit und Trittsicherheit erforderlich. Wir mussten klettern, aber in festem, griffigem Fels (K, L).

In Einschätzung unserer Fähigkeiten waren wir gezwungen, auf die Besteigung eines wesentlichen Gipfels zu verzichten (v. Staudt).

War es für Sie noch genussvoll? Hoffentlich!

III. Die affine Geometrie

In diesem Kapitel wird die affine Geometrie vorgestellt.

Inhaltlich kehren wir zunächst zur elementaren (naiven) Geometrie des Kapitels I zurück, sprechen allerdings nicht mehr von Kreisen und vergessen auch den Punkt „∞".

Die Vorgehensweise ändert sich aber total. Wir versuchen zu erkennen „Was die Welt, die Geometrie im Innersten zusammenhält" (Faust I), wir arbeiten axiomatisch und entwickeln eine Rumpfgeometrie. Bewusst haben wir die elementargeometrischen Untersuchungen und auch die analytisch-algebraische Behandlung vorweggenommen. Es sollte erst einmal möglichst viel Material zusammengetragen werden.

In diesem Zusammenhang zitieren wir H. Weyl:

„Before you can generalize, formalize and axiomatize, there must be a mathematical substance. I think that the mathematical substance in the formalizing of which we have trained ourselves during the last decades, becomes gradually exhausted. And so I foresee that the generation now rising will have a hard time in mathematics".

Deshalb vergesst mir in der Schule und der Hochschule nicht die anschauliche, die geometrische Mathematik!

1. Was ist Axiomatik?

Bei der axiomatischen Behandlung verschiedener Gebiete unterscheidet man drei Problemkreise A, B, C und spricht demnach auch von der (ABC)-Problematik. Zu ihrer Erklärung bedienen wir uns des Schachspiels.

1.1 Das Axiomensystem Σ

Wollen wir Schach spielen so brauchen wir Spielregeln. Welche Funktion hat der „Springer"? Wie bewegt sich die „Dame"? (Die Dame hat mehr Bewegungsmöglichkeiten als der König, aber er bestimmt den Spielausgang!) Was bedeutet „Schach dem König"? Wann ist eine Partie gewonnen?

Mathematiker sprechen nicht von Spielregeln, sondern von Axiomen. Die Menge aller Axiome für ein bestimmtes Gebiet nennt man das zugehörige Axiomensystem Σ.

Unter dem Problemkreis A versteht man die Entwicklung solcher Systeme.

1.2 Die Theorie Th (Σ)

Kennen wir alle Spielregeln, so können wir blind spielen, also ohne Verwendung von Figuren. Wir ziehen dann einfach logische Konsequenzen aus Σ. Werfen wir einen Blick in eine Schachzeitung, so überrascht die Abstraktion des Spiels. Da gibt es zum Beispiel ganz raffinierte Spieleröffnungen (Evans-Gambit, russische Partie, ...) und ausgeklügelte Endspiele (Kampf der Dame gegen den König – ohne weitere Figuren oder Turm gegen König, ...). Die Menge aller logischen Folgerungen aus Σ bezeichnet man als die Theorie von Σ, kurz Th (Σ). Der Problemkreis B beinhaltet die Ausarbeitung dieser Theorie.

1.3 Modelle Mod (Σ)

Im Normalfall spielt man beim Schach nicht blind. Man bedient sich vielmehr realer, greifbarer Schachfiguren. Sie werden auf einem Brett mit 64 Feldern bewegt. Wir haben es mit einem Modell von Σ zu tun. Wir schreiben kurz Mod (Σ). Dabei ist es ohne Bedeutung wie die Figuren aussehen. So muss etwa der „Springer" nicht unbedingt ein Pferdekopf sein. Es spielt auch keine Rolle aus welchem Material die Figuren sind: Holz, Elfenbein, Bernstein, ... Es geht letztlich nur darum ein formales System, bestehend aus Σ, Th (Σ), zu interpretieren, zu veranschaulichen. Im Problemkreis C werden solche Modelle konstruiert. (S. Zweig, Die Schachnovelle. Da wird zunächst mit Figuren aus Brotteig, dann aber blind gespielt. Beeindruckende Lektüre!)

1.4 Zwei Arten von Axiomensystemen

Für die Entstehung von Axiomensystemen gibt es zwei Möglichkeiten.

1.4.1 Heteronome Axiomensysteme

$C \to A \to B$ Mod (Σ) $\to$ Σ $\to$ Th (Σ)

Aus der „Realität" C wird Schritt für Schritt ein Axiomensystem herauspräpariert. Wir sezieren, wir legen das Skelett frei.

Ein typisches Beispiel dafür ist die Entwicklung physikalischer Theorien, etwa der Mechanik. Aus einer Fülle von Erfahrungssätzen wird ein Axiomensystem gewonnen, es kristallisiert sich heraus. Auch die euklidische Geometrie gehört hierher. Die ersten geometrischen Aussagen waren empirischer, physikalischer Natur. Wir sprechen von heteronomen Systemen.

1.4.2 Autonome Axiomensysteme

$A \to B \to C$ Σ $\to$ Th (Σ) $\to$ Mod (Σ)

Jetzt wird der Mathematiker zum kreativen Schöpfer. Er erfindet willkürlich irgendwelche Axiomensysteme und kommt so zu völlig neuen Spielen, zu neuen Theorien. Damit macht er sich selber zum „lieben Gott". Axiomensysteme, die so entstehen, heißen autonom.

In II,2.1 sind uns bereits zwei Beispiele begegnet, die Gruppe und der Körper. Hierher gehören auch „Ringe" und „Verbände". Verzichtet man auf einige Axiome des Axiomensystems der klassischen Geometrie, so entstehen Rumpfgeometrien. Auch diese Systeme kann man als autonom bezeichnen.

Bei dieser Zweiteilung handelt es sich um Idealisierungen. Im Einzelnen ist die Frage nach der Entstehung eines Axiomensystems nur sehr schwer zu beantworten.

1.5 Grenzen der Willkür

1.5.1 Kein Axiom zu viel

Die Axiome sollen voneinander unabhängig sein. Es soll also nicht eines aus den anderen durch logische Schlüsse gefolgert werden können. Wir haben darauf zu achten, dass kein Axiom zuviel ist. Diese Bedingung ist nicht unbedingt erforderlich – anders als die folgende.

1.5.2 Kein Axiom zu wenig

Wir verlangen von unserem Axiomensystem Vollständigkeit. Alle Aussagen des zu axiomatisierenden Bereiches – man spricht auch von „einschlägigen" Aussagen – müssen entscheidbar sein. Was meint man mit „entscheidbar"? Entweder die betreffende Aussage folgt aus dem Axiomensystem Σ oder aber man kann mit den Axiomen beweisen, dass diese Aussage bestimmt nicht gelten kann.

Dies bedeutet, dass kein Axiom zu wenig sein darf. Vergleichen wir nochmals mit dem Schachspiel, so heißt dies, dass jede Spielsituation mit den geltenden Spielregeln zu klären sein muss – in der einen oder in der anderen Richtung. Es darf auch beim Schach keine Spielregel fehlen.

1.5.3 Widerspruchsfreiheit

(a) Was ist das?
Wir erläutern auch die Widerspruchsfreiheit am Beispiel des Schachspiels.
Der Schachspieler X behauptet auf Grund der gültigen Spielregeln, er habe die Partie gewonnen. Sein Gegenspieler Y kommt mit anderen, jedoch auch gültigen Regeln zu der Auffassung er sei der Gewinner. Das aber wäre ein Widerspruch und so etwas darf nicht vorkommen. Der Fall, dass aus den Spielregeln, den Axiomen, eine Aussage und gleichzeitig deren Verneinung folgt, muss ausgeschlossen werden, denn er bedeutet einen Widerspruch.
(b) Semantische Widerspruchsfreiheit
Wie lässt sich nachweisen, dass ein Axiomensystem Σ nie auf solche Widersprüche führt, dass es also widerspruchsfrei ist? Wir machen uns in diesem Buch die Sache leicht und begnügen uns mit einer recht primitiven Antwort. Für uns soll nämlich ein Axiomensystem bereits als widerspruchsfrei gelten, wenn es realisierbar ist, wenn es Modelle Mod (Σ) gibt. Wir sprechen von der Modellmethode oder von semantischer Widerspruchsfreiheit. Von die

sem Standpunkt aus betrachtet werden heteronome Axiomensysteme immer widerspruchsfrei sein. Die semantische Widerspruchsfreiheit ist nach Meinung einiger Mathematiker sehr
problematisch. Setzt sie doch voraus, dass die zur Interpretation im Modell benützten Objekte auch wirklich existieren. Eine solche Existenz muss jedoch nach Meinung der Kritiker
„geglaubt" werden. Der Glaube aber gilt nicht als mathematisches Beweismittel.

(c) Syntaktische Widerspruchsfreiheit

Man versuchte, die Widerspruchsfreiheit eines Axiomensystems Σ durch rein logische Schlüsse
aus Σ alleine zu folgern. Mit Mitteln des Systems sollte gezeigt werden, dass aus Σ nicht
eine Aussage und gleichzeitig deren Verneinung ableitbar ist. Man wollte sich sozusagen am
eigenen Zopf aus dem Sumpf ziehen. Eine so gewonnene Widerspruchsfreiheit heißt syntaktisch.

1.6 Große Ziele und ihr Ende

1.6.1 Der Formalismus

Alle Bereiche der Mathematik sollten ganz im Sinne unserer (ABC)-Problematik vollständig
und syntaktisch widerspruchsfrei erfasst werden. Jede einschlägige Aussage müsste in einem
solchen System entscheidbar sein. Zur Erreichung dieses Zieles wurde eine „Formalsprache"
entwickelt. Axiomensysteme sollten mit ihr „formalisiert" werden. Eine neue Denkweise, der
„Formalismus" war geboren.

Kurt Gödel (1906–1978)

Ein zweites Ziel der „Formalisten" – neben der genannten totalen Axiomatisierung – bestand in der Auffindung von Beweisen der syntaktischen Widerspruchsfreiheit . Vor allem die der Arithmetik und der euklidischen Geometrie.

1.6.2 Die Sätze von Gödel

Der österreichische Mathematiker Kurt Gödel (1906–1978) hat zwei revolutionäre Satze bewiesen. Sie gehören zu den bedeutendsten mathematischen Ergebnissen des 20. Jahrhunderts und führen uns an die Grenze der mathematischen Erkenntnis.
Ein „hinreichend ausdrucksstarkes" (etwa die Arithmetik oder die euklidische Geometrie) und syntaktisch widerspruchsfreies Axiomensystem Σ sei gegeben.

Erster Gödelscher Satz:
Dann ist Σ unvollständig.

Es existieren also Aussagen die in Σ nicht entscheidbar sind. Nimmt man eine solche Aussage als neues Axiom dazu, so entsteht zwar ein reicheres Axiomensystem, aber auch in ihm gibt es einschlägige nicht entscheidbare Aussagen. Dieses Verfahren kann ad infinitum fortgesetzt werden. Es gibt also mathematische Bereiche, die nicht vollständig axiomatisierbar sind.
Damit ist das erste große Ziel der Formalisten, die totale Axiomatisierung nicht erreichbar.

Zweiter Gödelscher Satz:
Dann kann diese syntaktische Widerspruchsfreiheit nicht durch einen Beweis gezeigt werden, der lediglich mit den Axiomen aus Σ arbeitet.

Es sind vielmehr Überlegungen erforderlich die den Rahmen von Σ überschreiten.
Die syntaktische Widerspruchsfreiheit stellt also eine in Σ nicht entscheidbare Aussage dar.
Die Beweise der zwei Sätze sind extrem schwierig. Wir belassen es bei diesen skizzenhaften Andeutungen und verweisen auf das Büchlein E. Nagel / J. R. Newman, Der Gödelsche Beweis (1958).

1.6.3 Das bittere Ende

Mit den Gödelschen Sätzen war das Ende des Formalismus gekommen. Ein Mathematiker schrieb vom „zerfetzten Banner des Formalismus".
Ob die Arithmetik und die euklidische Geometrie im oben genannten Sinn syntaktisch widerspruchsfrei sind oder nicht – wir werden es nie wissen. Die Mathematiker bleiben trotzdem fröhlich bei ihrer Hoffnung, dass sich auch in der Zukunft keine Widersprüche zeigen werden

Bemerkung:
Wir verzichten hier bewusst auf intuitionistisch-konstruktive Auffassungen.

1.7 David Hilbert (1862–1943) – eine Legende

Neben Euklid und N. I. Lobatschefskii (Vater der nichteuklidischen Geometrie) muss man D. Hilbert als den Begründer der axiomatischen Geometrie betrachten. Sein revolutionäres Buch „Grundlagen der Geometrie" ist inzwischen in vielen Neuauflagen und in etlichen Sprachen immer wieder publiziert worden. Es wurde zum Bestseller.

David Hilbert (1862–1943)

Über D. Hilbert ist schon sehr viel geredet und noch mehr geschrieben worden. Die objektivste und umfassendste Darstellung findet sich in dem Buch „C. Reid, Hilbert (1970)". Eigentlich kann man dieser Schrift nichts hinzufügen. Trotzdem möchten wir hier einige Dinge anführen die uns besonders wichtig erscheinen.

Eine entscheidende Idee in dem genannten Buch besagt, dass die Elemente der Geometrie, also Punkte, Geraden und Ebenen zunächst keinerlei Bedeutung haben. Hilbert meinte, man könne statt dessen auch von „Liebe, Gesetz und Schornsteinfeger" oder fast noch krasser von „Tisch, Stuhl und Bierseidel" reden. Seine markanten Formulierungen sind beachtlich.

Hilbert war eine in der Mathematik sehr bestimmende Persönlichkeit und hoch geehrt in aller Welt. Seine Leistungen in den verschiedensten Gebieten waren überwältigend. Ein extrem produktiver Forscher! Man denke nur: 69 Doktorarbeiten wurden unter seiner Obhut geschrieben. Über Hilbert gibt es sehr viele Anektoden. Eine sei hier skizziert.

„... Er zog es vor, im Freien zu arbeiten. Das Fahrrad war immer in der Nähe. Er arbeitete an einer großen Tafel, die an der Trennmauer zu seinem Nachbarn hing. Oft hörte er plötzlich auf, sprang auf sein Fahrrad und drehte einige Runden um die Rosenbeete..."

Diese Geschichte zeigt, dass er in der Lage war zwischen intensivster Konzentration und totaler Entspannung sehr rasch zu wechseln. Wir sollten daraus lernen!

Im Zusammenhang mit jüdischen Mathematikern gefällt uns seine Äußerung „Mathematik kennt keine Rassen. Für die Mathematik ist die gesamte kulturelle Welt ein einziges Land". Nicht minder schätzen wir aber auch seinen Optimismus. Zu seinen Lebzeiten herrschte ein erkenntnistheoretischer Pessimismus: „Wir wissen nicht, wir werden nicht wissen". (Ignoramus, Ignorabimus). Dem setzte Hilbert entgegen: Wir müssen wissen, wir werden wissen.

Gegen Ende seines Lebens wurde es um ihn sehr einsam. Nur ein knappes Dutzend Personen geleitete Hilbert zur letzten Ruhe, darunter seine fast erblindete Frau. Erschütternd und beschämend!

Abschließend zitieren wir eine für sich sprechende Würdigung durch N. Wiener: „Hilbert war ein ruhiger, bäuerlicher Ostpreuße, seiner Stärke bewusst und dabei von echter Bescheidenheit. Er hatte sich nacheinander mit den schwierigsten Problemen auf jedem Gebiet der modernen Mathematik befasst und auf jedem Gebiet einen großen Erfolg erzielt. In ihm verkörperte sich die große Tradition der Mathematik zu Anfang unseres Jahrhunderts. Für mich als jungen Menschen wurde Hilbert der Mathematiker jener Art, wie sie mir selber vorschwebte, ein Mann in dem sich ungeheurere Denkkraft mit einem nüchternen Sinn für physikalische Wirklichkeit paarte."

Vor Beginn weiterer Untersuchungen sei noch ein besonders schönes Zitat von Henri Poincaré (1845–1912) erwähnt: „Man muss die Axiome einer Maschine anvertrauen können, um dann die ganze Theorie herausrollen zu sehen".

2. Aus der klassischen Schulgeometrie

Zur Vorbereitung unserer axiomatischen Untersuchungen behandeln wir zwei fossile Sätze aus der klassischen euklidischen Geometrie.

2.1 Der Satz von Desargues

Gérard Desargues (1593–1662), französischer Mathematiker und Architekt.

In der euklidischen Ebene seien drei, sich in einem Punkt S schneidende Geraden a, b, c gegeben. Weiter gelte $A, A' \in a$, $B, B' \in b$, $C, C' \in c$. Dann folgt aus $AB \parallel A'B'$ und $BC \parallel B'C'$ weiter $AC \parallel A'C'$ (Abb. III,1).

Man spricht auch vom großen Satz (D) des Desargues.

Sind die drei Geraden a, b, c paarweise parallel, so ergeben sich die gleichen Folgerungen. Diese Konfiguration wird dann als der kleine Satz (d) des Desargues bezeichnet.

Beweis:
Abb. III,2 veranschaulicht zwei wohlbekannte Sätze aus der Schulgeometrie.

Der Strahlensatz.

$AB \parallel A'B' \Leftrightarrow \frac{\overline{SA}}{\overline{SA'}} = \frac{\overline{SB}}{\overline{SB'}}$

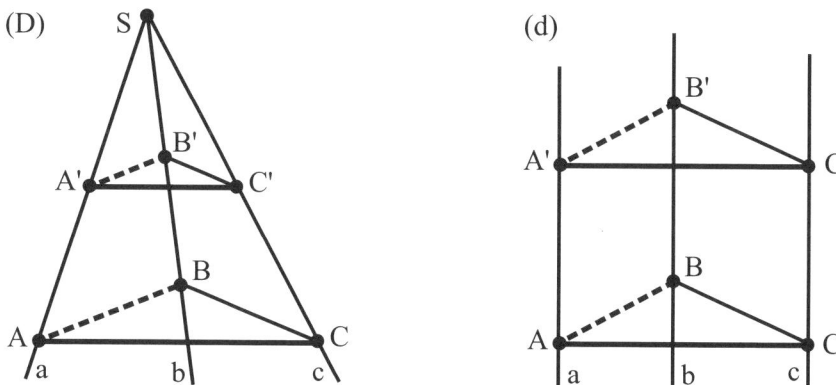

Abb. III,1: Der Satz von Desargues

Parallelogrammsatz.

$\left.\begin{array}{l} (ABB'A') \text{ Parallelogramm} \\ AB \parallel A'B' \text{ und } AA' \parallel BB' \end{array}\right\} \Rightarrow \overline{AB} = \overline{A'B'} \text{ und } \overline{AA'} = \overline{BB'}.$

Variante des Parallelogrammsatzes:

$AA' \parallel BB' \text{ und } \overline{AA'} = \overline{BB'} \Rightarrow AB \parallel A'B' \text{ und } \overline{AB} = \overline{A'B'}.$

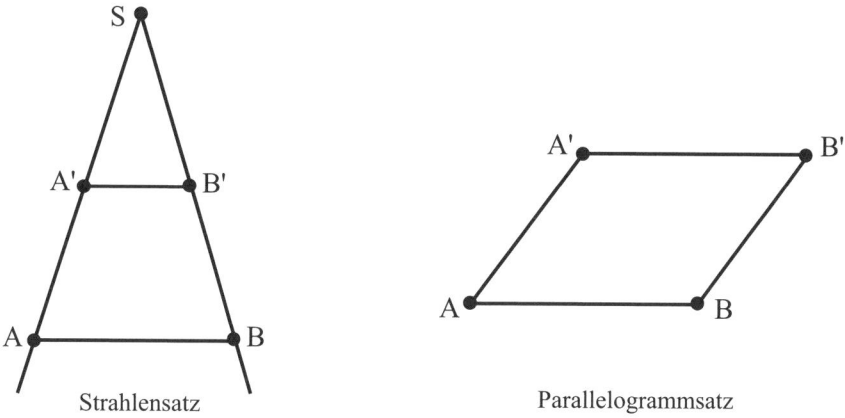

Strahlensatz   Parallelogrammsatz

Abb. III,2: Zwei Hilfssätze

Jetzt erst wenden wir uns dem Beweis des Satzes von Desargues zu.

Satz (D)

Mit Strahlensatz ergibt sich

$$AB \parallel A'B' \Rightarrow \frac{\overline{SA}}{\overline{SA'}} = \frac{\overline{SB}}{\overline{SB'}}$$
$$BC \parallel B'C' \Rightarrow \frac{\overline{SB}}{\overline{SB'}} = \frac{\overline{SC}}{\overline{SC'}}$$
$$\left. \right\} \Rightarrow \frac{\overline{SA}}{\overline{SA'}} = \frac{\overline{SC}}{\overline{SC'}} \Rightarrow AC \parallel A'C'$$

Satz (d)

Mit Parallelogrammsatz und Variante ergibt sich

$AB \parallel A'B'$ und $AA' \parallel BB' \Rightarrow \overline{AA'} = \overline{BB'}$ und $\overline{AB} = \overline{A'B'}$

$BC \parallel B'C'$ und $BB' \parallel CC' \Rightarrow \overline{BB'} = \overline{CC'}$ und $\overline{BC} = \overline{B'C'}$

$\Rightarrow \overline{AA'} = \overline{CC'}$ und $AA' \parallel CC' \Rightarrow AC \parallel A'C'$ und $\overline{AC} = \overline{A'C'}$.

2.2 Der Satz von Pappus

Pappus (oder Pappos) lebte um 300 n. Chr. in Alexandrien.

In der euklidischen Ebene seien zwei sich im Punkt S schneidende Geraden p, q gegeben. Weiter gelte $P_1, P_2, P_3 \in p, Q_1, Q_2, Q_3 \in q$. Dann folgt aus $P_1Q_2 \parallel P_2Q_3$ und $P_2Q_1 \parallel P_3Q_2$ weiter $P_1Q_1 \parallel P_3Q_3$ (Abb. III,3).

Man spricht auch vom großen Satz (P) des Pappus.

Sind die zwei Geraden p, q parallel, so ergeben sich die gleichen Folgerungen.
Diese Konfiguration heisst kleiner Satz (p) von Pappus.

Die Sätze von Desargues und Pappus werden auch als Schließungssätze bezeichnet.

Beweis:
Satz (P)
Mit dem Strahlensatz ergibt sich

$$P_1Q_2 \parallel P_2Q_3 \Rightarrow \frac{\overline{SP_1}}{\overline{SP_2}} = \frac{\overline{SQ_2}}{\overline{SQ_3}}$$

$$P_2Q_1 \parallel P_3Q_2 \Rightarrow \frac{\overline{SP_2}}{\overline{SP_3}} = \frac{\overline{SQ_1}}{\overline{SQ_2}}.$$

Jetzt bilden wir das Produkt $\frac{\overline{SP_1}}{\overline{SP_2}}\frac{\overline{SP_2}}{\overline{SP_3}} = \frac{\overline{SQ_2}}{\overline{SQ_3}}\frac{\overline{SQ_1}}{\overline{SQ_2}}$ und erhalten $\frac{\overline{SP_1}}{\overline{SP_3}} = \frac{\overline{SQ_1}}{\overline{SQ_3}}$.
Daraus folgt $P_1Q_1 \parallel P_3Q_3$.
Satz (p)

Mit dem Parallelogrammsatz ergibt sich

$P_1Q_2 \parallel P_2Q_3$ und $p \parallel q \Rightarrow \overline{P_1P_2} = \overline{Q_2Q_3}$

$P_2Q_1 \parallel P_3Q_2$ und $p \parallel q \Rightarrow \overline{P_2P_3} = \overline{Q_1Q_2}$.

Jetzt bilden wir die Summe $\overline{P_1P_2} + \overline{P_2P_3} = \overline{Q_1Q_2} + \overline{Q_2Q_3}$ und erhalten $\overline{P_1P_3} = \overline{Q_1Q_3}$.

Mit $p \parallel q$ folgt daraus $Q_1P_1 \parallel Q_3P_3$.

2.3 Zusammenhänge

Zwischen den Schließungssätzen (D), (d), (P), (p) bestehen merkwürdige Zusammenhänge. Die Gültigkeit einzelner dieser Sätze folgt aus der anderer Sätze. Ohne Beweis geben wir hier diese Verbindungen an.

(P) $\underset{\not\Leftarrow}{\Rightarrow}$ (D)

$\Downarrow\not\Uparrow$ $\not\Uparrow\Downarrow$

(p) $\underset{\Leftarrow}{\overset{?}{\Rightarrow}}$ (d)

Man sieht zum Beispiel, dass mit (P) alle anderen Sätze gelten. Es ist nicht bekannt, ob aus (p) der Satz (d) folgt oder nicht. Wir haben es mit einem ungelösten Problem zu tun.

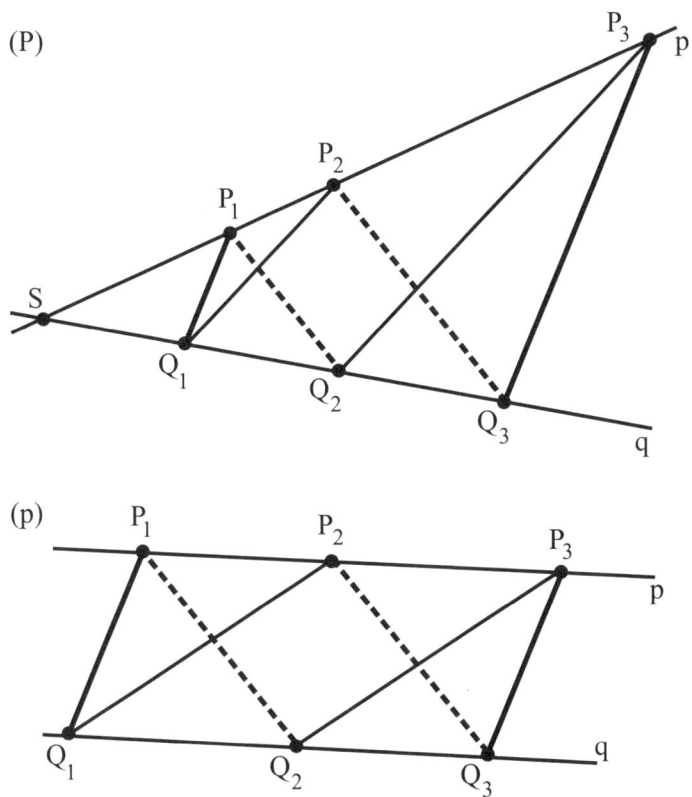

Abb. III,3: Der Satz von Pappus

3. Das Axiomensystem der affinen Ebene

3.1 Einige Grundbegriffe

Sei $\mathbb{P} = \{P, Q, R, \ldots\}$ eine Menge und $\mathbb{L} = \{f, g, h, \ldots\}$ eine Menge von Teilmengen aus $\mathbb{P}$.

Dann nennen wir die Elemente aus $\mathbb{P}$ Punkte und die aus $\mathbb{L}$ Geraden. Statt „$P \in g$" sagen wir auch: „P liegt auf g",„g geht durch P" oder „P inzidiert mit g".

Auf $\mathbb{L}$ definieren wir eine Relation „$\|$", die Parallelität. $g \parallel h$ dann und nur dann, wenn entweder $g = h$ oder $g \cap h = \emptyset$. Beachten Sie, dass wir es mit sinn- und bedeutungsfreien Elementen zu tun haben.

3.2 Die Axiome $\Sigma_A = \{A_1, A_2, A_3\}$

A_1 *Einzigkeitsaxiom*
Zu zwei verschiedenen Punkten $P, Q \in \mathbb{P}$ gibt es genau eine Gerade die mit ihnen inzidiert. Wir sprechen von der Verbindungsgeraden der Punkte P und Q und bezeichnen sie mit $g(P, Q)$ oder kurz mit PQ.

Kürzel zum Einprägen:

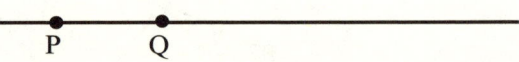

A_2 *Das Parallelenaxiom*
Durch einen Punkt P nicht auf der Geraden g gibt es genau eine Gerade h parallel zu g.

Kürzel:

A_3 *Reichhaltigkeitsaxiom (Armseligkeitsaxiom)*
Es gibt mindestens drei verschiedene Punkte $P, Q, R \in \mathbb{P}$ die nicht auf einer Geraden liegen.

Kürzel:

3.3 Definition

Das Paar $\{\mathbb{P}, \mathbb{L}\}$ heißt affine Ebene, wenn die Axiome des Systems $\Sigma_A = \{A_1, A_2, A_3\}$ erfüllt sind.

3.4 Unabhängigkeit

Die Axiome A_1, A_2, A_3, sind von einander unabhängig (1.5.1).

Wir beweisen dies durch Aufzeigen von Modellen in denen jeweils zwei Axiome gelten, nicht aber das dritte. Also kann letzteres nicht aus den beiden vorhergehenden folgen, es ist von ihnen unabhängig. Manchmal spricht man auch von Ausfallsmodellen (ein Axiom fällt aus). Wir verweisen auf Abb. III,4 – weiterer Text erübrigt sich.

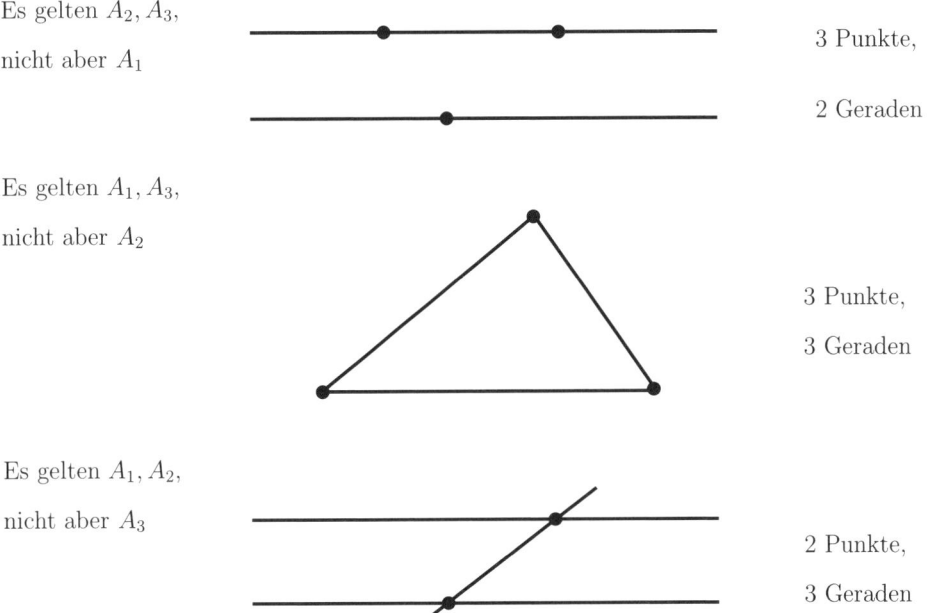

Es gelten A_2, A_3,
nicht aber A_1

3 Punkte,

2 Geraden

Es gelten A_1, A_3,
nicht aber A_2

3 Punkte,

3 Geraden

Es gelten A_1, A_2,
nicht aber A_3

2 Punkte,

3 Geraden

Abb. III,4: Unabhängigkeit der Axiome A_1, A_2, A_3

3.5 Verschiedene Modelle Mod (Σ_A)

Jetzt stellen wir verschiedene Modelle der affinen Ebene vor. Damit ist dann die semantische Widerspruchsfreiheit von Σ_A nach 1.5.3(b) gezeigt.

3.5.1 Die vertraute Schulgeometrie

In der euklidischen Ebene mit all ihren Punkten und Geraden sind natürlich die drei Axiome erfüllt. Dies war zu erwarten, denn letztlich wurden unsere Axiome ja aus der euklidischen Ebene herauspräpariert. Bei all dem nehmen wir aber den Punkt ∞ heraus.
Die euklidische Ebene mit der zugehörigen Theorie beinhaltet wesentlich mehr als Th (Σ_A).

Die affine Ebene stellt lediglich eine Rumpfgeometrie (rudimentäre Geometrie) dar. Man spricht von einer Inzidenzgeometrie – da es ja nur um Inzidenz geht.

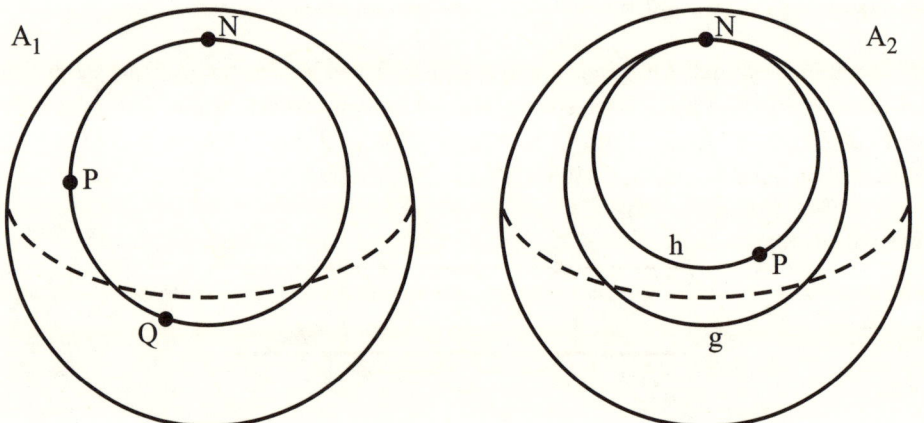

Abb. III,5: Kugelschalenmodell der affinen Ebene

Es gibt viele, zu diesem naiven klassischen Modell isomorphe Modelle. Wir werden eines skizzieren. Zu diesem Zweck wird „umetikettiert". Dies bedeutet, dass klassische Elemente neue Namensschilder erhalten.

Aus einer Kugelschale werde der Nordpol N herausgenommen. Die Menge aller Punkte dieser „punktierten" Kugelschale bildet die Menge $\mathbb{P}$ der neuen Punkte. Unter der Menge $\mathbb{L}$ aller neuen Geraden verstehen wir alle Kreise auf der Schale die durch N gehen.

Wir haben es mit einem Modell von Σ_A, mit einer affinen Ebene zu tun. Die Gültigkeit der drei Axiome lässt sich an Hand der Abb. III,5 leicht nachvollziehen.

Zentralprojektion der Kugelschale von N aus auf die Tangentialebene im Südpol der Kugel zeigt auf eindrucksvolle Weise die Isomorphie des Kugelmodells mit dem klassischen Modell. Bei diesem Abbildungsvorgang handelt es sich um die stereographische Projektion (siehe Aufgabe I,13.5).

3.5.2 Endliche Modelle

In dem vorliegenden Buch wird immer wieder der finite Standpunkt hervorgehoben – so soll es auch bei unseren Modellen sein.

(a) Wir bedienen uns der Abb. III,6

$\mathbb{P} = \{1, 2, 3, 4, 5, 6, 7, 8, 9\}$

$\mathbb{L} = \{(123), (456), (789), (147), (258), (369), (159), (726), (483), (357), (168), (429)\}$

Es ist sofort zu sehen, dass für unsere 9 Punkte und 12 Geraden die drei Axiome erfüllt sind.

Beispiel:

$g = (123), 4 \notin g$. Es gibt genau eine Parallele $h = (456)$ zu g durch 4.

Jede Gerade enthält drei Punkte. Man spricht deshalb auch von einer affinen Ebene der Ordnung 3 und schreibt AG(3).

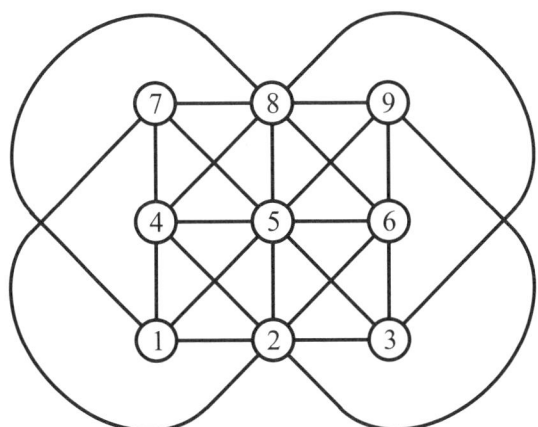

Abb. III,6: affine Ebene AG(3)

(b) Die Abb. III,7 zeigt die minimale affine Ebene AG(2) mit
$\mathbb{P} = \{1, 2, 3, 4\}$, $\mathbb{L} = \{(12), (14), (13), (24), (23), (34)\}$

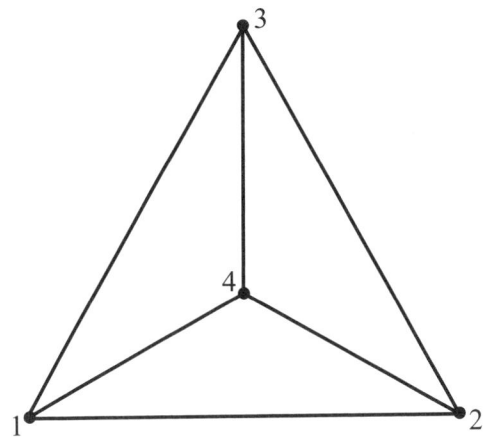

Abb. III,7: affine Ebene AG(2)

(c) Besondere Probleme zu endlichen affinen Ebenen AG(q)

Erstes Problem
Gibt es für alle Ordnungen $q \in \mathbb{N} \setminus \{1\}$ affine Ebenen AG(q)?
Dabei bedeutet q wieder die Zahl der Punkte auf jeder Geraden.

Was man weiß:

Positivaussage

Ebenen AG(q) existieren, wenn $q = p^e$ wobei p prim und $e \in \mathbb{N}$.

Negativaussage

Es gibt keine Ebenen AG(q) wenn $q - 1$ oder $q - 2$ durch 4 teilbar und q nicht als Summe zweier Quadrate darstellbar ist (Satz von Bruck-Ryser 1949).

Trotz dieser zwei Sätze bleiben unentschiedene Ordnungen übrig.

Beispiel: $q = 10$

Es handelt sich nicht um eine Primzahlpotenz.

$q - 2 = 8$ ist teilbar durch 4, aber $q = 1^2 + 3^2$ Summe zweier Quadrate. Keiner der beiden Sätze bringt eine Entscheidung.

q	2	3	4	5	6	7	8	9	10	11	12	13	14	15	16	17	18	19	20	21	22	23	24	...
	j	j	j	j	n	j	j	j	?	j	?	j	n	?	j	j	?	j	?	n	n	j	?	...

Dabei bedeutet

j: AG(q) existiert, n: AG(q) existiert nicht, ?: unentschieden.

Vermutung:

Jede endliche affine Ebene AG(q) hat Primzahlpotentordnung $q = p^e$.

Zweites Problem

Wieviele nicht-isomorphe affine Ebenen AG(q) existieren bei gegebener Ordnung $q = p^e$?

Was weiß man:

Für $q = 2, 3, 4, 5, 7, 8$ gibt es genau eine, aber im Falle $q = 9$ mindestens vier nicht-isomorphe AG(q). Im Falle $q = p^e > 9, e \neq 1$ existieren mindestens zwei nicht-isomorphe AG(q).

Vermutung:

Im Falle $q = p$, also für $e = 1$ gibt es stets genau eine affine Ebene AG(q).

3.5.3 Analytisches Modell über $\mathbb{R}$

(a) Definition

Wir knüpfen direkt an Kapitel II,1 an.

Dort hatten wir definiert:

Punkte sind die Paare (x_1, x_2) mit $x_1, x_2 \in \mathbb{R}$

und Geraden die Punktmengen $\{(x_1, x_2) \in \mathbb{R}^2 \mid g_1 x_1 + g_2 x_2 + d = 0\}$ oder einfach jedes Tripel (g_1, g_2, d) mit $g_1, g_2, d \in \mathbb{R}$, $(g_1, g_2) \neq (0, 0)$ sowie Äquivalenz der Tripel.

Wir übernehmen diese Definition, lassen aber den ominösen Punkt ∞ wieder weg.

Wir sprechen von der Koordinatenebene über $\mathbb{R}$.

(b) Satz
Die Koordinatenebene über $\mathbb{R}$ *ist ein Modell unserer affinen Ebene.*

Beweis:
Wir müssen beweisen, dass die drei Axiome erfüllt sind.
Axiom A_1
$P(p_1, p_2), Q(q_1, q_2), P \neq Q$.
Es ist zu zeigen, dass genau eine Gerade $g : g_1x_1 + g_2x_2 + d = 0$ mit $P \in g, Q \in g$ existiert.
$$P \in g \qquad g_1p_1 + g_2p_2 + d = 0$$
$$Q \in g \qquad g_1q_1 + g_2q_2 + d = 0$$
Wegen $(g_1, g_2) \neq (0, 0)$ können wir ohne Beschränkung der Allgemeinheit $g_1 \neq 0$ wählen und im Hinblick auf die Äquivalenz von Tripeln sogar $g_1 = 1$. Dann erhalten wir
$$p_1 + g_2p_2 + d = 0$$
$$q_1 + g_2q_2 + d = 0.$$
Dieses Gleichungssystem besitzt genau dann eine Lösung g_2 und d, wenn
$$\begin{vmatrix} p_2 & 1 \\ q_2 & 1 \end{vmatrix} = p_2 - q_2 \neq 0.$$
Sollte gelten $p_2 - q_2 = 0$, so starten wir mit $g_2 = 1$. Damit ist die Existenz genau einer Geraden g mit den gewünschten Eigenschaften nachgewiesen.
Axiom A_2
$g : g_1x_1 + g_2x_2 + d = 0$, $P(p_1, p_2) \notin g$.
Es ist zu zeigen, dass genau eine Gerade $h : h_1x_1 + h_2x_2 + f = 0$ mit $P \in h$ und $g \parallel h$ existiert.
Die Geraden g, h sind genau dann parallel (zusammenfallend oder ohne gemeinsamen Punkt),
wenn gilt $\begin{vmatrix} h_1 & h_2 \\ g_1 & g_2 \end{vmatrix} = h_1g_2 - h_2g_1 = 0$. Damit haben wir zwei Gleichungen

$$g \parallel h \qquad h_1g_2 - h_2g_1 + 0 \cdot f = 0$$
$$P \in h \qquad h_1p_1 + h_2p_2 + 1 \cdot f = 0$$
Ohne Beschränkung der Allgemeinheit wählen wir wieder $h_1 = 1$. Das sich dann ergebende
Gleichungssystem besitzt genau ein Lösung h_2 und f wenn $\begin{vmatrix} -g_1 & 0 \\ p_2 & 1 \end{vmatrix} = -g_1 \neq 0$.
Sollte gelten $g_1 = 0$, so starten wir mit $h_2 = 1$.
Axiom A_3
$P(0, 0), Q(1, 0), R(0, 1)$.
Wir zeigen, dass diese drei Punkte nicht auf einer Geraden $g : g_1x_1 + g_2x_2 + d = 0$ liegen.
Nehmen wir an, sie täten dies doch.

$$P \in g \qquad d = 0$$
$$Q \in g \qquad g_1 + d = 0 \Rightarrow g_1 = 0$$
$$R \in g \qquad g_2 + d = 0 \Rightarrow g_2 = 0$$

Damit erhalten wir einen Widerspruch zu $(g_1, g_2) \neq (0, 0)$.

3.5.4 Algebraisches Modell über dem Körper K

(a) Grundsätzliches

In II,2 wurde durch quadratische Erweiterung des Körpers $\mathbb{R}$ der Körper $\mathbb{C}$ gewonnen und dann über $(\mathbb{R}, \mathbb{C})$ eine Geometrie entwickelt.

Abschnitt II,3 brachte eine Verallgemeinerung. Ein beliebiger Körper K wurde quadratisch zum Körper L erweitert. Über (K, L) entstand dann – in völliger Analogie zu II,2 – wieder eine Geometrie.

Jetzt verallgemeinern wir auf die gleiche Weise das Modell über $\mathbb{R}$ zu einem Modell über einem beliebigen Körper K. Wir sprechen dann von der Koordinatenebene über K.

Zwar gilt unsere Darstellung für jeden beliebigen Körper. Hier aber betonen wir den finiten Standpunkt und starten mit $K = \mathrm{GF}(q)$ mit $q = p^e$, p prim und $e \in \mathbb{N}$.

(b) Satz
Die Koordinatenebene über K ist ein Modell unserer affinen Ebene.

Beweis:
Wir übernehmen wörtlich den Text aus 3.5.3 und ersetzen dort einfach $\mathbb{R}$ durch K.
Für die Anzahl aller Punkte ergibt sich dann q^2. Und die Geradenanzahl? In $g_1 x_1 + g_2 x_2 + d = 0$ haben wir für (g_1, g_2) nur $q^2 - 1$ Möglichkeiten. Nehmen wir d dazu, so sind es $(q^2 - 1)q$. Beachtet man auch noch die Äquivalenz von Tripeln, so bleibt
$(q^2 - 1)q : (q - 1) = q(q + 1)$.
Die Gerade $x_1 = 0$ enthält genau q Punkte. In 4.9 wird gezeigt, dass dann auf jeder Geraden gleichviel Punkte liegen. Unsere Modellebene hat also nach 3.5.2 die Ordnung q.
Damit haben wir eine affine Ebene $\mathrm{AG}(q)$ der Ordnung $q = p^e$ konstruiert (3.5.2, Positivaussage in (c)).

Bemerkungen:
1. Beachten Sie:
Die Zahl q der Punkte auf einer Geraden ist gleich der Zahl der Elemente des Körpers K.
2. Statt von einem Modell der affinen Ebene sprechen wir manchmal direkt von einer affinen Ebene – verzichten also auf das Wort Modell.

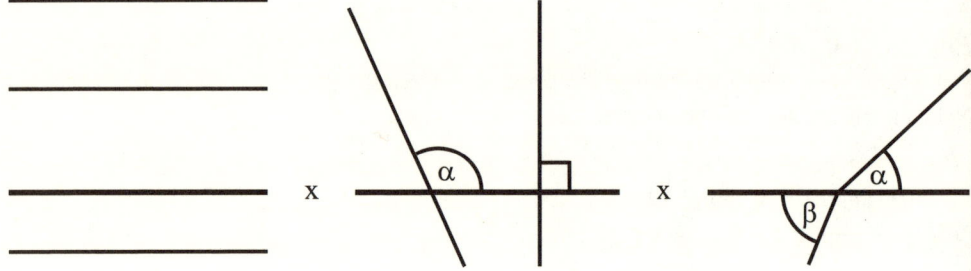

Abb. III,8: Geradenklassen bei Moulton

(c) Ein Beispiel $K = GF(3)$

Punkte   (00), (01), (02), (10), (11), (12), (20), (21), (22)

               1   2   3   4   5   6   7   8   9

Geraden   Gleichungen der Geraden und jeweils inzidierende Punkte:

Die brauchbaren Tripel (g_1, g_2, d):

			Tripel	Gleichung	Punkte
~~(000)~~	(100)	~~(200)~~	(010)	$x_2 = 0$	1, 4, 7
~~(001)~~	(101)	~~(201)~~	(011)	$x_2 + 1 = 0$	3, 6, 9
~~(002)~~	(102)	~~(202)~~	(012)	$x_2 + 2 = 0$	2, 5, 8
(010)	(110)	~~(210)~~	(100)	$x_1 = 0$	1, 2, 3
(011)	(111)	~~(211)~~	(101)	$x_1 + 1 = 0$	7, 8, 9
(012)	(112)	~~(212)~~	(102)	$x_1 + 2 = 0$	4, 5, 6
~~(020)~~	(120)	~~(220)~~	(110)	$x_1 + x_2 = 0$	1, 6, 8
~~(021)~~	(121)	~~(221)~~	(111)	$x_1 + x_2 + 1 = 0$	3, 5, 7
~~(022)~~	(122)	~~(222)~~	(112)	$x_1 + x_2 + 2 = 0$	2, 4, 9
			(120)	$x_1 + 2x_2 = 0$	1, 5, 9
			(121)	$x_1 + 2x_2 + 1 = 0$	2, 6, 7
			(122)	$x_1 + 2x_2 + 2 = 0$	3, 4, 8

Insgesamt haben wir $q^2 = 9$ Punkte, $q^2 + q = 12$ Geraden und auf jeder Geraden liegen genau $q = 3$ Punkte.

Dieses spezielle algebraische Modell ist isomorph zu dem in Abb. III,6 dargestellten.

3.6 Vollständigkeit

Das Axiomensystem $\Sigma_A = \{A_1, A_2, A_3\}$ ist unvollständig (siehe 1.5.2).

Beweis:

Zum Beweis haben wir zu zeigen, dass eine einschlägige Aussage nicht entscheidbar ist. Dazu bedienen wir uns eines ganz speziellen, etwas verrückten Modells.

(a) Interpretation der Grundelemente

Als Punkte verwenden wir die Punkte der klassischen, euklidischen Ebene.

Bei der Wahl der Modellgeraden unterscheiden wir drei Klassen. Eine Gerade x sei gegeben.

1. Klasse: alle Geraden parallel zu x.

2. Klasse: alle Geraden mit einem Neigungswinkel α gegen x, wobei $90 \leq \alpha < 180$.

3. Klasse: alle Knickgeraden. Sie werden an x „gebrochen" (wie Lichtstrahlen beim Durchgang durch die Trennschicht verschiedener Medien). Dabei entstehen – wie Abb. III,8 zeigt – zwei Neigungswinkel α und β. Es gilt $0 < \alpha < 90$. Für β vereinbaren wir tg $\beta = 2$ tg α (natürlich gibt es noch andere Möglichkeiten zur Definition von β).

Inzidenz gilt wie im euklidischen Fall.

(b) Das Modell

Mit unserer Interpretation haben wir ein Modell, das so genannte Moulton -Modell, gewonnen.

Forest Ray Moulton (1872–1952), amerikanischer Mathematiker.

Es zeigt sich, dass damit ein weiteres Modell der affinen Ebene vorliegt. Der Nachweis der Gültigkeit unserer drei Axiome ist trivial – wir überlassen ihn dem Leser. Es gibt lediglich Schwierigkeiten mit Axiom A_1, wenn ein Punkt P oberhalb von x liegt, der andere Q unterhalb (Abb. III,9).

Konstruktion der Knickgeraden:

(a) Lot von P auf x gibt. P' mit $\overline{PP'} = a$

(b) Auf PP' Punkt R mit $\overline{PR} = a$

(c) $RQ \cap x = \{S'\}$ mit $S'P' = b$

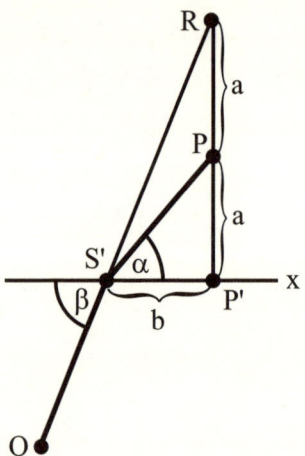

Abb. III,9: Das Axiom A_1 bei Moulton

Dann erhalten wir tg $(PS'P') = $ tg $\alpha = \frac{a}{b}$, tg $(RS'P') = $ tg $\beta = \frac{2a}{b}$ und damit tg $\beta = 2$ tg α. Die Knickgerade P, S', Q ist die gesuchte Verbindungsgerade.

Die Konstruktion ist eindeutig.

(c) Der Satz von Desargues:

Der Satz von Desargues ist jedenfalls bezüglich Σ_A einschlägig. Denn bei seiner Formulierung werden nur die in Σ_A festgelegten Begriffe verwendet.

Wir fragen jetzt nach seiner Gültigkeit im Moulton-Modell. Zunächst betrachten wir die klassische Desargues-Konfiguration – also ohne Spezialgerade x. Damit haben wir die zwei Dreiecke $\triangle(A'B'C')$ und $\triangle(ABC)$.

Jetzt fügen wir die Gerade x hinzu und erhalten Abb. III,10. Die euklidische Gerade AC wird jetzt gebrochen. Sie läuft dann nicht mehr durch A. Es erfolgt keine Schließung.

Der Satz von Desargues gilt im Moulton-Modell nicht.

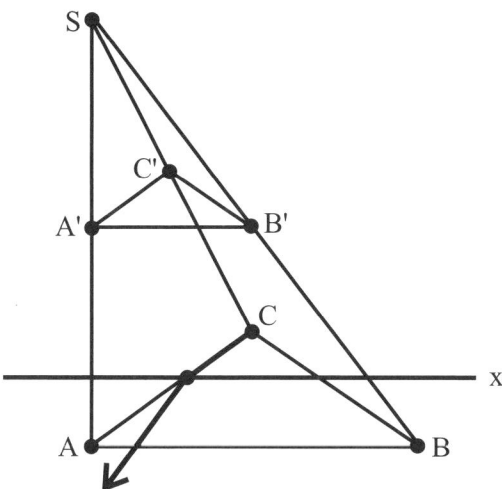

Abb. III,10: Der Satz von Desargues bei Moulton

(d) Der Satz von Pappus

Auch der einschlägige Satz von Pappus gilt im Moulton-Modell der affinen Ebene nicht. Wir verweisen ohne jeden Begleittext auf Abb. III,11.

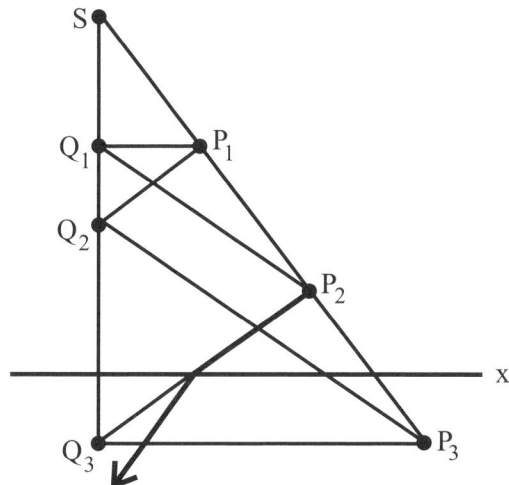

Abb. III,11: Der Satz von Pappus bei Moulton

(e) Vollständigkeit

Wir wissen, dass die klassische euklidische Schulgeometrie Modell einer affinen Ebene ist. In ihr wurde (2.1 und 2.2) die Gültigkeit der Sätze D von Desargues und P von Pappus nachgewiesen. Jetzt dagegen haben wir ein Modell der affinen Ebene gefunden, in dem diese Sätze nicht gelten.

Beides zusammen bedeutet, dass einschlägige Aussagen, nämlich die Sätze D und P aus den drei Axiomen, nicht bewiesen werden können. Es lässt sich aber auch ihre Nichtgültigkeit mit den Axiomen A_1, A_2, A_3 nicht zeigen.

Die einschlägigen Aussagen D, P sind also nicht entscheidbar. Nach unserer Definition 1.5.2 ist unser Axiomensystem Σ_A unvollständig.

Fertigen Sie Figuren an, die zeigen, dass im Moulton-Modell auch die „kleinen" Sätze d und p nicht gelten!

4. Sätze aus der affinen Geometrie, Th (Σ_A)

Der Witz beim Beweis von Sätzen besteht darin, nur die drei Axiome und bereits bewiesene Sätze zu verwenden.

4.1 Satz

Zwei verschiedene Geraden haben nicht mehr als einen Punkt gemeinsam.

Beweis:
Die Existenz zweier solcher Punkte bedeutet einen Widerspruch zu A_1.
Dies ist ein „indirekter" Beweis, ein Beweis durch Widerspruch.

4.2 Satz

Die in 3.1 definierte Parallelität ist eine Äquivalenzrelation.

Beweis:
Es müssen drei Eigenschaften bewiesen werden.
Transitivität: Für drei verschiedene Geraden r, s, t gilt $r \parallel s$ und $s \parallel t \Rightarrow r \parallel t$.
Grundannahme $r \nparallel t$. Also schneiden sich r und t in einem Punkt S.
(a) $S \in s$. Dann schneiden sich alle drei Geraden in S. Widerspruch zu $r \parallel s$ und $s \parallel t$.
(b) $S \notin s$. Dann gibt es durch S zwei Parallelen r, t zu s. Widerspruch zu A_2.
Symmetrie: $s \parallel t \Leftrightarrow t \parallel s$, *Reflexivität:* $s \parallel s$.
Diese beiden Eigenschaften folgen sofort aus der Definition der Parallelität.
Jetzt beweisen wir noch einige Minimalsätze.

4.3 Satz

*Es gibt **mindestens** drei Geraden, die sich nicht in einem Punkt schneiden.*

Beweis:
Die drei Punkte P, Q, R aus A_3 bestimmen drei Geraden mit P nicht auf der Geraden QR.

4.4 Satz

*Zu jeder Geraden g gibt es **mindestens** einen Punkt nicht auf ihr*
und
*zu jedem Punkt S gibt es **mindestens** eine Gerade nicht durch ihn.*

Den Beweis entnimmt man sofort der Abb. III,12. Man sieht dort zunächst die drei möglichen Lagen einer Geraden g zu P, Q, R und weiter die möglichen Lagen eines Punktes S zu den drei Geraden aus 4.3.

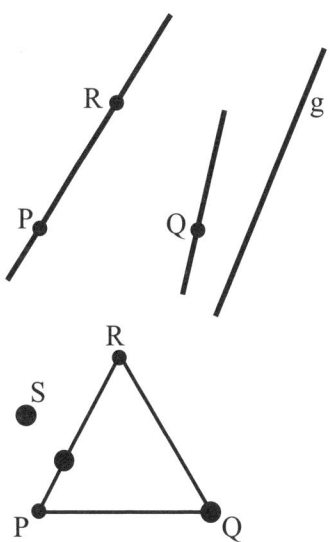

Abb. III,12: Lage von Geraden und Punkten bezüglich des Dreiecks $\triangle(PQR)$

4.5 Satz

*Es gibt **mindestens** vier Punkte, keine drei davon auf einer Geraden (Abb. III,13).*

Beweis:
P, Q, R seien die nach A_3 existierenden Punkte. Wegen A_2 gibt es zwei Geraden s, t mit den folgenden Eigenschaften:
$R \in s$ und $s \parallel PQ$, $Q \in t$ und $t \parallel PR$.
Wir behaupten $s \nparallel t$, also $s \cap t = \{S\}$.
Sei $s \parallel t$, dann folgt mit Satz 4.2:
$s \parallel t$ und $s \parallel PQ \Rightarrow t \parallel PQ$. Widerspruch zu $Q \in t$. S ist der gesuchte vierte Punkt.
Aus $s \parallel PQ$ und $t \parallel PR$ folgt weiter, dass S mit keinem der drei Punkte P, Q, R zusammenfällt und schließlich, dass er auf keiner der drei durch P, Q, R bestimmten Geraden liegt.
Jetzt sind wir mitten in der Theorie von Σ_A, wir spielen blind. Es kommt darauf an, Sätze zu finden (Phantasie) und zu beweisen.

4.6 Satz

*Es gibt **mindestens** sechs Geraden.*

Beweis:
Mit A_1 und Satz 4.5 folgt für die Mindestanzahl von Geraden $\binom{4}{2} = 6$.

4.7 Satz

*Auf jeder Geraden g gibt es **mindestens** zwei Punkte (Abb. III,13).*

Beweis:
Fällt g mit einer der sechs Geraden aus 4.6 zusammen, ist alles klar.
Es kann nicht sein, dass g sowohl zu s als auch zu t parallel ist: $g \parallel s$ und $g \parallel t \Rightarrow s \parallel t$. Widerspruch zur Konstruktion in 4.5. Also schneidet g eine der beiden Geraden, etwa s: $g \cap s = \{A\}$.
g kann auch nicht zu PQ parallel sein:
$g \parallel PQ$ und $PQ \parallel s \Rightarrow g \parallel s$. Widerspruch zur Existenz von A. Also schneidet g auch noch PQ : $g \cap PQ = \{B\}$. Die Punkte A, B sind verschieden, sonst hätten wir sofort einen Widerspruch zu $s \parallel PQ$.

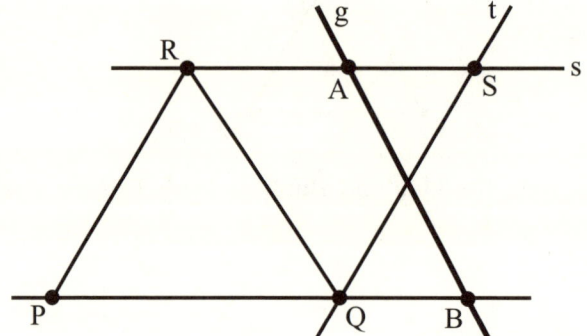

Abb. III,13: Zu den Sätzen 4.5 und 4.7

4.8 Satz

*Durch jeden Punkt T gibt es **mindestens** drei Geraden.*

Beweis:
Es existieren
nach Satz 4.4 eine Gerade t mit $T \notin t$,
nach Satz 4.7 zwei verschiedene Punkte A, B mit $A \in t$ und $B \in t$,
nach Axiom A_2 eine Gerade s_0 mit $T \in s_0$ und $s_0 \parallel t$
nach A_1 die Geraden $s_1 = AT, s_2 = BT$, Wegen $A \neq B$ gilt $s_1 \neq s_2$.

138

Damit haben wir durch T die drei Geraden s_0, s_1, s_2. Bezeichnen wir – wie in der Kombinatorik üblich – im endlichen Fall die Zahl der Punkte mit v, die aller Geraden mit b, die aller Punkte auf einer Geraden mit k (statt mit q) und schließlich die aller Geraden durch einen Punkt mit r, so lassen sich die letzten vier Sätze besonders einfach schreiben
$v \geq 4, b \geq 6, k \geq 2, r \geq 3$.

Bemerkung:
Zum Sprachgebrauch.
„Es gibt q Punkte". Das besagt, dass mindestens q Punkte existieren – es können aber auch mehr sein.
„Es gibt genau q Punkte". Das besagt, dass q Punkte existieren – aber auch nicht mehr.
Wir bleiben jetzt im endlichen Bereich und beweisen einige „Wenn-Dann"-Sätze

4.9 Satz

Wenn auf einer einzigen Geraden genau q Punkte liegen, **dann** auf jeder Geraden.

Beweis:
Gegeben seien zwei Geraden s, t, die einen Punkt Q gemeinsam haben.

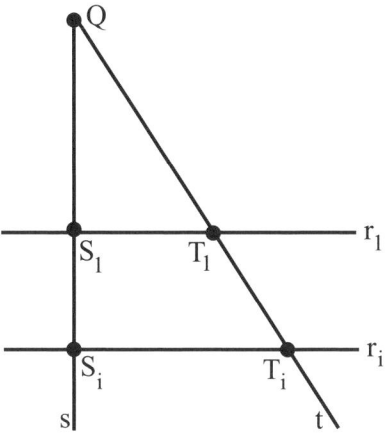

Abb. III,14: Parallelprojektion

Dann existieren
nach Satz 4.7 zwei Punkte S_1, T_1 mit $S_1 \in s$, $T_1 \in t$,
nach Axiom A_1 eine Gerade $r_1 = g(S_1, T_1)$,
falls auf s noch ein weiterer Punkt S_i liegt, nach Axiom A_2 eine Gerade r_i mit $S_i \in r_i, r_i \parallel r_1$ (Abb. III,14).
Jetzt zeigen wir, dass $r_i \nparallel t$:
$r_i \parallel t$ und $r_i \parallel r_1 \Rightarrow r_1 \parallel t$. Widerspruch zu $r_1 \cap t = \{T_1\}$. Das aber bedeutet $r_i \cap t = \{T_i\}$.

Auf diesem Wege fortschreitend, kann jedem Punkt $S_i \in s$ genau ein Punkt $T_i \in t$ zugeordnet werden. Umgekehrt lassen sich die Punkte von t auf die von s abbilden. Wir haben es mit einer Bijektion zu tun. Dies bedeutet, dass auf beiden Geraden gleichviel Punkte liegen. Der Beweis läuft ganz analog, wenn für die Startgeraden gilt $s \parallel t$.

Jede Gerade schneidet s oder läuft zu s parallel. Damit ist unser Satz bewiesen.

4.10 Definitionen

Die in 4.9 verwendete Bijektion heißt *Parallelprojektion* der beiden Geraden s und t aufeinander. Die Zahl q wird als die Ordnung der affinen Ebene bezeichnet. Genau wie in Abschnitt 3.5.2 schreiben wir wieder AG(q). Aus dem Beweis von Satz 4.9 folgt sofort

4.11 Satz

Wenn eine affine Ebene die Ordnung q hat, **dann** gehört jede Gerade zu einer Menge von q zu einander parallelen Geraden.

Man spricht auch von einem Geradenbüschel.

Bemerkung:
Beim Lesen von Abschnitt 4 könnte der Eindruck entstehen, dass affine Ebenen AG(q) für alle Ordnungen $q \in \mathbb{N} \setminus \{1\}$ existieren. Abschnitt 3.5.2 lässt ahnen, dass dem aber nicht so ist.

Zur Abwechslung beweisen wir die folgenden Sätze nicht mit Widerspruch (also nicht indirekt), sondern durch kombinatorisches Abzählen.

4.12 Satz

Wenn eine affine Ebene die Ordnung q hat, **dann** gehen durch jeden Punkt genau $q + 1$ Geraden.

Beweis:
Zu jedem Punkt S gibt es nach Satz 4.4 eine Gerade t mit $S \notin t$ und auf ihr mit 4.9 genau q Punkte $T_1, T_2, \ldots, T_q$. Axiom A_1 besagt die Existenz von q Geraden ST_i. Zählt man die Parallele zu t durch S noch dazu, so ist der Satz bereits bewiesen.

4.13 Satz

Wenn eine affine Ebene die Ordnung q hat, **dann** enthält sie genau q^2 Punkte.

Beweis:

Die $q + 1$ Geraden (4.12) durch einen Punkt S sind genau die Verbindungsgeraden von S mit allen Punkten der Ebene. Jede solche Gerade enthält neben S noch (4.9) weitere $q - 1$ Punkte – das ergibt bereits $(q + 1)(q - 1)$ Punkte. Wird auch noch S selber dazu gezählt, so erhalten wir das gewünschte Ergebnis.

4.14 Satz

Wenn eine affine Ebene die Ordnung q hat, **dann** enthält sie genau $q(q + 1)$ Geraden.

Beweis:
Durch einen Punkt S gehen (4.12) genau $q + 1$ Geraden. Jede solche Gerade gehört (4.11) einem Geradenbüschel mit jeweils genau q Geraden an. Dies ergibt total $q(q + 1)$ Geraden. Mit den Bezeichnungen am Ende von 4.8 schreiben wir also,
$v = q^2, b = q(q + 1), k = q, r = q + 1$.
Wie in Abb. III,6 dargestellt, ergibt sich im Falle AG(3):
$v = 9, b = 12, k = 3, r = 4$.

5. Abbildungen in der affinen Ebene

Wir untersuchen jetzt verschiedene Abbildungen der durch die Axiome A_1, A_2, A_3 festgelegten affinen Ebene. Wir tun dies, nicht wissend, ob es diese Abbildungen auch gibt. Ihre Existenz wird rein hypothetisch angenommen.

5.1 Kollineationen

Jede Abbildung, welche die Menge aller Punkte der affinen Ebene, aber auch die aller Geraden bijektiv auf sich abbildet, heisst *Kollineation*.

5.2 Dilatationen

Kollineationen, bei denen die Bildgeraden zu den jeweiligen Originalgeraden parallel sind, heissen *Dilatationen* (oder auch *Homothetien*). Die Menge all dieser Abbildungen bezeichnen wir mit $\mathcal{D}$.

5.3 Einige grundlegende Definitionen

5.3.1 Fixelemente

Eine Gerade, die bei Abbildung als Ganzes in sich übergeht, heißt *Fixgerade*. Tut sie dies sogar punktweise, so sprechen wir von einer *Fixpunktgeraden*.

Ein Punkt, der bei Abbildung in sich übergeht, heißt *Fixpunkt*. Werden auch noch alle Geraden durch ihn jeweils in sich abgebildet, so sprechen wir von einem *Fixgeradenpunkt*.

5.3.2 Spurgeraden

Sind A, A' mit $A \neq A'$ Original- und Bildpunkt bei einer Abbildung, so heißt die Gerade $g(A, A')$ durch sie *Spurgerade*.

5.4 Sätze über Dilatationen

5.4.1 Satz

Die Spurgeraden jeder Dilatation sind Fixgeraden.

Beweis:
Spurgerade $s = g(A, A')$.
Die Bildgerade s' von s geht durch A' und es gilt $s' \parallel s$ (Dilatation). Dies bedeutet $s' = s$. Die Spurgerade ist also Fixgerade.

5.4.2 Satz

Besitzt eine Dilatation einen Fixpunkt F, so ist jede Gerade durch F Fixgerade.

Beweis:
$F \in s$
Die Bildgerade s' von s geht durch F. Es gilt aber auch $s' \parallel s$. Dies bedeutet $s' = s$. Nach unserer Definition in 5.3.1 ist F also sogar Fixgeradenpunkt.

5.4.3 Satz

Jede von der identischen Abbildung id verschiedene Dilatation besitzt höchstens einen Fixpunkt (also entweder gar keinen oder genau einen).

Beweis:
Wir beweisen indirekt und nehmen an, es gäbe zwei verschiedene Fixpunkte F_1 und F_2.
(a) $X \notin g(F_1, F_2)$

Die Geraden $g(X, F_1)$ und $g(X, F_2)$ sind nach 5.4.2 Fixgeraden, also X ein weiterer, ein dritter Fixpunkt.

(b) $X \in g(F_1, F_2)$

Nach 4.4 gibt es einen Punkt $V \notin g(F_1, F_2)$. Er ist nach dem bereits Gesagten auch Fixpunkt. Der Beweis, dass auch X selber Fixpunkt ist, folgt wie in (a) – aber startend mit den Fixpunkten V und F_1.

Wenn es zwei Fixpunkte gibt, dann ist jeder Punkt Fixpunkt. Es liegt die identische Abbildung id vor – im Widerspruch zur Voraussetzung.

5.5 Spezielle Dilatationen

Dilatationen ohne Fixpunkt heissen *Translationen* und solche mit genau einem Fixpunkt *zentrische Streckungen*.

Die Menge aller Translationen bezeichnen wir mit $\mathcal{T}$ und die aller zentrischen Streckungen mit $\mathcal{Z}$. Für einzelne Abbildungen verwenden wir kleine griechische Buchstaben τ, ζ. Die identische Abbildung id wird weder zu $\mathcal{T}$ noch zu $\mathcal{Z}$ gezählt.

5.6 Sätze über Translationen und zentrische Streckungen

5.6.1 Satz

Alle Spurgeraden einer Translation sind zueinander parallel und jede Gerade des so bestimmten Geradenbüschels ist Spurgerade.

Dieses Spurgeradenbüschel wird als Richtung der betreffenden Translation bezeichnet.

Beweis:

Aus der Existenz nicht paralleler Spurgeraden würde mit 5.4.1 sofort die Existenz eines Fixpunktes folgen – im Widerspruch zur Definition der Translationen.

Bleibt noch zu zeigen, dass jede Gerade des durch eine Spurgerade bestimmten Büschels Spurgerade ist.

Wir beweisen indirekt.

Sei $t = g(A, A')$ eine Spurgerade und s eine Gerade mit $s \parallel t$, $B \in s$, aber $B' \notin s$. Dann folgt $t \nparallel g(B, B')$. Weil aber $g(B, B')$ und t Spurgeraden sind, ergibt sich mit dem ersten Beweisteil $B' \in s$, im Widerspruch zur Annahme.

5.6.2 Satz

Alle Spurgeraden einer zentrischen Streckung gehen durch den Fixpunkt F und jede Gerade des so bestimmten Geradenbüschels ist Spurgerade.

Beweis:

Mit Satz 5.4.2 ist bereits gezeigt, dass alle Geraden durch F Fixgeraden, also auch Spurgeraden sind.

Aus der Existenz von Spurgeraden nicht durch F müsste wegen Satz 5.4.1 die Existenz eines weiteren Fixpunktes folgen – im Widerspruch zur Definition zentrischer Streckungen.

5.6.3 Satz

Jede Translation τ wird durch Angabe zweier zugeordneter Punkte A und $A' = \tau(A)$ eindeutig bestimmt.

Beweis:

(a) $X \notin g(A, A')$

Der Bildpunkt $X' = \tau(X)$ liegt auf einer Geraden s durch A' mit $s \parallel g(A, X)$, aber auch auf einer Geraden t durch X mit $t \parallel g(A, A')$. Wegen $s \nparallel t$ ist X' eindeutig bestimmt.

(b) $X \in g(A, A')$

Wie beim Beweis von 5.4.3 bedienen wir uns eines Punktes $V \notin g(A, A')$. Nach dem ersten Beweisteil gibt es jetzt einen eindeutig bestimmten Punkt $V' = \tau(V)$. Nun wiederholen wir den Beweis (a), starten aber mit V, V' und $X \notin g(V, V')$.

5.6.4 Satz

Jede zentrische Streckung ζ wird durch zwei zugeordnete Punkte A und $A' = \zeta(A)$ und den Fixpunkt $F \in g(A, A')$ eindeutig festgelegt.

Beweis:

(a) $X \notin g(A, A')$

Der Bildpunkt X' liegt auf der Geraden $g(X, F) = s$, aber auch auf einer Geraden t durch A' mit $t \parallel g(A, X)$. Wegen $s \nparallel t$ ist X' eindeutig bestimmt.

(b) $X \in g(A, A')$

Wir bedienen uns erneut eines Punktes $V \notin g(A, A')$. Er hat nach dem ersten Beweisteil genau einen Bildpunkt V'. Nun wiederholen wir den Beweis in (a), starten aber mit V, V' und $X \notin g(V, V')$.

5.7 Abbildungsgruppen

5.7.1 Satz

Die folgenden Mengen von Abbildungen der affinen Ebene bilden bei Verknüpfung Gruppen (siehe II,2.1.2) – zusammen mit der identischen Abbildung.
Die Menge
(a) aller Kollineationen,

(b) $\mathcal{D}$ *aller Dilatationen,*

(c) $\mathcal{T}$ *aller Translationen ,*

(d) $\mathcal{Z} \cup \mathcal{T}$ *aller zentrischen Streckungen, zusammen mit den Translationen,*

(e) $\mathcal{T}(s)$ *aller Translationen längs der Geraden* s,

(f) $\mathcal{Z}(F)$ *aller zentrischen Streckungen mit Fixpunkt* F.

Beweis:

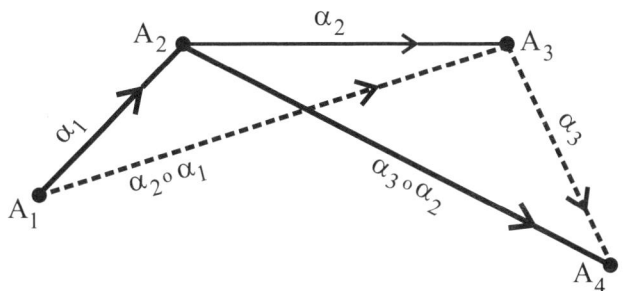

Abb. III,15: Assoziativität bijektiver Abbildungen

G_1 *Assoziativität*

Dieses Axiom ist für alle bijektiven Abbildungen erfüllt. Wir erläutern diese Tatsache an Hand der Abb. III,15.

Der Punkt A_1 werde durch die Abbildung α_1 nach A_2 gebracht, A_2 durch α_2 nach A_3, schließlich A_3 durch α_3 nach A_4. Mit $(\alpha_2 \circ \alpha_1)$ geht A_1 sofort nach A_3 und mit $\alpha_3 \circ (\alpha_2 \circ \alpha_1)$ sogar nach A_4. Zum gleichen Ergebnis kommen wir mit der Abbildung $(\alpha_3 \circ \alpha_2) \circ \alpha_1$. Weil nämlich A_1 durch α_1 auf A_2 und A_2 durch $(\alpha_3 \circ \alpha_2)$ auf A_4 abgebildet wird.

G_2 *Neutrales Element*

Die identische Abbildung *id* ist in jedem der genannten Fälle neutrales Element.

Bei den nachfolgenden Beweisen beschränken wir uns auf (b), (c). Wir wollen lediglich zeigen, wie solche Beweise laufen. Den Rest überlassen wir dem Leser und verweisen auf einschlägige Literatur.

(b) *Dilatationen*

Abgeschlossenheit

Abgeschlossenheit liegt vor, wenn aus $\delta_1, \delta_2 \in \mathcal{D}$ folgt $\delta_2 \circ \delta_1 \in \mathcal{D}$. Dies ist zu beweisen!

Die Verknüpfung $\delta_2 \circ \delta_1$ ist jedenfalls eine Kollineation. Originalgerade: $s = g(A, B)$

Zwischengerade: $s_1 = g(\delta_1(A), \delta_1(B))$

Bildgerade: $s_2 = g((\delta_2 \circ \delta_1)(A), (\delta_2 \circ \delta_1)(B))$

Nun gilt $s \parallel s_1$ und $s_1 \parallel s_2$ – weil δ_1 und δ_2 Dilatationen sind. Daraus aber folgt $s \parallel s_2$ (Transitivität der Parallelität, 4.2).

Original- und Bildgerade sind parallel, also $\delta_2 \circ \delta_1 \in \mathcal{D}$.

G$_3$ *Inverses Element*

Gegeben sei $\delta \in \mathcal{D}$. Mit dem hier nicht bewiesenen Teil (a) wissen wir, dass eine Kollineation δ^{-1} existiert mit $\delta \circ \delta^{-1} = \delta^{-1} \circ \delta = id$. Bleibt nur noch zu zeigen, dass $\delta^{-1} \in \mathcal{D}$.

Es gilt $g(\delta^{-1}(A), \delta^{-1}(B)) \parallel g((\delta \circ \delta^{-1})(A), (\delta \circ \delta^{-1})(B))$, weil $\delta \in \mathcal{D}$. Daraus aber folgt $g(\delta^{-1}(A), \delta^{-1}(B)) \parallel g(A, B)$. Original- und Bildgerade sind also parallel, deshalb $\delta^{-1} \in \mathcal{D}$.

Weil bei Gruppen jedes „rechtsinverse" Element auch „linksinvers" ist, haben wir nicht nur $\delta \circ \delta^{-1} = id$ bewiesen, sondern auch $\delta^{-1} \circ \delta = id$.

(c) *Translationen*

G$_3$ *Inverses Element*

Weil Translationen spezielle Dilatationen sind, gibt es zu $\tau \in \mathcal{T}$ stets $\tau^{-1} \in \mathcal{D}$ mit $\tau \circ \tau^{-1} = \tau^{-1} \circ \tau = id$.

Bleibt nur noch zu zeigen $\tau^{-1} \in \mathcal{T}$.

Nehmen wir an, τ^{-1} habe einen Fixpunkt F, also $\tau^{-1}(F) = F$. Dann folgt $(\tau \circ \tau^{-1})(F) = \tau(F)$ und weiter $F = \tau(F)$. Im Widerspruch zu $\tau \in \mathcal{T}$.

Die Trivialfälle $\tau = id, \tau^{-1} = id$ werden ausgeschlossen.

Abgeschlossenheit

$\tau_1, \tau_2 \in \mathcal{T}$. Wir wissen jedenfalls $\tau_2 \circ \tau_1 \in \mathcal{D}$ weil $\mathcal{T}$ Teilmenge von $\mathcal{D}$ ist. Ist aber auch $\tau_2 \circ \tau_1$ Element aus $\mathcal{T}$? Es muss gezeigt werden, dass $\tau_2 \circ \tau_1$ keinen Fixpunkt besitzt. Der Fall $\tau_2 \circ \tau_1 = id$ ist trivial und wird ausgeschlossen. Wir nehmen an, es gäbe einen Fixpunkt F, also $(\tau_2 \circ \tau_1)(F) = F$. Dann folgt $(\tau_2^{-1} \circ \tau_2 \circ \tau_1)(F) = \tau_2^{-1}(F)$ oder $\tau_1(F) = \tau_2^{-1}(F)$, also $\tau_1 = \tau_2^{-1}$. Dies bedeutet aber $\tau_2 \circ \tau_1 = id$. Das ist genau der ausgeschlossene Fall.

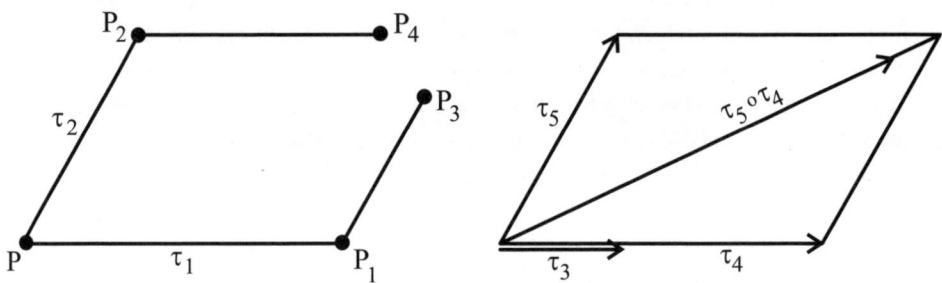

(a) τ_1, τ_2 mit verschiedenen Richtungen   (b) τ_3, τ_4 mit gleicher Richtung

Abb. III,16: Kommutativität der Gruppe von Translationen

5.7.2 Eine Erweiterung zu 5.7.1

Satz:

Wenn es in $\mathcal{T}$ Translationen verschiedener Richtungen gibt, dann ist die Gruppe $\mathcal{T}$ kommutativ.

Beweis:

τ_1, τ_2 seien Translationen in verschiedenen Richtungen.

146

$\tau_1(P) = P_1, \tau_2(P) = P_2, (\tau_2 \circ \tau_1)(P) = P_3, (\tau_1 \circ \tau_2)(P) = P_4$. Abb. III,16(a) veranschaulicht die Situation. Dann gilt $PP_1 \parallel P_2P_4$ und $PP_2 \parallel P_1P_3$. Daraus aber folgt $P_3 = P_4$ und weiter $(\tau_2 \circ \tau_1)(P) = (\tau_1 \circ \tau_2)(P)$, also $\tau_2 \circ \tau_1 = \tau_1 \circ \tau_2$.

Jetzt sollen τ_3, τ_4 gleiche Richtungen haben. Gilt dann immer noch $\tau_3 \circ \tau_4 = \tau_4 \circ \tau_3$? Es gibt jedenfalls eine Translation τ_5 anderer Richtung (Abb. III,16(b)). Nun folgt eine ganze Kette von Konsequenzen.

$(\tau_3 \circ \tau_4) \circ \tau_5 =$

$= \tau_3 \circ (\tau_4 \circ \tau_5) =$ Assoziativität

$= (\tau_4 \circ \tau_5) \circ \tau_3 =$ $\tau_4 \circ \tau_5$ und τ_3 haben verschiedene Richtungen, also kommutativ

$= \tau_4 \circ (\tau_5 \circ \tau_3) =$ Assoziativität

$= \tau_4 \circ (\tau_3 \circ \tau_5) =$ τ_3 und τ_5 haben verschiedene Richtungen, also kommutativ

$= (\tau_4 \circ \tau_3) \circ \tau_5$ Assoziativität

Vergleichen wir das Schlussergebnis mit dem Ausdruck am Anfang, so folgt auch jetzt $\tau_3 \circ \tau_4 = \tau_4 \circ \tau_3$.

Bemerkung:

Es wäre durchaus denkbar, dass $\mathcal{T}$ nur Translationen in einer Richtung enthält. Es ist eine unbeantwortete Frage ob dann die Gruppe $\mathcal{T}$ noch kommutativ ist (Gegenbeispiele?).

5.7.3 Eine Verallgemeinerung

Wir verallgemeinern jetzt die Definition II,3.3.4 der 3-Transitivität (zusätzliche Definitionen sind möglich).

Definition:

Sei G eine Gruppe von Abbildungen unserer affinen Ebene. Wenn es zu zwei n-Tupeln $(A_1, A_2, \ldots, A_n)$, $(B_1, B_2, \ldots, B_n)$ *(wobei für $i \neq j$ gilt $A_i \neq A_j$ und $B_i \neq B_j$) von Punkten genau eine Abbildung $\mu(X) \in G$ mit $B_i = \mu(A_i)$ gilt, dann sagt man, dass G scharf n-transitiv auf der Menge aller Punkte (oder auf gewissen Teilmengen von Punkten) operiert.*

Neben II,3.3.4 nennen wir zwei weitere Beispiele.

Die Gruppe $\mathcal{T}(s)$ aller Translationen mit Richtung s operiert (5.6.3) scharf 1-transitiv auf den Punkten der Geraden s. Auch die Gruppe $\mathcal{Z}(F)$ aller zentrischen Streckungen mit Fixpunkt F tut dies und zwar auf den Punkten der Geraden durch F (5.6.4).

Bemerkungen:

1. Diese Definition bringt substantiell nichts Neues. Aber es lassen sich mit ihr manche Sätze kürzer formulieren.

2. Diese n-Transitivität hat mit der in 4.2 festgelegten Transitivität der Parallelenrelation nichts zu tun.

6. Abbildungen und Schließungssätze

Erstaunlicherweise bestehen zwischen der Gültigkeit der Schließungssätze (P), (p), (D), (d) und der Existenz spezieller Abbildungsgruppen Zusammenhänge. Denen wollen wir jetzt nachgehen.

6.1 Satz

*Scharf 1-transitive Gruppen $\mathcal{Z}(F)$ existieren **genau dann, wenn** in der Ebene der große Satz von Desargues (D) gilt.*

Beweis:

1. Richtung
Wenn *Abbildungen $\mathcal{Z}(F)$ existieren, **dann** gilt (D).*
Abbildungen $\mathcal{Z}(F)$ sollen also existieren. Dann ist $\zeta \in \mathcal{Z}(F)$ durch $F = \zeta(F)$ und zwei weitere Punkte $A, A' = \zeta(A)$ nach 5.6.3 eindeutig bestimmt. Dabei sind die Punkte A, A', F kollinear.
Jetzt wählen wir zwei weitere Geraden $g(B, F)$, $g(C, F)$. Mit dem Konstruktionsverfahren aus 5.6.4 lassen sich die Bildpunkte $B' = \zeta(B)$, $C' = \zeta(C)$ finden.
Unsere Abbildung ist eine Dilatation, also sind Original- und Bildgerade parallel. Wir haben $g(A', B') \parallel g(A, B)$, $g(A', C') \parallel g(A, C)$, $g(B', C') \parallel g(B, C)$. Dies bedeutet, dass (D) gilt.

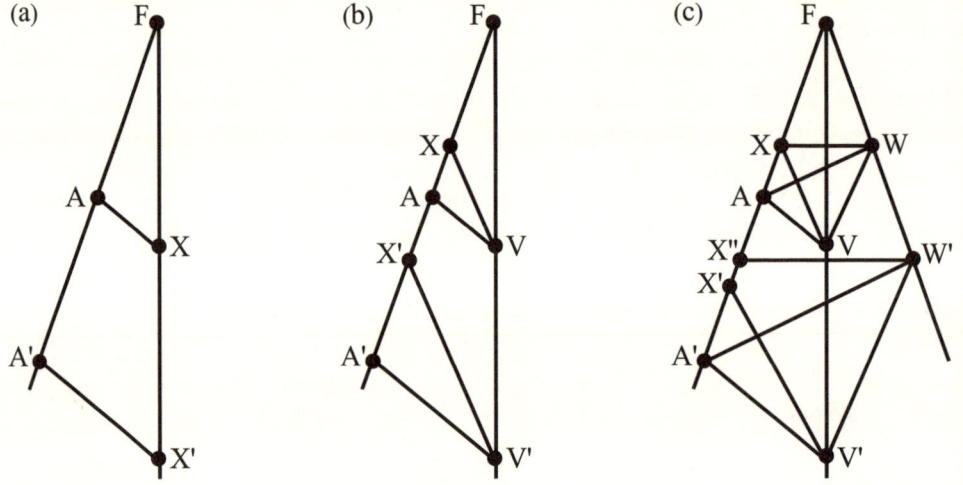

Abb. III,17: Zum Beweis von Satz 6.1

2. Richtung
Wenn *(D) gilt, **dann** existiert zu jedem kollinearen Tripel A, A', F eine zentrische Streckung ζ mit $F = \zeta(F)$ und $A' = \zeta(A)$.*

148

Dieser Beweis gestaltet sich schwieriger als der vorige. Er besteht darin, eine Abbildung α punktweise zu konstruieren und dann zu zeigen, dass α eine zentrische Streckung ist.

$\boxed{X \notin g(A, A')}$ (Abb. III,17(a))

Wir legen fest, dass der Bildpunkt X' von X auf der Geraden $g(X, F)$ und der Parallelen zu $g(A, X)$ durch A' liegen soll. Er ist damit eindeutig bestimmt.

$\boxed{X \in g(A, A')}$ (Abb. III,17(b))

Zur Festlegung von $X' = \alpha(X)$ verwenden wir jetzt einen Punkt $V \notin g(A, A')$. Sein Bild $V' = \alpha(V)$ wird genau wie im vorigen Fall gefunden.

Dann soll X' auf $g(A, A')$ und auf einer Parallelen zu $g(V, X)$ durch V' liegen. Auch dieser Punkt ist eindeutig bestimmt.

Da gibt es aber noch Probleme.

Der Punkt X' ist zwar eindeutig bestimmt. Was aber geschieht, wenn anstelle von V ein anderer Punkt $W \notin g(A, A')$ gewählt wird? Kommt man zum gleichen Punkt X'? Und wo bleibt eigentlich der Satz (D)?

Jetzt betrachten wir die Abb. III,17(c).

Mit V ergebe sich der Punkt X' und mit W der Punkt X'', wobei $X' \neq X''$.

Die Dreiecke $\triangle(AVW), \triangle(A'V'W')$: Nach unserer Konstruktion wissen wir $g(A, V) \parallel g(A', V')$ und $g(A, W) \parallel g(A', W'')$. Jetzt kommt der Satz (D) ins Spiel. Mit ihm folgt daraus $g(V, W) \parallel g(V', W')$.

Nun zu den Dreiecken $\triangle(XVW), \triangle(X'V'W')$. Nach unserer Konstruktion gilt $g(X, V) \parallel g(X', V')$. Mit (D) und dem letzten Ergebnis folgt $g(X, W) \parallel g(X', W')$.

Die Konstruktion des Punktes X'' liefert andererseits $g(X, W) \parallel g(X'', W')$.

Wir haben also $g(X, W) \parallel g(X'', W')$, $g(X, W) \parallel g(X', W')$. Wegen der Transitivität der Parallelitätsrelation folgt daraus $g(X'', W') \parallel g(X', W')$ und weiter $X' = X''$. Dies aber ist ein Widerspruch zu $X' \neq X''$.

Damit ist die Konstruktion der Abbildung α abgeschlossen.

Eigenschaften von α:

Dass α eine bijektive Abbildung der affinen Ebene ist, erscheint klar. Die Geraden $g(V, W)$ und $g(V', W')$ gehen ineinander über und sind parallel. Unsere Abbildung ist also eine Dilatation und wegen der Existenz des Fixpunktes F sogar eine zentrische Streckung $\alpha \in \mathcal{Z}(F)$. Es gilt ein weiterer – nach Inhalt und Beweis – völlig analoger Satz. Wir überlassen dessen Beweis dem Leser.

6.2 Satz

*Scharf l-transitive Gruppen $\mathcal{T}(s)$ existieren **genau dann, wenn** in der Ebene der kleine Satz von Desargues (d) gilt.*

6.3 Satz

*Die auf einer Geraden durch F scharf 1-transitiv operierende Gruppe $\mathcal{Z}(F)$ ist **genau dann** abelsch, **wenn** in der Ebene der große Satz von Pappus (P) gilt.*

Beweis:
Wir verwenden beim Beweis Abb. III,3.

1. Richtung
Wenn die Gruppe $\mathcal{Z}(F)$ abelsch ist, **dann** gilt (P).
Es ist zu zeigen, dass aus $g(P_1, Q_1) \parallel g(P_3, Q_3)$ und $g(P_1, Q_2) \parallel g(P_2, Q_3)$ folgt $g(P_2, Q_1) \parallel g(P_3, Q_2)$.
Weil $\mathcal{Z}(F)$ scharf 1-transitiv ist, existieren Abbildungen $\zeta, \zeta' \in \mathcal{Z}(F)$ mit $\zeta(P_2) = P_1, \zeta'(P_1) = P_3$. Aus unseren Parallelitätsvoraussetzungen folgt dann $\zeta(Q_3) = Q_2, \zeta'(Q_1) = Q_3$. Verknüpfung dieser Abbildungen liefert
$(\zeta' \circ \zeta)(P_2) = \zeta'(P_1) = P_3, (\zeta \circ \zeta')(Q_1) = \zeta(Q_3) = Q_2$.
Nun sollte aber die Gruppe $\mathcal{Z}(F)$ abelsch sein, also muss gelten $(\zeta \circ \zeta')(Q_1) = (\zeta' \circ \zeta)(Q_1) = Q_2$. Wegen $(\zeta' \circ \zeta)(Q_1) = Q_2$ und $(\zeta' \circ \zeta)(P_2) = P_3$ werden durch $\zeta' \circ \zeta$ die Geraden $g(P_2, Q_1)$, $g(P_3, Q_2)$ aufeinander abgebildet. Dies bedeutet – wie zu beweisen – $g(P_2, Q_1) \parallel g(P_3, Q_2)$.

2. Richtung
Wenn (P) gilt, **dann** ist die Gruppe $\mathcal{Z}(F)$ abelsch.
Wir starten mit zwei Abbildungen $\zeta, \zeta' \in \mathcal{Z}(F)$ und zwei Punkten P_2, Q_3, so dass F, P_2, Q_3 nicht kollinear sind. Weiter soll gelten
$\zeta(P_2) = P_1, \zeta'(Q_1) = Q_3, (\zeta' \circ \zeta)(P_2) = P_3, (\zeta \circ \zeta')(Q_1) = Q_2$.
Daraus folgt $(\zeta' \circ \zeta)(P_2) = \zeta'(P_1) = P_3$, $(\zeta \circ \zeta')(Q_1) = \zeta(Q_3) = Q_2$. Weil Original- und Bildgerade parallel sind, folgt mit $\zeta(P_2) = P_1$ und $\zeta(Q_3) = Q_2$ sofort $g(P_1, Q_2) \parallel g(P_2, Q_3)$ und mit $\zeta'(P_1) = P_3$ und $\zeta'(Q_1) = Q_3$ weiter $g(P_1, Q_1) \parallel g(P_3, Q_3)$. Nun soll (P) gelten, also folgt weiter $g(P_2, Q_1) \parallel g(P_3, Q_2)$.
Die Parallelität $g(P_1, Q_2) \parallel g(P_2, Q_3)$ wird wegen $\zeta(P_2) = P_1$, $\zeta(Q_3) = Q_2$ von der Abbildung ζ erzeugt und die Parallelität $g(P_1, Q_1) \parallel g(P_3, Q_3)$ wegen $\zeta'(Q_1) = Q_3, \zeta'(P_1) = P_3$ von der Abbildung ζ'. Für die Parallelität $g(P_2, Q_1) \parallel g(P_3, Q_2)$ ist wegen $(\zeta' \circ \zeta)(P_2) = P_3$ die Abbildung $\zeta' \circ \zeta$ verantwortlich. Dies bedeutet $(\zeta' \circ \zeta)(Q_1) = Q_2$.
Im Verlauf unseres Beweises hatten wir schon $(\zeta \circ \zeta')(Q_1) = Q_2$. Daraus folgt die Kommutativität $\zeta \circ \zeta' = \zeta' \circ \zeta$.

6.4 Satz

*Die auf s scharf 1-transtiv operierende Gruppe $\mathcal{T}(s)$ ist **genau dann** abelsch, **wenn** in der Ebene der kleine Satz von Pappus (p), gilt.*

Wie schon beim Satz 6.2 überlassen wir auch diesen Beweis dem Leser.

150

7. Zur Existenz von Abbildungen

Die Abschnitte 5 und 6 sind doch recht kühn. Wir nehmen dort nämlich an, dass in den durch die Axiome A_1, A_2, A_3 bestimmten affinen Ebenen die behandelten Abbildungen auch tatsächlich existieren. Mit dieser vagen Hypothese wurde schließlich eine Reihe von Sätzen gewonnen. Bleibt die entscheidende Frage: Existieren all diese Abbildungen wirklich?

Das Moulton-Modell in 3.6 hat gezeigt, dass es affine Ebenen gibt in denen unsere vier Schließungssätze nicht gelten, also nach 6 die zugehörigen Abbildungen nicht existieren. Will man die Existenz jedoch erzwingen, so brauchen wir ein Zusatzaxiom.

A_4 Abbildungsaxiom
Zu jedem Punkt F existieren zentrische Streckungen $\mathcal{Z}(F)$ mit Zentrum F und zu jeder Geraden mit Richtung s Translationen $\mathcal{T}(s)$. Bei Verknüpfung bilden $\mathcal{Z}(F)$ und $\mathcal{T}(s)$ jeweils scharf 1-transitive abelsche Gruppen.

Wegen der Sätze 6 können wir ein anderes, äquivalentes Axiom formulieren.

A_4^* Schließungsaxiom
In der affinen Ebene gelten die vier Schließungssätze: großer und kleiner Desargues und großer und kleiner Pappus.

Wegen 2.3 genügt es sogar lediglich den Satz (P) vorauszusetzen. Wir sprechen deshalb von der Pappus Ebene.

8. Ein Gipfel

Die affinen Ebenen die auch noch dem Axiom A_4 (oder äquivalent A_4^*) genügen sind – bis auf Isomorphie – die Koordinatenebenen über einem Körper K.
Mit 2.3 können wir auch sagen:
Genau die Pappus Ebenen sind die Koordinatenebenen über einem Körper K.
Manchmal spricht man auch von einem Darstellungssatz.

Beweis:
Der Beweis besteht aus 2 Richtungen.

8.1 Die erste Richtung

Jede Koordinatenebene über einem Körper K ist eine affine Ebene, die dem Axiom A_4 genügt.

In 3.5 wurde gezeigt, dass jede Koordinatenebene über Körpern (GF(p), $\mathbb{R}$, allgemein K)

affine Ebene (Modell) ist. Bevor wir in den Beweis eintreten, erinnern wir nochmals an die Grundbegriffe der Koordinatenebene über K.

Punkte: Alle Paare (x_1, x_2) mit $x_1, x_2 \in K$.

Geraden: $\{(x_1, x_2) \in K^2 | g_1 x_1 + g_2 x_2 + d = 0\}$ mit $g_1, g_2, d \in K$; $(g_1, g_2) \neq (0, 0)$; zwei Tripel (g_1, g_2, d) und (h_1, h_2, e) sind äquivalent, wenn es $r \in K^*$ so gibt, dass $r g_1 = h_1$, $r g_2 = h_2$, $r d = e$.

Parallelität: Zwei Geraden $g_1 x_1 + g_2 x_2 + d = 0$ und $h_1 x_1 + h_2 x_2 + e = 0$ sind genau dann

parallel, wenn $\begin{vmatrix} h_1 & h_2 \\ g_1 & g_2 \end{vmatrix} = h_1 g_2 - h_2 g_1 = 0$.

Nach diesem Rückblick kommen wir jetzt zu den Abbildungen unserer Koordinatenebene. Einzelne davon wurden schon am Gymnasium im Rahmen der analytischen Geometrie behandelt. Wir entnehmen aus Schulbüchern einfach die Gleichungen dieser Abbildungen und verwenden sie für unsere Koordinatenebene. Dann haben wir zu zeigen, dass sie die in A_4 geforderten Eigenschaften besitzen.

8.1.1 Dilatationen $\mathcal{D}$ (5.2)

$$\boxed{\begin{aligned} x_1' &= m x_1 + t_1 \\ x_2' &= m x_2 + t_2 \end{aligned}} \quad m, t_1, t_2 \in K, \ m \neq 0$$

Diese Abbildungen bilden die Menge der Punkte bijektiv auf sich ab. Sei $g_1 x_1 + g_2 x_2 + d = 0$ die Gleichung einer Geraden. Dann liefern unsere Abbildungsgleichungen wieder eine Gerade

$$m g_1 x_1 + m g_2 x_2 + g_1 t_1 + g_2 t_2 + d = 0. \text{ Es gilt } (m g_1, m g_2) \neq (0, 0) \text{ und weiter } \begin{vmatrix} g_1 & g_2 \\ m g_1 & m g_2 \end{vmatrix} = 0.$$

Auch die Menge aller Geraden wird also auf sich abgebildet. Original- und Bildgerade sind parallel.

8.1.2 Zentrische Streckungen $\mathcal{Z}(F)$ mit Zentrum $F(z_1, z_2)$ (5.5)

$$\boxed{\begin{aligned} x_1' &= m x_1 + (1 - m) z_1 \\ x_2' &= m x_2 + (1 - m) z_2 \end{aligned}} \quad m \neq 0, \ m \neq 1$$

Man rechnet nach, dass es sich um Dilatationen handelt, die wegen $m \neq 1$ genau einen Fixpunkt besitzen und weiter, dass $\mathcal{Z}(F)$ bei Verknüpfung eine Gruppe bildet (5.7.1(f)). Der Fall $m = 1$ liefert die identische Abbildung.

Die Gruppe $\mathcal{Z}(F)$ ist abelsch.

Beweis:

$$\zeta_1 : \begin{cases} x_1' = m_1 x_1 + (1 - m_1) z_1 \\ x_2' = m_1 x_2 + (1 - m_1) z_2 \end{cases} \qquad \zeta_2 : \begin{cases} x_1' = m_2 x_1 + (1 - m_2) z_1 \\ x_2' = m_2 x_2 + (1 - m_2) z_2 \end{cases}$$

$$m_1 \neq 0 \qquad m_1 \neq m_2 \qquad m_2 \neq 0$$

$$\zeta_2 \circ \zeta_1: \begin{cases} x_1' = m_2(m_1x_1 + (1-m_1)z_1) + (1-m_2)z_1 = m_1m_2x_1 - m_1m_2z_1 + z_1 \\ x_2' = m_2(m_1x_2 + (1-m_1)z_2) + (1-m_2)z_2 = m_1m_2x_2 - m_1m_2z_2 + z_2 \end{cases}$$

$$\zeta_1 \circ \zeta_2: \begin{cases} x_1' = m_1(m_2x_1 + (1-m_2)z_1) + (1-m_1)z_1 = m_1m_2x_1 - m_1m_2z_1 + z_1 \\ x_2' = m_1(m_2x_2 + (1-m_2)z_2) + (1-m_1)z_2 = m_1m_2x_2 - m_1m_2z_2 + z_2 \end{cases}$$

Wir erhalten also $\zeta_2 \circ \zeta_1 = \zeta_1 \circ \zeta_2$.

Die Gruppe $\mathcal{Z}(F)$ operiert auf den Punkten jeder Geraden durch F scharf transitiv.

Beweis:

Die Gerade $g: x_2 = s(x_1 - z_1) + z_2$ geht durch F und hat die Steigung $s \in K^*$. Auf ihr seien zwei Punkte $A(a_1, s(a_1 - z_1) + z_2)$, $B(b_1, s(b_1 - z_1) + z_2)$ gegeben, wobei $A \neq B$; $A, B \neq F$. Wir suchen nach einer Abbildung

$$\zeta: \begin{cases} x_1' = mx_1 + (1-m)z_1 \\ x_2' = mx_2 + (1-m)z_2 \end{cases} \quad \text{mit } B = \zeta(A).$$

Einsetzen liefert $m = \frac{b_1 - z_1}{a_1 - z_1} = \frac{b_2 - z_2}{a_2 - z_2}$. Damit ist ζ eindeutig bestimmt. Für die Spezialgeraden

$x_1 = z_1$ und $x_2 = z_2$, ergibt sich

$m = \frac{b_2 - z_2}{a_2 - z_2}$ und $m = \frac{b_1 - z_1}{a_1 - z_1}$ – also wieder Eindeutigkeit.

8.1.3 Translationen $\mathcal{T}(s)$ mit konstanter Richtung s (5.5)

$$\boxed{\begin{aligned} x_1' &= x_1 + t_1 \\ x_2' &= x_2 + t_2 \end{aligned}} \quad \text{Richtung } \frac{t_2}{t_1} = s \in K \text{ oder } s = \infty, \ (t_1, t_2) \neq (0,0)$$

Die Richtung von $\mathcal{T}(s)$ wird dabei durch die Steigung s einer Geraden des zugeordneten Parallelenbüschels charakterisiert. Es handelt sich um Dilatationen und $\mathcal{T}(s)$ ist eine Gruppe (5.7.1(e)).

Die Gruppe $\mathcal{T}(s)$ ist abelsch.

Sei zunächst $s = \frac{t_2}{t_1} \in K^*$.

$$\tau_1: \begin{cases} x_1' = x_1 + t_1 \\ x_2' = x_2 + st_1 \end{cases} \qquad \tau_2: \begin{cases} x_1' = x_1 + r_1 \\ x_2' = x_2 + sr_1 \end{cases} \qquad \text{mit } t_1 \neq r_1$$

$$\tau_2 \circ \tau_1: \begin{cases} x_1' = (x_1 + t_1) + r_1 \\ x_2' = (x_2 + st_1) + sr_1 \end{cases} \qquad \tau_1 \circ \tau_2: \begin{cases} x_1' = (x_1 + r_1) + t_1 \\ x_2' = (x_2 + sr_1) + st_1 \end{cases}$$

Dies bedeutet $\tau_1 \circ \tau_2 = \tau_2 \circ \tau_1$.

Die Fälle $s = 0$ und $s = \infty$ führen auf die Abbildungsgleichungen

$$\begin{aligned} x_1' &= x_1 + t_1 \\ x_2' &= x_2 \end{aligned} \qquad \text{und} \qquad \begin{aligned} x_1' &= x_1 \\ x_2' &= x_2 + t_2 \end{aligned}$$

Aus ihnen ergibt sich sofort die Kommutativität.

Die Gruppe $\mathcal{T}(s)$ operiert scharf 1-transitiv auf jeder Geraden mit Steigung s ($s \in K, s = \infty$).

Beweis:

Ohne Beschränkung der Allgemeinheit soll die Gerade g des zugeordneten Parallelenbüschels durch den Ursprung gehen, also $x_2 = sx_1$ mit $s \in K^*$. Auf g seien zwei Punkte gegeben $A(a_1, sa_1), B(b_1, sb_1)$, wobei $A \neq B$. Wir suchen nach einer Abbildung

$$\tau: \begin{cases} x_1' = x_1 + t_1 \\ x_2' = x_2 + st_1 \end{cases} \quad \text{mit } B = \tau(A).$$

Einsetzen liefert $t_1 = b_1 - a_1$. Damit ist τ eindeutig bestimmt. Die Fälle $s = 0$ und $s = \infty$ also $x_2 = 0$ und $x_1 = 0$ sind trivial und werden wieder wie in 8.1.2 behandelt.

8.1.4 Zusammenfassung

Mit 8.1.2 und 8.1.3 wissen wir, dass in unserer Koordinatenebene über K abelsche Gruppen $\mathcal{Z}(F)$, $\mathcal{T}(s)$ existieren, die auf gewissen Geraden auch noch scharf 1-transitiv operieren. Wegen der Sätze in Abschnitt 6 gelten also in diesen Koordinatenebenen auch unsere vier Schließungssätze. Axiom A_4 ist demnach erfüllt.

Bemerkung:

Unsere Ausführungen sind unabhängig davon, dass es im Falle $|\text{Aut } K| \geq 2$ sogenannte semilineare Abbildungen gibt.

8.2 Die zweite Richtung

Jede Pappus affine Ebene ist darstellbar als Koordinatenebene über einem Körper K.

Beweis:

Zum Beweis muss aus der Pappus affinen Ebene ein Körper K konstruiert und mit ihm dann die Koordinatenebene entwickelt werden.

8.2.1 Konstruktion des Körpers K

(a) Die Elemente

Wir wählen zwei verschiedene Punkte O und A. Alle Punkte der durch sie eindeutig bestimmten Geraden $s = g(O, A)$ bilden die Elemente des zu konstruierenden Körpers K.

Jetzt beginnen wir mit diesen Punkten zu rechnen. Dabei verwenden wir die Tatsache, dass aus (P) sofort (p) folgt (2.3). Mit 6.4 operiert dann die Gruppe $\mathcal{T}(s)$ scharf 1-transitiv auf s und ist abelsch.

(b) Die Addition

Durch O und A mit $A \neq O$ wird (scharf 1-transitiv) genau eine Translation $\tau \in \mathcal{T}(s)$ bestimmt. Es gilt $\tau(O) = A$. Wir bezeichnen diese Transformation mit τ_A. Analog τ_B mit $B \in s$.

Wir nehmen auch noch den Punkt O hinzu. Ihm entspreche die identische Abbildung id.

Jetzt kommt die entscheidende Definition. Wir wenden zunächst τ_A an und kommen so von

154

O nach A. Auf diesen Punkt A lassen wir nun τ_B wirken. Das Ergebnis dieses Nacheinanderausführens definieren wir als Summe $A + B$.

Wir können auch schreiben

$A + B: \ (\tau_B \circ \tau_A)(O) = \tau_B(\tau_A(O)) = \tau_B(A) = \tau_B \circ \tau_A.$

Die Abb. III,18 veranschaulicht die nun folgende Konstruktion unserer Summe.

P sei ein beliebiger Punkt mit $P \notin s$.

Dann liegt Q

1. auf einer Parallelen t zu s durch P

2. auf einer Parallelen zu OP durch B.

Der Punkt $A + B$ liegt

1. auf s

2. auf einer Parallelen zu PA durch Q.

Die Struktur $(K, +)$ ist eine scharf 1-transitive und abelsche Gruppe – isomorph zu $\mathcal{T}(s)$.

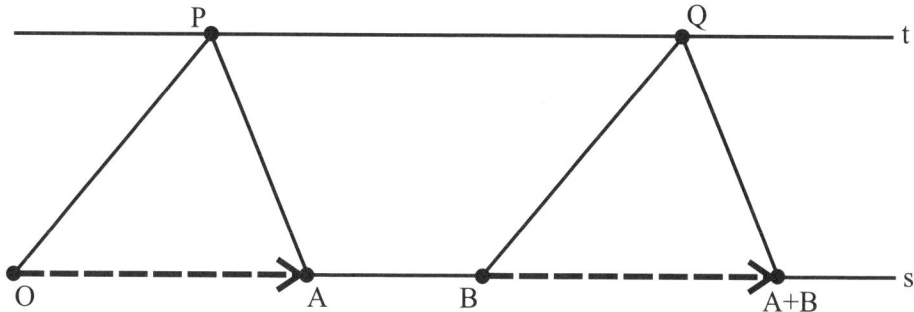

Abb. III,18: Addition von Punkten

Bemerkung:

Es soll an dieser Stelle der in Abschnitt 8 bereits erwähnte Begriff „isomorph" genauer erklärt werden.

Zwei Strukturen $(G, \circ)$, $(E, \square)$ seien gegeben (etwa zwei Gruppen). Weiter sei f eine Abbildung, welche diese Strukturen bijektiv aufeinander abbildet $f: \ (G, \circ) \rightarrow (E, \square)$. Wenn dann gilt $f(X \circ Y) = f(X) \square f(Y)$, so heissen die beiden Strukturen zueinander *isomorph*. Das Bild einer Verknüpfung entspricht also der Verknüpfung der Bilder. Die Abbildung f ist strukturerhaltend. Etwas salopp wird auch von „gleichgestaltigen" Strukturen gesprochen.

(c) Die Multiplikation

Auf der Geraden s sei ein weiterer, von O verschiedener Punkt E gegeben.

Durch E und A mit $A \neq E$ wird (scharf 1-transitiv) genau eine zentrische Streckung $\zeta \in \mathcal{Z}(O)$ bestimmt. Es gilt $\zeta(E) = A$. Wir bezeichnen diese zentrische Streckung mit ζ_A. Analog ζ_B mit $B \in s$.

Dem Punkt E entspreche die identische Abbildung id.

Jetzt kommt wieder die entscheidende Definition.

Wir wenden zunächst ζ_A an und kommen so von E nach A. Auf diesen Punkt A lassen wir jetzt ζ_B wirken. Das Ergebnis dieses Nacheinanderausführens definieren wir als Produkt $A \cdot B$.

Wir können schreiben $A \cdot B : (\zeta_B \circ \zeta_A)(E) = \zeta_B(\zeta_A(E)) = \zeta_B(A) = \zeta_B \circ \zeta_A$.

Abb. III,19 veranschaulicht die nun folgende Konstruktion unseres Produktes. P sei beliebig mit $P \notin s$.

Dann liegt Q

1. auf OP
2. auf einer Parallelen PE durch B.

Der Punkt $A \cdot B$ liegt

1. auf s
2. auf einer Parallelen zu PA durch Q.

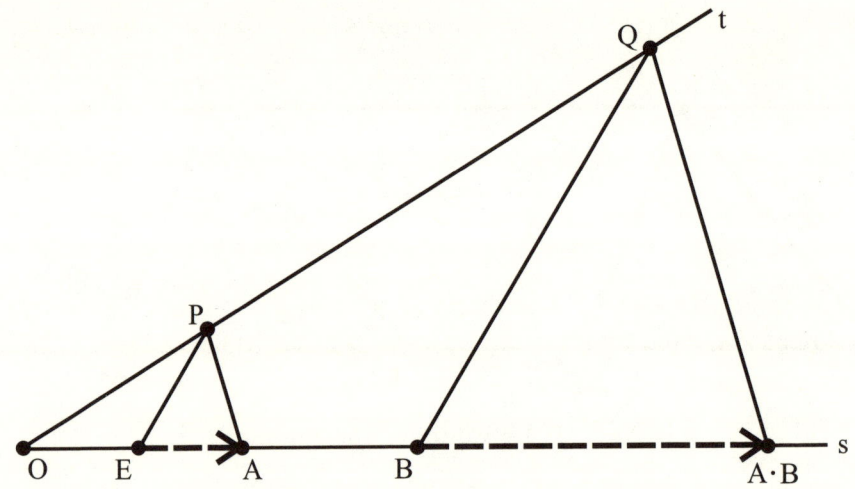

Abb. III,19: Multiplikation von Punkten

Die Struktur $(K^*, \cdot)$ mit $K^* = K \setminus \{0\}$ ist eine scharf 1- transitive und abelsche Gruppe – isomorph zu $\mathcal{Z}(O)$ längs s.

Und was geschieht mit dem Punkt O?

Zusatzdefinition:

Für alle $A \in s$ gilt $A \cdot O = O \cdot A = O$.

Unsere Aussagen zu $(K, +)$, $(K^*, \cdot)$ besagen, dass wir unser Ziel – die Konstruktion eines Körpers – fast erreicht haben. Denn die Körperaxiome K_1, K_2 aus II,2.1.3 sind bereits erfüllt. Bleibt nur noch der Nachweis der Distributivität K_3.

(d) Distributivität

Wir haben zu zeigen $C \cdot (B + A) = C \cdot B + C \cdot A$.

Wird eines der drei Elemente O, so ist unsere Aussage mit der Zusatzdefinition trivial.

Wir setzen jetzt voraus $C \neq O$.

$C \cdot (B + A) =$
$= \zeta_C \circ \tau_B \circ \tau_A =$
$= \zeta_C \circ \tau_B(A) =$
$= \tau_{CB} \circ \zeta_C(A) =$
$= \tau_{CB}(C \cdot A) =$
$= C \cdot B + C \cdot A.$

Der Übergang von der 3. zur 4. Zeile ist problematisch und bedarf deshalb der Erklärung. In Aufgabe 4 ist zu beweisen, dass $\delta \circ \tau \circ \delta^{-1}$ eine Translation in der Richtung von τ ist. Dies gilt natürlich auch dann noch, wenn die Dilatation δ eine zentrische Streckung ζ ist. So erhalten wir

$\zeta_C \circ \tau_B \circ \zeta_C^{-1}(O) =$
$= \zeta_C \circ \tau_B(O) =$
$= \zeta_C(B) =$
$= C \cdot B.$

Die Translation $\zeta_C \circ \tau_B \circ \zeta_C^{-1}$ führt also den Punkt O über in $C \cdot B$, also $\zeta_C \circ \tau_B \circ \zeta_C^{-1}(O) = C \cdot B = \tau_{C \cdot B}$. Rechtsmultiplikation mit ζ_C liefert wie zu beweisen $\zeta_C \circ \tau_B = \tau_{C \cdot B} \circ \zeta_C$. Das Rechnen mit Punkten bedarf der Gewöhnung. Denn bisher waren die Elemente von Körpern stets Zahlen. Letztlich sind die Elemente mathematischer Strukturen sinn- und bedeutungsfrei. Entscheidend ist nur, dass sie den Axiomen (Spielregeln 1.8) genügen.

8.2.2 Die Koordinatenebene

(a) Die Punkte der Ebene
Wir starten mit unserer Geraden $s = g(O, E)$ und wählen einen Punkt $E' \notin s$. So erhalten wir eine Gerade $s' = g(O, E')$.
Einem beliebigen Punkt X der Ebene werden jetzt mit einem Konstruktionsverfahren jeweils zwei Elemente X_1, X_2 aus K – also Punkte der Geraden s zugeordnet. Abb. III,20 zeigt diese Konstruktion.

X_1 liegt 1. auf s, 2. auf einer Parallelen zu $g(O, E')$ durch X.

Der Hilfspunkt X' liegt 1. auf s', 2. auf einer Parallelen zu s durch X.

X_2 liegt 1. auf s, 2. auf einer Parallelen zu $g(E, E')$ durch X'.

Die Punkte $X_1, X_2 \in s$ sind die Koordinaten des Punktes X. Wir schreiben $X(X_1, X_2)$. Mit dieser Festlegung wird die Menge aller Punkte der affinen Ebene bijektiv auf die Menge aller (geordneten) Elementpaare aus K abgebildet.

(b) Die Geraden
Wie werden nach der Einführung von Koordinaten die Geraden unserer affinen Ebene beschrieben? Können wir ihnen auch Gleichungen zuordnen?
Zur Beantwortung dieser Fragen unterscheiden wir zwei Fälle.
<u>Die fragliche Gerade g sei parallel zu s.</u>

Der Abb. III,21 entnehmen wir, dass alle Punke $X \in g$ dieselbe Koordinate X_2 besitzen. Damit erhalten wir die Gleichung $X_2 = C$ mit $C \in K$. Für die Gerade s als Sonderfall ergibt sich $X_2 = 0$.

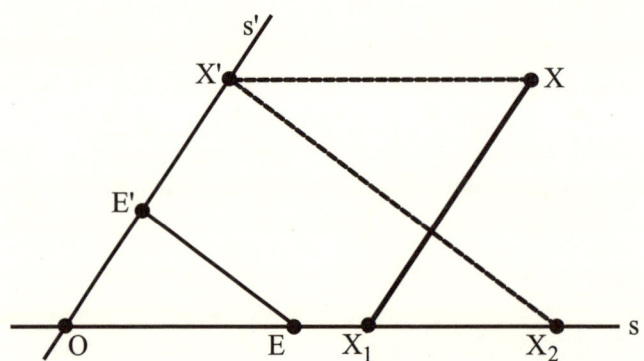

Abb. III,20: Die Punkte der Koordinatenebene

Die Gerade g sei nicht parallel zu s
In Abb. III,22 wurden die Koordinaten eines Punktes X konstruiert und dann die Parallelen g_1, g_2 zu g durch E' und X' eingezeichnet. Weiter gelte $g_1 \cap s = \{A_1\}$, $g_2 \cap s = \{A_2\}$, $g \cap s = \{A\}$.

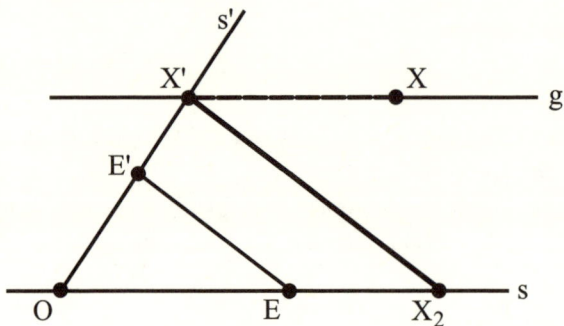

Abb. III,21: Gleichung der Geraden g mit $g \parallel s$

Nun betrachten wir zwei Spezialabbildungen
$\zeta_{X_2} \in \mathcal{Z}(O)$ und $\tau_{X_1} \in \mathcal{T}(s)$.
Aus Abb. III,22(a) entnehmen wir $\tau_{X_1}(A_2) = A$ und aus III,22(b) weiter $\zeta_{X_2}(A_1) = A_2$.
Damit erhalten wir
$$A = \tau_{X_1}(A_2) =$$
$$= \tau_{X_1} \circ \zeta_{X_2}(A_1) =$$
$$= \tau_{X_1}(X_2 \cdot A_1) =$$
$$= X_1 + X_2 \cdot A_1$$
Für alle $X \in g$ gilt also $A = X_1 + X_2 A_1$. Durchläuft man den Beweis rückwärts, so erkennt man, dass umgekehrt alle Punkte X, deren Koordinaten die Gleichung erfüllen, auf g liegen.

Aus all diesen Überlegungen lässt sich weiter folgern, dass die Geraden unserer affinen Ebene genau durch Tripel (g_1, g_2, d) mit $g_1, g_2, d \in K$, $(g_1, g_2) \neq (0, 0)$ und Äquivalenzeigenschaft (wie in 8.1) beschrieben werden.

Damit erst ist der Beweis von Satz 8 vollständig abgeschlossen.

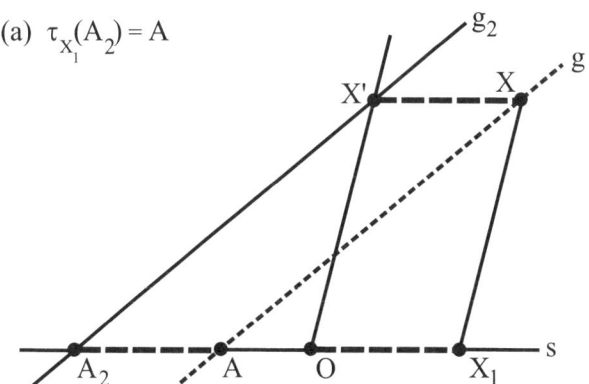

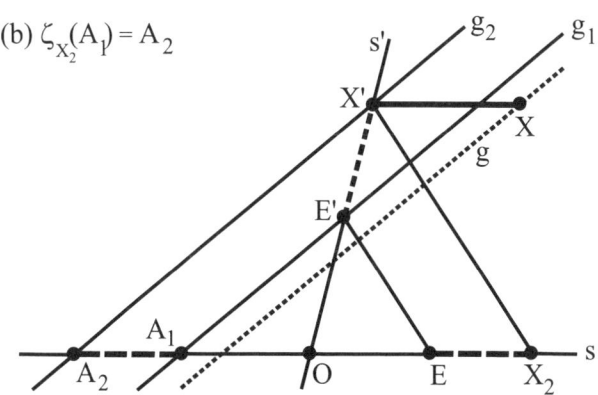

Abb. III,22: Gleichung der Geraden g mit $g \nparallel s$

9. Rudimentäre Strukturen

Nach dem Gipfelerfolg in Abschnitt 8 begnügen wir uns jetzt mit einem Blick auf umliegende Gipfel – teilweise sind diese von Nebeln verhüllt.

Wir kehren nochmals zurück zu den Schließungssätzen (P), (p), (D), (d). In 2.3 wurden die Zusammenhänge zwischen diesen Sätzen ohne Beweis mitgeteilt. Diese Beziehungen gelten nicht nur in der klassischen Schulgeometrie, sondern ganz allgemein in affinen Ebenen. Von dieser Tatsache haben wir schon Gebrauch gemacht.

Wir werden jetzt das Zusatzaxiom A_4 schwächer formulieren, indem wir auf gewisse Schließungssätze verzichten. Wie sehen dann die zugehörigen Rumpfgeometrien aus? Welche algebraischen Strukturen werden zu deren Darstellung benützt?

Wir geben lediglich eine Übersicht bekannter Ergebnisse.

Zusatzaxiome zu Σ_A	Name der Geometrie	Algebraische Struktur
(P) also auch (D), (d), (p)	Pappus Ebene	Körper K
(D) also auch (d), (p), aber nicht (P)	Desargues Ebene	Schiefkörper SK
(d) also auch (p), aber nicht (P), (D)	Translationsebene	Veblen-Wedderburn-System Quasikörper
Ohne Zusatz zu Σ_A	affine Ebene	Ternärkörper TK

Damit hat man einen wunderschönen Stufenaufbau (manchmal wird auch von einer Hierarchie affiner Ebenen gesprochen). Die Gültigkeit verschiedener Schließungssätze führt Schritt für Schritt zu immer gehaltvolleren Geometrien und zu interessanten algebraischen Strukturen.

Die engen Zusammenhänge zwischen Geometrien und algebraischen Strukturen üben auf jeden Mathematiker einen ganz besonderen Reiz aus.

10. Aufgaben zu III

(1) Beweisen Sie den Strahlen- und den Parallelogrammsatz mit Mitteln der Schulgeometrie (Kongruenz und Ähnlichkeit von Dreiecken).

(2) Wenn in einer affinen Ebene der große Satz von Desargues (D) gilt, dann auch der kleine (d). Beweis?

(3) Sind zwei Geraden einer affinen Ebene parallel, so gilt dies auch für deren Bilder bei Dilatationen. Beweisen Sie das mit und ohne Rechnung!

(4) Verkettung von Abbildungen

(a) Gegeben die Dilatationen δ, δ^{-1} und eine Translation τ. Dann ist $\delta \circ \tau \circ \delta^{-1}$ eine Translation.

(b) τ und $\delta \circ \tau \circ \delta^{-1}$ haben gleiche Richtung.

Die beiden Behauptungen sind zu beweisen.

160

(5) Zu Satz 8.2.1

Bei der Konstruktion der Summe $A + B$ zweier Punkte wurde ein Punkt $P \notin s$ verwendet. Führt ein anderer Punkt $R \notin s$, $R \neq P$ auf den gleichen Punkt? Die gleiche Frage lässt sich bei der Konstruktion des Produktes $A \cdot B$ formulieren. Suchen Sie Antworten!

(6)

Satz 6.2. Scharf 1-transitive Gruppen $\mathcal{T}(s)$ existieren genau dann, wenn in der affinen Ebene der kleine Satz von Desargues (d) gilt.

Satz 6.4. Die auf s scharf 1-transitiv operierende Gruppe $\mathcal{T}(s)$ ist genau dann abelsch, wenn in der affinen Ebene der kleine Satz von Pappus (p) gilt.

Die beiden Sätze sind in Analogie zu 6.1 und 6.3 zu beweisen.

11. Zusammenfassung zu Teil III

In diesem Abschnitt waren die Fundamentalisten, die Axiomatiker, gefragt.

Nach allgemeinen Ausführungen zur Axiomatik wurde die Geometrie der affinen Ebene entwickelt. Dabei ging es nur mühsam aufwärts und die Schwierigkeiten wurden fortgesetzt größer. Der Beweis des Darstellungssatzes 8 stellte an unsere Kletterfertigkeit doch erhebliche Ansprüche. Schwindelfreiheit und Trittsicherheit waren unabdingbar. Spüren Sie in sich den Stolz des erfolgreichen Gipfelstürmers?

Bei dem skizzierten Stufenaufbau wächst vielleicht (hoffentlich!) das Bedürfnis diese vielen Gipfel zu erkunden, ja sie mit Seil und Hacken zu erklimmen.

IV. Möbius-Geometrie

Wir kehren jetzt reumütig zu den Kapiteln I, II zurück und betrachten die dort untersuchte Ebene mit all ihren Punkten (einschließlich Punkt ∞) und Zykeln. Allerdings wollen wir diese Zykelgeometrien nun in völliger Analogie zu Kapitel III rein axiomatisch entwickeln. In festem, gut griffigen Fels steigen wir aufwärts einem neuen Gipfel entgegen. Wir werden bizarre Felsnadeln, aber auch schaurige Abgründe sehen. Trotzdem können wir eine traumhafte Aussicht geniessen.

1. Das Axiomensystem der Möbius-Ebene

1.1 Grundbegriffe

Sei $\mathbb{P} = \{P, Q, R, \ldots\}$ wieder eine Menge und $\mathbb{L} = \{f, g, h, \ldots\}$ eine Menge von Teilmengen. Jetzt nennen wir die Elemente aus $\mathbb{P}$ M-Punkte und die aus $\mathbb{L}$ M-Zykeln.
M steht dabei für Möbius.
Statt $P \in g$ sagen wir auch jetzt erneut „P liegt auf g", „g geht durch P" oder „P inzidiert mit g"

1.2 Die Axiome $\Sigma_M = \{M_1, M_2, M_3\}$

M_1 Einzigkeitsaxiom
Zu drei verschiedenen M-Punkten $P, Q, R \in \mathbb{P}$ gibt es genau einen M-Zykel der mit ihnen inzidiert.
Wir bezeichnen diesen M-Zykel mit $k(P, Q, R)$ oder kurz mit PQR.
Kürzel zum Einprägen:

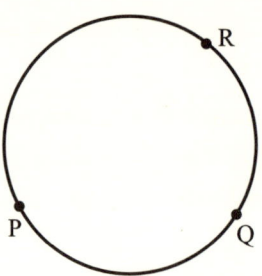

M_2 *Das Berühraxiom*

Sei a ein M-Zykel, $A \in a$ und $B \notin a$. Dann gibt es genau einen M-Zykel b durch B und A, der mit a genau den M-Punkt A gemeinsam hat.

Kürzel:

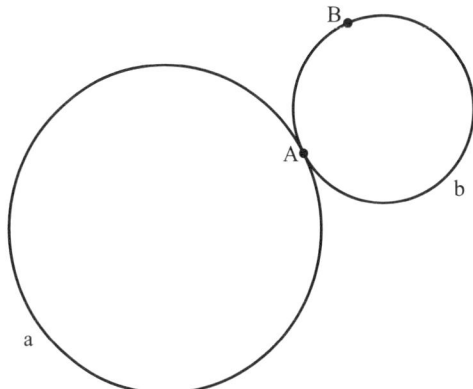

Die Kürzeldarstellung lässt die Analogie zum Parallelenaxiom der affinen Ebene deutlich werden. (Lassen Sie den Punkt A nach ∞ entfleuchen.)

M_3 *Reichhaltigkeitsaxiom (humorvoll wieder Armseligkeitsaxiom)*
Es gibt vier verschiedene Punkte P, Q, R, S, die nicht auf einem M-Zykel liegen. Jeder M-Zykel enthält mindestens einen M-Punkt.

1.3 Definition

Das Paar $(\mathbb{P}, \mathbb{L})$ heißt Möbius-Ebene, wenn die Axiome des Systems $\Sigma_M = \{M_1, M_2, M_3\}$ erfüllt sind.

1.4 Und wer war Möbius?

Aus seinem Leben:
Das Leben des August Ferdinand Möbius (1790–1868) lief ohne jede Dramatik ab. Sein Vater war Tanzlehrer an der Fürstenschule in Schulpforta – er starb schon 1793. Der begabte, aber mittellose junge Möbius konnte an der Universität Leipzig studieren. Trotz der napoleonischen Fremdherrschaft unternahm er einige wissenschaftliche Studienreisen – unter anderem zu C. F. Gauß nach Göttingen. Leider erkannte dieser die außergewöhnlichen Fähigkeiten des jungen Mannes nicht. Schließlich erhielt er einen Ruf an die Sternwarte in Leipzig und wurde dort 1844 zum ordentlichen Professor für Astronomie und Mathematik ernannt. Möbius war verheiratet und hatte drei Kinder. Kein Mathematiker kann es sich verkneifen, an dieser Stelle einen Enkel zu erwähnen, den berühmten Neurologen Paul Julius August Möbius (1853–1907). In seinem Buch „Über die Anlage zur Mathematik" beschreibt er seine Entdeckung eines mathematischen Organs im Gehirn (Folgen sind eine abnorme Knochenbildung und herunterhängende Hautlappen über dem linken Auge. Schauen Sie in den Spiegel und prüfen Sie Ihre Begabung!). Noch mehr Staub hat seine Schrift: „Über den

physiologischen Schwachsinn des Weibes" aufgewirbelt. Sie erschien in vielen Auflagen. Das Interesse daran scheint ungebrochen. Denn 1977 wurde sie als Faksimiledruck neu aufgelegt. Nicht unerwähnt sollte bleiben, dass A. F. Möbius über seine Mutter mit Martin Luther verwandt war.

August Ferdinand Möbius (1790–1868)

Das mathematische Werk:
Seine Mathematik ist vor allem niedergelegt in zwei umfangreichen Büchern „Lehrbuch der Statik" und insbesondere „Der baryzentrische Kalkül". Die Texte sind klar formuliert und sauber gegliedert. Überall begegnet man tiefgehenden Gedanken.
Da geht es zum einen um die damals völlig neuartigen baryzentrischen Koordinaten. Diese beziehen sich auf den Schwerpunkt ebener und räumlicher Gebilde.
Zum anderen hat er versucht, die geometrischen Verwandtschaften zu klassifizieren. Doch dieses groß angelegte Programm konnte er nicht zum Abschluss bringen. Dies gelang erst F. Klein mit seinem „Erlangen Programm".
Die Kreativität nimmt bei den meisten Mathematikern mit zunehmendem Alter stark ab. Nicht aber so bei Möbius. Noch im Alter von 70 Jahren machte er seine eindrucksvollste Entdeckung, das „Möbius-Band". Dabei handelt es sich um eine einseitige Fläche (einfach verdrillter und geschlossener Gürtel).
Möbius war der erste der die Kreisspiegelungen systematisch untersuchte – in seiner Arbeit „Theorie der Kreisverwandtschaften".
Leider hat Möbius zu Lebzeiten nicht die Anerkennung gefunden, die seiner Bedeutung für die Geometrie angemessen gewesen wäre.

164

Der Mensch:

Möbius verkörpert das, was sich viele unter einem Mathematiker vorstellen. Versponnen in seine Ideenwelt, vergisst permanent Schlüssel und Regenschirme, ... Heute gibt es solche Typen wohl nicht mehr. Während seiner Leipziger Zeit (mehr als 50 Jahre) wohnte er mit Weib und Kindern direkt in der Sternwarte. Auch die Vorlesungen fanden dort statt. Dieses Abgekapseltsein führte zu gewissen Schwierigkeiten im Umgang mit fremden Menschen. An Gesprächen und Diskussionen beteiligte er sich nur, wenn es um wissenschaftliche Probleme ging.

Besonders hervorgehoben wird von allen Historikern immer wieder seine große Bescheidenheit.

Zusammenfassend lesen wir: „Mit Recht würdigen wir heute A. F. Möbius als einen wegweisenden Geometer des 19. Jahrhunderts, dessen Wirken die Entwicklung der Mathematik noch bis in unsere Zeit hinein beeinflusst hat."

1.5 Unabhängigkeit

Die Axiome M_1, M_2, M_3 sind voneinander unabhängig.

Wir haben zu zeigen, dass kein Axiom aus den beiden anderen folgt. Dies geschieht genau wie in III,3.4 durch Aufzeigen von Modellen in denen zwei, nicht aber das dritte Axiom erfüllt sind. Ohne Text zeigt Abb. IV,1 drei solche, recht gekünstelte Modelle.

Es gelten $M_1, M_2,$

nicht aber M_3

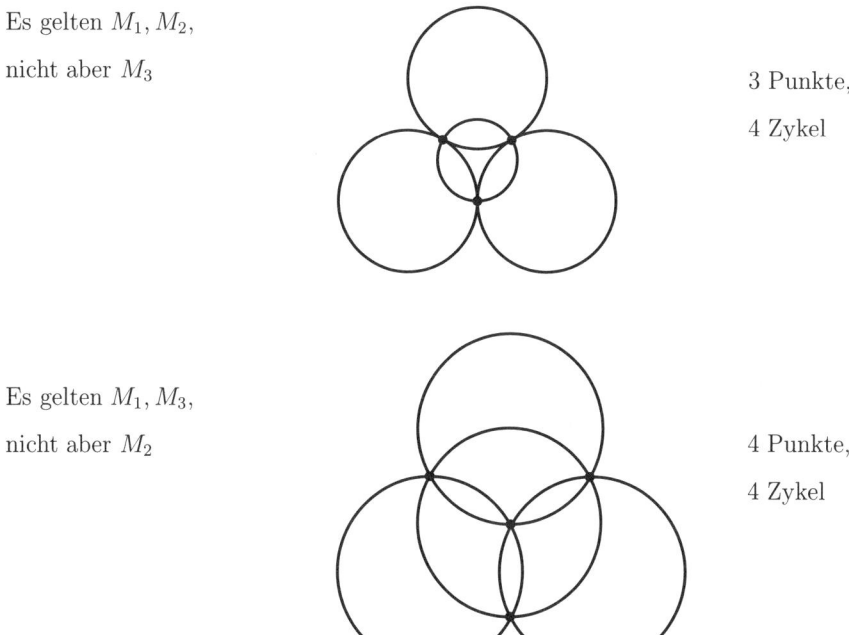

3 Punkte,

4 Zykel

Es gelten $M_1, M_3,$

nicht aber M_2

4 Punkte,

4 Zykel

Es gelten M_2, M_3,

nicht aber M_1

4 Punkte,

6 Zykel

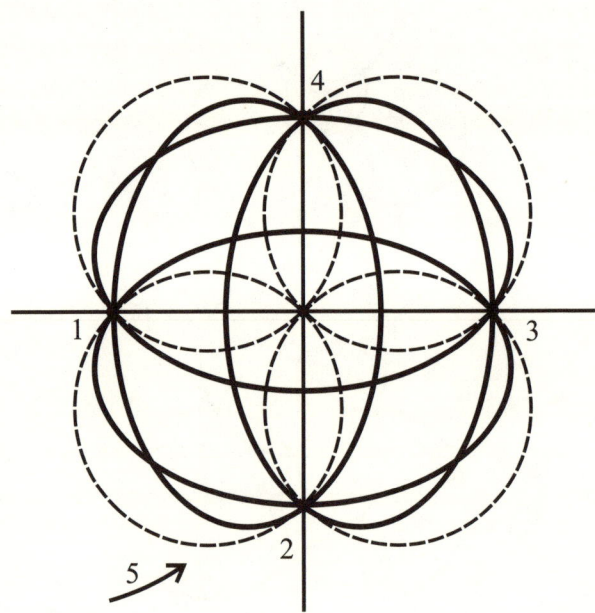

Abb. IV,1: Unabhängigkeit der Axiome M_1, M_2, M_3

1.6 Verschiedene Modelle Mod (Σ_M)

Jetzt stellen wir verschiedene Modelle der Möbius-Ebene vor. Damit ist dann die semantische Widerspruchsfreiheit der Axiome M_1, M_2, M_3 gemäß III,1.5.3 nachgewiesen.

1.6.1 Die vertraute Schulgeometrie

Wir betrachten die Ebene aus Teil I. Sie stellt natürlich ein Modell der Möbius-Ebene dar. M-Punkte: alle Punkte der euklidischen Ebene zusammen mit dem in I,5 eingeführten Punkt ∞.

Abb. IV,2: Ein Minimalmodell der Möbius-Ebene

M-Zykel: alle Kreise und Geraden der euklidischen Ebene.

Die Gültigkeit von M_3 ist trivial, die von M_1, M_2 lässt sich durch elementargeometrische Konstruktionen nachweisen.

Genau wie für die affine Ebene (III,3.5.1) gibt es auch jetzt wieder ein Modell auf der Kugelschale.

M-Punkte: alle Punkte einer Kugelschale im euklidischen Raum.

M-Zykel: alle Schnittkreise unserer Kugelschale mit Ebenen.

Durch stereographische Projektion vom Nordpol der Kugel auf die Tangentialebene im Südpol (Aufgabe I,13.5) erhalten wir das erste Modell.

Die beiden unendlichen Modelle sind isomorph.

1.6.2 Endliche Modelle

Wir nennen zunächst ein weit verbreitetes Minimalmodell.

M-Punkte: die 5 in Abb. IV,2 gezeichneten Punkte der euklidischen Ebene.

M-Zykel: 2 Geraden, 4 Kreise, 4 Ellipsen durch die 5 Punkte.

Das sind insgesamt 5 M-Punkte und 10 M-Zykel. Auf jedem M-Zykel liegen genau 3 M-Punkte und durch jeden M-Punkt gehen 6 M-Zykel.

Das genannte Modell wird zwar häufig verwendet – es ist aber recht unübersichtlich. Wir geben ein weniger verworrenes Minimalmodell in Abb. IV,3.

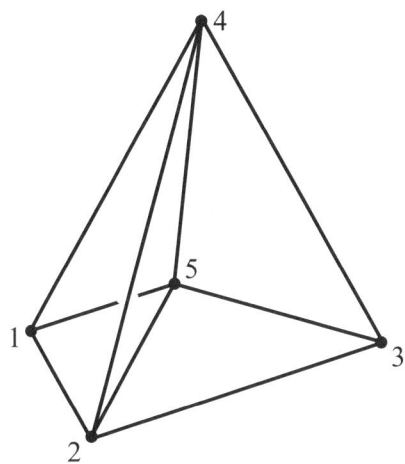

Abb. IV,3: Ein übersichtlicheres Minimalmodell der Möbius-Ebene

M-Punkte: 4 Eckpunkte eines regulären Tetraeders im euklidischen Raum, zusammen mit dem Tetraedermittelpunkt.

M-Zykel: Die 10 Kreise durch jeweils drei unserer Punkte.

Punkte auf den M-Zykeln: $(245), (135), (235), (345), (125), (145), (234), (124), (132), (134)$.

Die beiden Modelle erweisen sich als isomorph.

1.6.3 Analytisch-algebraische Modelle

Die in II,2 und II,3 behandelten Geometrien über $(\mathbb{R}, \mathbb{C})$ oder allgemeiner über (K, L) sind Modelle unserer Möbius-Ebene (siehe dazu II,3.2.3 und Aufgabe II,12).

Mit $K = \mathrm{GF}(q)$ erhalten wir genau $q^2 + 1$ M-Punkte und genau $q(q^2 + 1)$ M-Zykel.

Der – eigentlich ausgeschlossene – Fall $K = \mathrm{GF}(2)$ liefert ein zu unseren Modellen in 1.6.2 isomorphes Modell.

1.6.4 Ausblicke auf herrliche Gipfel

(a) Affine Ebenen lassen sich zu dreidimensionalen affinen Räumen erweitern.

(b) Durch Hinzunahme weiterer Punkte, Geraden und Ebenen kommt man zu projektiven Ebenen und zu dreidimensionalen projektiven Räumen.

(c) In projektiven Räumen lassen sich *Ovoide* definieren.

(1) Eine Punktmenge $\mathcal{O}$ heisst Ovoid, wenn gilt $|\mathcal{O} \cap g| \in \{0, 1, 2\}$. Die Geraden g sind also zu $\mathcal{O}$ Passanten, Tangenten oder Sekanten.

(2) Die Menge aller Tangenten in einem Punkt $P \in \mathcal{O}$ bildet die Tangentialebene in P an $\mathcal{O}$. In jedem Ovoidpunkt gibt es genau eine Tangentialebene.

In der Ebene entsprechen den Ovoiden die *Ovale*.

Natürlich lassen sich Ovoide und Ovale ganz analog auch in affinen Ebenen und affinen Räumen definieren.

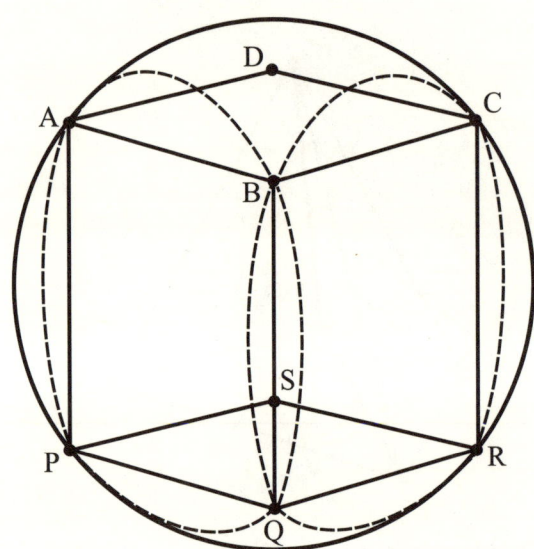

Abb. IV,4: (a) Miquel im Kugelmodell

(d) Zurück zur Möbius-Ebene.

Unter Verwendung eines Ovoids $\mathcal{O}$ erhalten wir ein weiteres Modell der Möbius-Ebene.

M-Punkte: alle Punkte des Ovoids $\mathcal{O}$.

M-Zykel: alle Schnitte von Ebenen mit $\mathcal{O}$.

Möbius-Ebenen, die zu diesem Modell isomorph, sind heissen *ovoidal* (egglike). In bergsteigerischer Bescheidenheit werden wir all diese Gipfel jedoch nicht besteigen – ihr Anblick genügt uns.

1.7 Vollständigkeit

Das Axiomensystem $\Sigma_M = \{M_1, M_2, M_3\}$ ist unvollständig.

Beweis:
Zum Beweis müssen wir wieder (wie in III,3.6) eine einschlägige Aussage finden, die nicht entscheidbar ist – dies bedeutet, dass sie in manchen Modellen der Möbius-Ebene gilt, in anderen nicht.

(a) *Der Satz von Miquel im Kugelmodell*
Als einschlägige Aussage verwenden wir den „fossilen" Satz von Miquel aus I,12.1.1 und II,3.2.6. Er gewinnt jetzt plötzlich an Bedeutung.

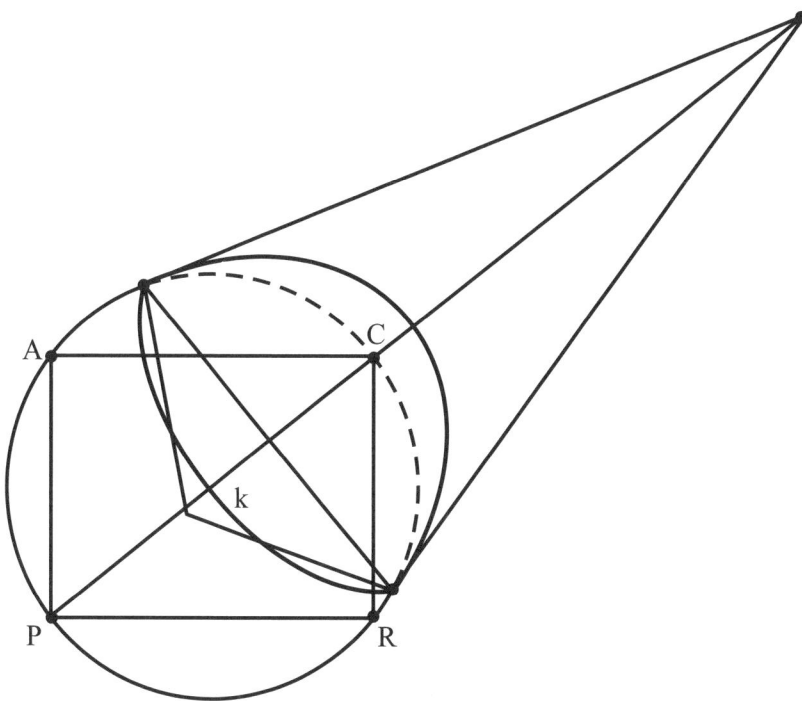

Abb. IV,4: (b) Ein Ovoidmodell

Wir betrachten nochmals das Kugelmodell der Möbius-Ebene aus 1.6.1. Dieser Kugel beschreiben wir einen Würfel mit den Ecken A, B, C, D, P, Q, R, S ein. Für diese Konfiguration aus 8 M-Punkten und 6 M-Zykeln (Schnittebenen, Kreise um die Seitenflächen des Würfels) ist der Satz von Miquel erfüllt.

(b) *Konstruktion eines neuen Modells*

Wir setzen der Kugel über C, symmetrisch zur Geraden $g(P, C)$ ein Drehparaboloid auf, das die Kugel längs eines Kreises k berührt. So entsteht eine eiförmige Fläche (Abb. IV,4 (b)), ein Ovoid. Dieses neue Gebilde betrachten wir als Modell einer Möbius-Ebene (wie in 1.6.4(d)).

(c) *Der Satz von Miquel im neuen Modell*

Wir schneiden die Gerade $g(R, C)$ mit dem Ovoid und erhalten einen Punkt C'. Er liegt auf der „Warze", also außerhalb der Sphäre und damit nicht in der durch A, B, D bestimmten Schnittebene (Abb. IV,4 (c)).

Die Schnittebene durch B, Q, R enthält C', ebenso die durch D, S, R. Die Schnittgebilde $(PQAB)$, $(PSAD)$, $(PQRS)$ bleiben beim Übergang zum neuen Modell unverändert. Also sind für die Punkte P, Q, R, S, A, B, C', D die Voraussetzungen für die Anwendung des Satzes von Miquel gegeben.

Bei Gültigkeit des Satzes müßten die Punkte A, B, C', D in einer Schnittebene des Ovoids liegen. Dies aber tun sie nach dem Gesagten nicht. Wir haben es im neuen Modell mit einer nicht-miquelschen (aber ovoidalen) Möbius-Ebene zu tun. Im (K, L)-Modell gilt der Satz, in unserem Ovoidmodell aber nicht. Die Aussage folgt also nicht aus M_1, M_2, M_3. Das Axiomensystem Σ_M ist unvollständig.

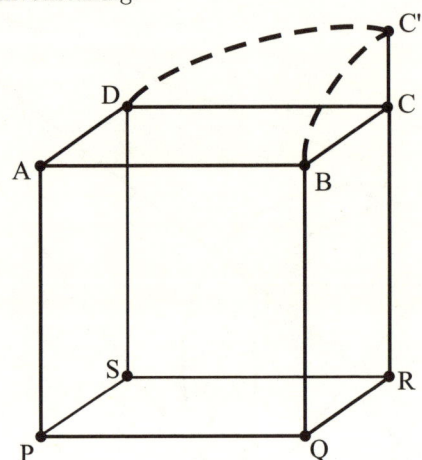

Abb. IV,4: (c) Miquel im Ovoidmodell

2. Sätze aus der M-Geometrie, Th (Σ_M)

2.1 Satz

Zwei M-Zykel haben nicht mehr als zwei M-Punkte gemeinsam.

Beweis:
Die Existenz von drei solchen M-Punkten bedeutet einen Widerspruch zu M_1.

2.2 Definition

Zwei verschiedene M-Kreise schneiden, meiden oder berühren sich, wenn sie genau zwei, keinen oder genau einen M-Punkt emeinsam haben.

2.3 Satz

Die „Punktberührung" von M-Zykeln ist eine Äquivalenzrelation.
Berühren sich zwei M-Zykel a, b in einem Punkt A, so schreiben wir wegen der Analogie zur Parallelität in Kapitel III jetzt $a \underset{A}{\parallel} b$ und sprechen von „Punktberührung".

Beweis:
Symmetrie: $a \underset{A}{\parallel} b \Rightarrow b \underset{A}{\parallel} a$ Dies folgt sofort aus der Definition des Berührens zweier M-Zykel.
Reflexivität: $a \underset{A}{\parallel} a$
Das Berühren wurde zunächst nur für zwei verschiedene M-Zykel festgelegt (echtes Berühren). Reflexivität wird durch Erweiterung dieser Definition erzwungen. Wir sagen, dass jeder M-Zykel sich in jedem seiner Punkte selbst berührt. Jeder M-Zykel ist sein eigener Berührzykel (entartetes Berühren).

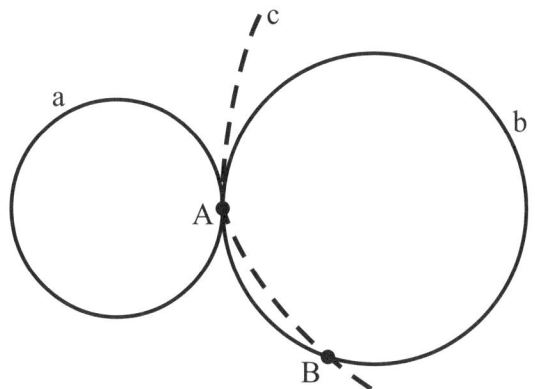

Abb. IV,5: Transitivität der „Punktberührung"

Transitivität: $a \underset{A}{\parallel} b$ und $a \underset{A}{\parallel} c \Rightarrow b \underset{A}{\parallel} c$
Wir beweisen indirekt und nehmen an $b \underset{A}{\not\parallel} c$.
b und c berühren sich nicht in A. Sie haben also neben A noch einen M-Punkt B gemeinsam, $B \in b$ und $B \in c$ (Abb. IV,5). Weil a die M-Zykel b, c in A berührt, kann a nicht durch B gehen, also $B \notin a$. Es gibt demnach durch B zwei M-Zykel die a in A berühren. Dies ist ein Widerspruch zu M_2.

Bemerkung:
Manchmal wird mit Σ_M nicht nur das Axiomensystem sondern die M-Ebene selber bezeichnet – analog mit Σ_A sowohl das Axiomensystem als auch die affine Ebene.

2.4 Satz

W sei ein Punkt von Σ_M. Dieser Punkt werde herausgenommen. Alle M-Zykel durch ihn bezeichnen wir als Geraden.
Die Punkte $\mathbb{P} \setminus \{W\}$ und die genannten Geraden bilden eine affine Ebene Σ_A.
Man spricht auch von der Ableitung der M-Ebene bezüglich des Punktes W.

Beweis:
Wir müssen zeigen, dass in der Ableitung die drei Axiome A_1, A_2, A_3 aus III,3.2 erfüllt sind.
$M_1 \Rightarrow A_1$
Denn durch zwei, von W verschiedene M-Punkte P, Q existiert genau ein M-Zykel $k(P, Q, W)$, also in der Ableitung genau eine Gerade.
$M_2 \Rightarrow A_2$
Sei k ein M-Zykel durch W und weiter P ein M-Punkt $P \notin k$, dann gibt es genau einen M-Zykel durch P der k im Punkt W berührt. In der Ableitung ist dies genau die Parallele durch P zu k.
$M_3 \Rightarrow A_3$
Nach M_3 gibt es in Σ_M vier M-Punkte, die nicht gemeinsam auf einem M-Zykel liegen – also auch nicht auf einem Kreis durch W. Nach Wegnahme von W bleiben also sicher drei Punkte übrig die nicht gemeinsam auf einer Geraden liegen.

2.5 Definition (siehe dazu auch I,9)

Alle M-Zykel, die einander in einem M-Punkt A berühren, bilden ein *Berührbüschel mit Grundpunkt A*.
Die Menge aller M-Zykel durch zwei M-Punkte A, B mit $A \neq B$ nennen wir *Büschel mit den Grundpunkten A und B* (elliptisches Büschel).
Genau wie in Abschnitt III beweisen wir jetzt einige Minimalsätze.

2.6 Satz (Analogon zu III,4.4)

*Zu jedem M-Zykel a gibt es **mindestens** einen M-Punkt A mit $A \notin a$.*

Beweis:
Axiom M_3 garantiert die Existenz von vier M-Punkten P, Q, R, S, die nicht alle auf einem M-Zykel liegen.

Der M-Zykel a kann diesen M-Punkten gegenüber vier verschiedene Lagen einnehmen. Er geht durch keinen, einen, zwei oder drei unserer M-Punkte hindurch. Von den vier M-Punkten werden also vier, drei, zwei oder einer nicht auf a liegen.

2.7 Satz

*Zu jedem M-Punkt A gibt es **mindestens** einen M-Zykel a mit $A \notin a$.*

Beweis:
Die vier Punkte P, Q, R, S aus M_3 bestimmen nach M_1 genau $\binom{4}{3} = 4$ M-Zykel. Auf ihnen liegen jeweils die Punktetripel (P, Q, R), (P, Q, S), (P, S, R), (Q, S, R). Der M-Punkt A kann diesen M-Zykeln gegenüber drei verschiedene Lagen einnehmen. Er liegt auf keinem, einem oder zwei M-Zykeln. Im letzten Fall ist A gleich einem der Punkte P, Q, R, S und liegt sogar auf drei M-Zykeln. Von den vier M-Zykeln werden also vier, drei oder einer A nicht enthalten.

2.8 Satz

*Es gibt **mindestens** 5 M-Punkte, von denen keine vier konzyklisch sind.*
Dabei bedeutet konzyklisch auf einem M-Zykel liegend.

Beweis:
Wir starten wieder mit den vier M-Punkten aus M_3 und betrachten zwei durch sie festgelegte M-Zykel, nämlich $p = k(P, S, R)$, $q = k(Q, S, R)$. Nach M_2 existiert genau ein Zykel x durch P der q in S berührt, $x \underset{S}{\|} q$. Ein zweiter M-Zykel y geht durch Q und berührt p in S, $y \underset{S}{\|} p$ (Abb. IV,6).

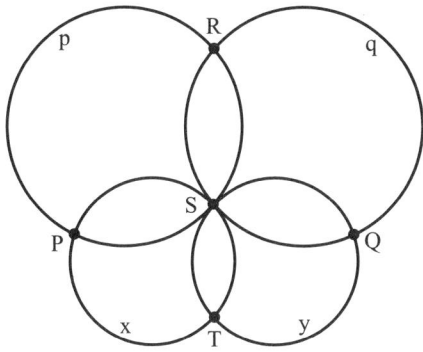

Abb. IV,6: Es gibt mindestens 5 M-Punkte

Die M-Zykel x, y können sich in S nicht berühren. Sei nämlich $x \underset{S}{\|} y$ dann folgt mit der Transitvität (2.3) der Punktberührung weiter $x \underset{S}{\|} y$ und $x \underset{S}{\|} q \Rightarrow y \underset{S}{\|} q$, $y \underset{S}{\|} q$ und $y \underset{S}{\|} p \Rightarrow q \underset{S}{\|} p$.

Dies aber ist ein Widerspruch! Denn p und q schneiden sich in zwei M-Punkten R und S. Also gibt es einen fünften M-Punkt T mit $T \in x$ und $T \in y$. Durch Herleitung weiterer Widersprüche zeigt man, dass T mit keinem der vier M-Punkte P, Q, R, S zusammenfällt und dass keine vier dieser fünf M-Punkte konzyklisch sind.

2.9 Satz

*Es gibt **mindestens** 10 M-Zykel.*

Beweis:
Nach Axiom M_1 werden durch die 5 M-Punkte P, Q, R, S, T insgesamt $\binom{5}{3} = 10$ M-Zykel festgelegt. Weil keine vier der genannten M-Punkte konzyklisch sind, erweisen sich die 10 M-Zykel als voneinander verschieden.

2.10 Satz

*Auf iedem M-Zykel a liegen **mindestens** drei Punkte.*

Beweis:
Wir nehmen zunächst an, keiner der 5 M-Punkte aus 2.8 liege auf a. Nach M_3 gibt es auf a einen Punkt U. Je zwei der 5 M-Punkte bestimmen mit U einen M-Zykel. M-Zykel durch P: $a_1 = k(P, U, Q)$, $a_2 = k(P, U, R)$, $a_3 = k(P, U, S)$, $a_4 = k(P, U, T)$. Diese vier Zykel können a nicht alle in U berühren, da sie den M-Punkt P gemeinsam haben. Also berührt höchstens einer, etwa a_1. Die M-Zykel a_2, a_3, a_4 dagegen schneiden a in den M-Punkten U_2, U_3, U_4. Sind zwei dieser M-Punkte voneinander verschieden, ist der Beweis erbracht. Falls die drei M-Punkte aber zusammenfallen, so tun dies nach M_1 auch alle M-Zykel a_2, a_3, a_4. Dies hätte zur Folge, dass die M-Punkte P, R, S, T konzyklisch wären – im Widerspruch zu Satz 2.8. Liegen einer oder zwei (bei dreien ist alles klar) der 5 M-Punkte aus Satz 2.8 auf a, so läuft der Beweis völlig analog.

2.11 Satz

*Durch jeden M-Punkt A gehen **mindestens** 6 M-Zykel.*

Beweis:
Es existieren
nach Satz 2.7 ein M-Zykel a mit $A \notin a$,
nach Satz 2.10 auf a drei M-Punkte X, Y, Z,
nach Axiom M_1 durch A drei M-Zykel $k(A, X, Y), k(A, X, Z), k(A, Y, Z)$,
nach Axiom M_2 durch A drei Berührzykel $k(A, X), k(A, Y), k(A, Z)$ zu a (Abb. IV,7)
– also insgesamt 6 M-Zykel durch A.

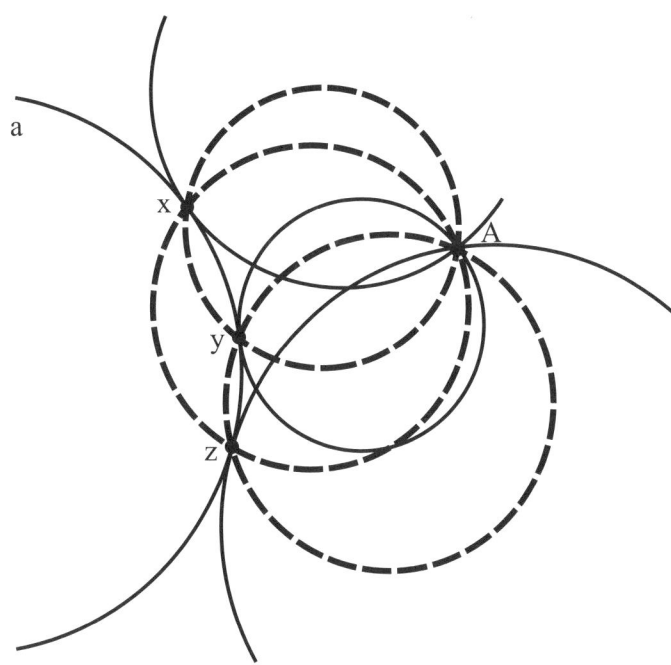

Abb. IV,7: Es gibt mindestens 6 M-Zykel durch einen M-Punkt

Verwenden wir wie in III,4.8 die in der Kombinatorik üblichen Bezeichnungen, so können wir schreiben

Satz 2.8: $v \geq 5$, Satz 2.9: $b \geq 10$, Satz 2.10: $k \geq 3$, Satz 2.11: $r \geq 6$.

Einige Beweise unserer Minimalsätze lassen sich auch über die Ableitung der M-Ebene führen.

Jetzt beschäftigen wir uns mit endlichen M-Ebenen und beweisen genau wie in Kapitel III einige „Wenn-Dann"-Sätze.

2.12 Satz

Wenn auf einem M-Zykel $k = q + 1$ M-Punkte liegen, **dann** auf jedem.
Studentenformulierung: „Einmal $q + 1$ Punkte, immer $q + 1$ Punkte".

Beweis:

Gegeben seien zwei M-Zykeln s, t, welche zwei Punkte P, Q gemeinsam haben. Dann existieren nach Satz 2.10 die M-Punkte $S_1 \in s$ und $T_1 \in t$, weiter nach Axiom M_1 ein M-Zykel $r_1 = k(S_1, T_1, P)$. Nehmen wir an, auf s liege ein weiterer Punkt S_i. Durch ihn gibt es mit M_2 einen M-Zykel r_i der r_1 in P berührt.

Jetzt zeigen wir, dass die M-Zykel t und r_i sich schneiden: $r_i \underset{P}{\parallel} t$ und $r_i \underset{P}{\parallel} r_1 \Rightarrow r_1 \underset{P}{\parallel} t$. Dies ist ein Widerspruch, denn t und r_1 haben den Punkt $T_1 \neq P$ gemeinsam.

Dies aber bedeutet die Existenz eines weiteren Punktes $T_i \in t$. Auf diesem Wege fortschreitend, kann jedem M-Punkt $S_i \in s$ genau ein M-Punkt $T_i \in t$ zugeordnet werden. Umgekehrt lassen sich die Punkte von t auf die von s abbilden. Wir haben es mit einer Bijektion zu tun. Dies bedeutet, dass auf beiden M-Zykeln gleichviel M-Punkte liegen.

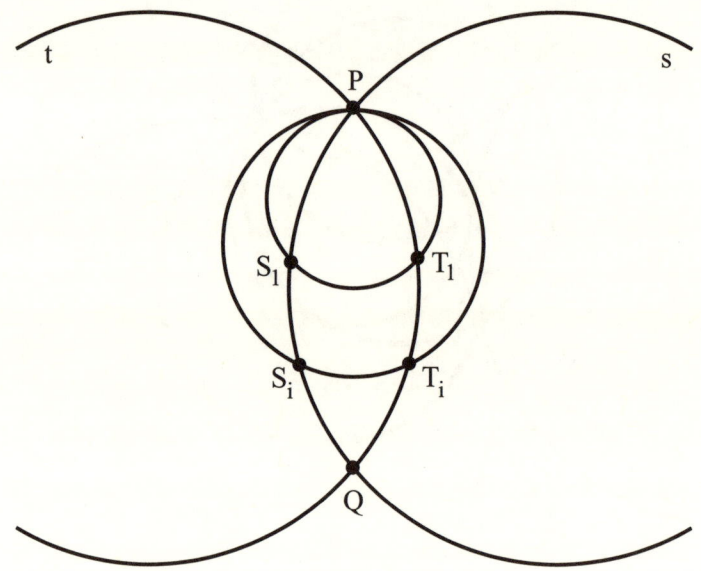

Abb. IV,8: Abbildung zweier M-Zykel s, t

Der Beweis läuft ganz analog, wenn die M-Zykel s, t sich berühren oder aber sich meiden. Der aufmerksame Leser wird feststellen, dass dieser Beweis dem von Satz III,4.9 fast wörtlich entspricht. Auch die Abbildungen III,14 und IV,8 ähneln sich. Man kann auch jetzt von einer „Parallelprojektion" sprechen. Dies alles muss so sein, weil ja die Ableitung unserer M-Ebene (etwa im Punkt P) eine affine Ebene liefert.

Damit sind nach III,3.5.2 auch die Existenzfragen für verschiedene Werte $q \in \mathbb{N}, q \geq 2$ geklärt.

2.13 Definition

Die Zahl q in 2.12 wird als die Ordnung der M-Ebene bezeichnet.
In Analogie zu $\mathrm{AG}(q)$ schreiben wir jetzt $\mathrm{MG}(q)$.

2.14 Satz

Wenn eine M-Ebene die Ordnung q besitzt, *dann* enthält jedes Berührzykelbüschel mit einem Grundpunkt A genau q M-Zykel.

176

Beweis:
Dieser Satz folgt sofort aus einem entsprechenden für affine Ebenen, wenn man zur Ableitung der M-Ebene bezüglich des Punktes A übergeht.

2.15 Satz

Wenn eine M-Ebene die Ordnung q besitzt, **dann** enthält sie genau $v = q^2 + 1$ M-Punkte.

Beweis:
Auch dieser Satz ergibt sich sofort aus der affinen Geometrie über die Ableitung der M-Ebene bezüglich eines Punktes.

2.16 Satz

Wenn eine M-Ebene die Ordnung q besitzt **dann** gibt es durch zwei M-Punkte genau $\lambda = q + 1$ M-Zykel und durch einen M-Punkt genau $r = q(q + 1)$.

Beweis:
Jeder von den zwei gegebenen M-Punkten verschiedene M-Punkt bestimmt nach M_1 genau einen M-Zykel. Mit $v = q^2 + 1$, $k = q + 1$ folgt $\lambda = \frac{v-2}{k-2} = \frac{q^2-1}{q-1} = q + 1$.
Jedes Paar von M-Punkten das den gegebenen M-Punkt nicht enthält bestimmt mit diesem Punkt nach M_1 genau einen M-Zykel. Mit $v = q^2 + 1$, $k = q + 1$ folgt
$r = \frac{\binom{v-1}{2}}{\binom{k-1}{2}} = \frac{(v-1)(v-2)}{(k-1)(k-2)} = \frac{q^2(q^2-1)}{q(q-1)} = q(q + 1)$.

2.17 Satz

Wenn eine Ebene die Ordnung q besitzt, **dann** enthält sie genau $b = q(q^2 + 1)$ M-Zykel.

Beweis:
Drei beliebige M-Punkte bestimmen nach M_1 genau einen M-Zykel. Wegen $v = q^2 + 1$, $k = q + 1$, folgt
$b = \frac{\binom{v}{3}}{\binom{k}{3}} = \frac{v(v-1)(v-2)}{k(k-1)(k-2)} = \frac{(q^2+1)q^2(q^2-1)}{(q+1)q(q-1)} = q(q^2 + 1)$.

2.18 Satz

Wenn eine Ebene die Ordnung q besitzt, **dann** gibt es zu jedem M-Zykel a
genau $\frac{1}{2}q^2(q + 1)$ schneidende,
genau $q^2 - 1$ berührende
und genau $\frac{1}{2}q(q - 1)(q - 2)$ meidende M-Zykel.

Beweis:

Zu zwei Punkten eines M-Zykels a gibt es neben a selber noch $\lambda - 1 = q$ M-Zykel. Damit erhalten wir für die Gesamtzahl aller Schnittzykel $\binom{q+1}{2} \cdot q = \frac{1}{2}q^2(q+1)$.

Jedes Berührzykelbüschel zu a enthält nach Satz 2.14 neben a selber noch $q - 1$ M-Zykel. So ergibt sich für die Anzahl aller Berührzykel $(q+1)(q-1) = q^2 - 1$.

Subtraktion liefert die Gesamtzahl aller meidenden M-Zykel

$q(q^2 + 1) - \frac{1}{2}q^2(q+1) - (q^2 - 1) - 1 = \frac{1}{2}q(q-1)(q-2)$.

3. Untersuchungen in den Ableitungen von M-Ebenen

In unserer M-Ebene soll jetzt neben den Axiomen M_1, M_2, M_3 auch noch der Satz von Miquel (siehe I,12.1.1) gelten. Wir sprechen dann von einer miquelschen M-Ebene.

3.1 Definition

Ein zyklisch geordnetes Quadrupel von Geraden (n, t, s, r) in einer affinen Ebene (also auch in jeder Ableitung) heisst „*Sehnenvierseit*", wenn die Schnittpunkte $r \cap n = \{N\}$, $n \cap t = \{T\}$, $t \cap s = \{S\}$, $s \cap r = \{R\}$ paarweise verschieden sind und auf einem Kreis k liegen (Abb. IV,9). Sehnenvierseite spielen in diesem Abschnitt 3 eine ganz wesentliche Rolle. Kurzschreibweise für Sehnenvierseit: SV.

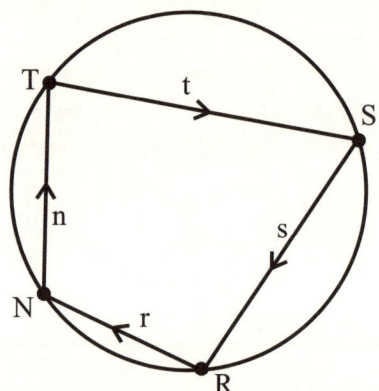

Abb. IV,9: Sehnenvierseit

3.2 Einige Lemmata zum Sehnenvierseit

Wir verzichten auf die recht mühsamen Beweise der folgenden Hilfssätze und empfehlen stattdessen die Lektüre des ausgezeichneten Buches von W. Benz, „Vorlesungen über Geometrie der Algebren" (1973).

3.2.1 Lemma

Wenn die Geraden n, t, s, r ein SV bilden, dann auch die Geraden $r, (RT), t, (SN)$
(Abb. IV,10). „Überkreuztes" SV.

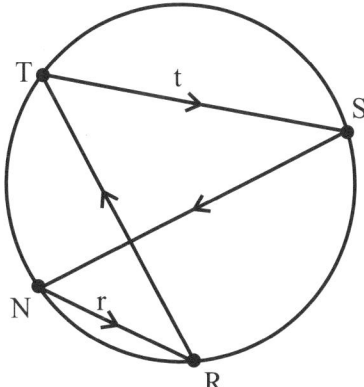

Abb. IV,10: Zu Lemma 3.2.1

3.2.2 Lemma

In der abgeleiteten Ebene seien die Geraden r, s, t und die Punkte $r \cap s = \{R\}$, $s \cap t = \{S\}$
und $T \in t$ mit $T \neq S$ gegeben. Dann existiert genau eine Gerade n durch T so, dass r, s, t, n
ein SV ist (Abb. IV,11).

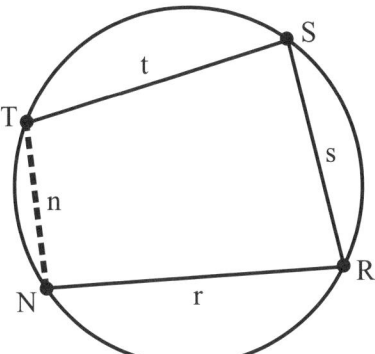

Abb. IV,11: Zu Lemma 3.2.2

3.2.3 Lemma

In der abgeleiteten Ebene sei ein SV n, t, s, r gegeben (Ausnahmekonfigurationen – etwa alle
vier Geraden durch einen Punkt – werden ausgeschlossen) *und dazu eine Gerade n' parallel*
zu n. Dann ist auch r, s, t, n' ein SV (Abb. IV,12).
Es wird einfach n durch n' ersetzt. Beim Beweis dieses Hilfssatzes muss die Gültigkeit einer
Entartung des Satzes von Miquel vorausgesetzt werden (siehe I,12.1.2).

3.2.4 Lemma

Gegeben sei ein SV n, t, s, r und die Geraden n', t', s', r' mit $n \parallel n', t \parallel t', s \parallel s', r \parallel r'$.
Dann ist auch n', t', s', r' ein SV.

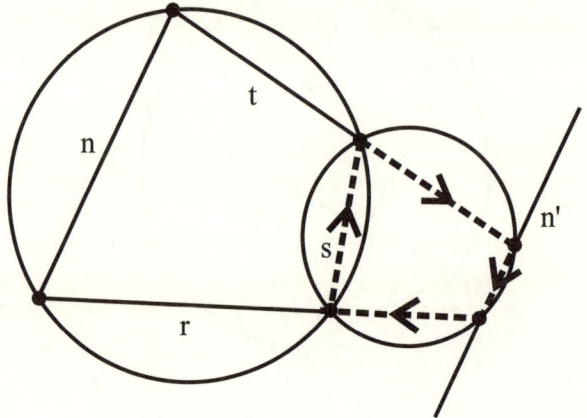

Abb. IV,12: Zum Lemma 3.2.3

Es gilt auch eine Umkehrung

Seien n, t, s, r und n', t', s', r' zwei SV mit $n \parallel n', t \parallel t', s \parallel s'$ dann gilt auch $r \parallel r'$.

Mit dem Satz IV,2.4 hatten wir eine enge Verbindung zum Kapitel III hergestellt. Es wurde nämlich gezeigt, dass jede Ableitung einer M-Ebene eine affine Ebene ist.

Der folgende Satz verstärkt diese Verbindung ganz wesentlich. Er bildet einen herrlichen Gipfel bei unserer Bergtour – allerdings wird das Erklimmen nicht ganz einfach sein.

4. Satz

In jeder Ableitung einer miquelschen M-Ebene gilt der große Satz P von Pappus.
Wir haben es mit pappusschen affinen Ebenen zu tun.

Beweis:

Mit den Bezeichnungen der Abb. IV,13 sei $A_1B_2 \parallel A_2B_1$, $A_2B_3 \parallel A_3B_2$. Dann haben wir zu zeigen $A_1B_3 \parallel A_3B_1$. Dies geschieht in etlichen Schritten (von rechts nach links) mit den Hilfssätzen aus Abschnitt 3.2. Betrachten Sie die Abbildungen IV,13 (a)...(g) einfach als Bilderbuch. Ein ausführlicher Begleittext erübrigt sich – die Bilder sprechen für sich. Wir beschränken uns auf stichwortartige Anmerkungen.

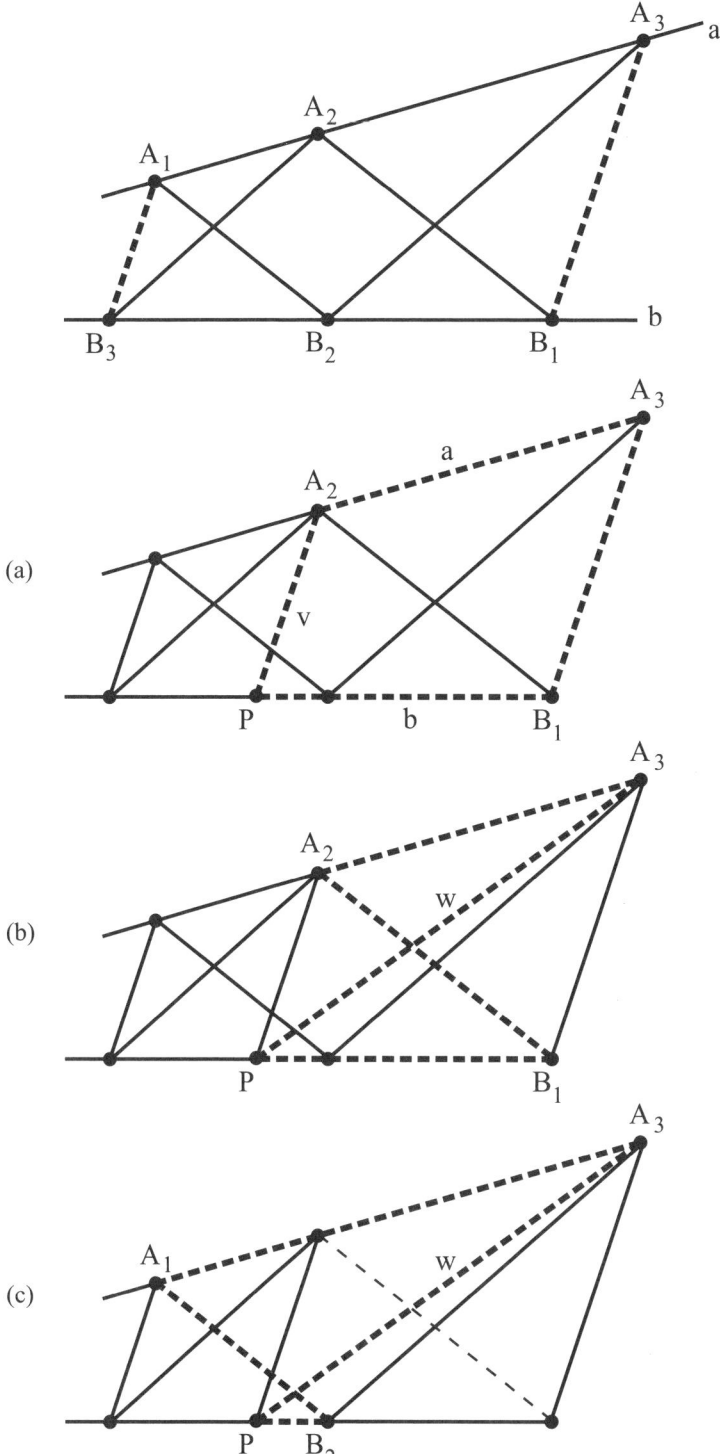

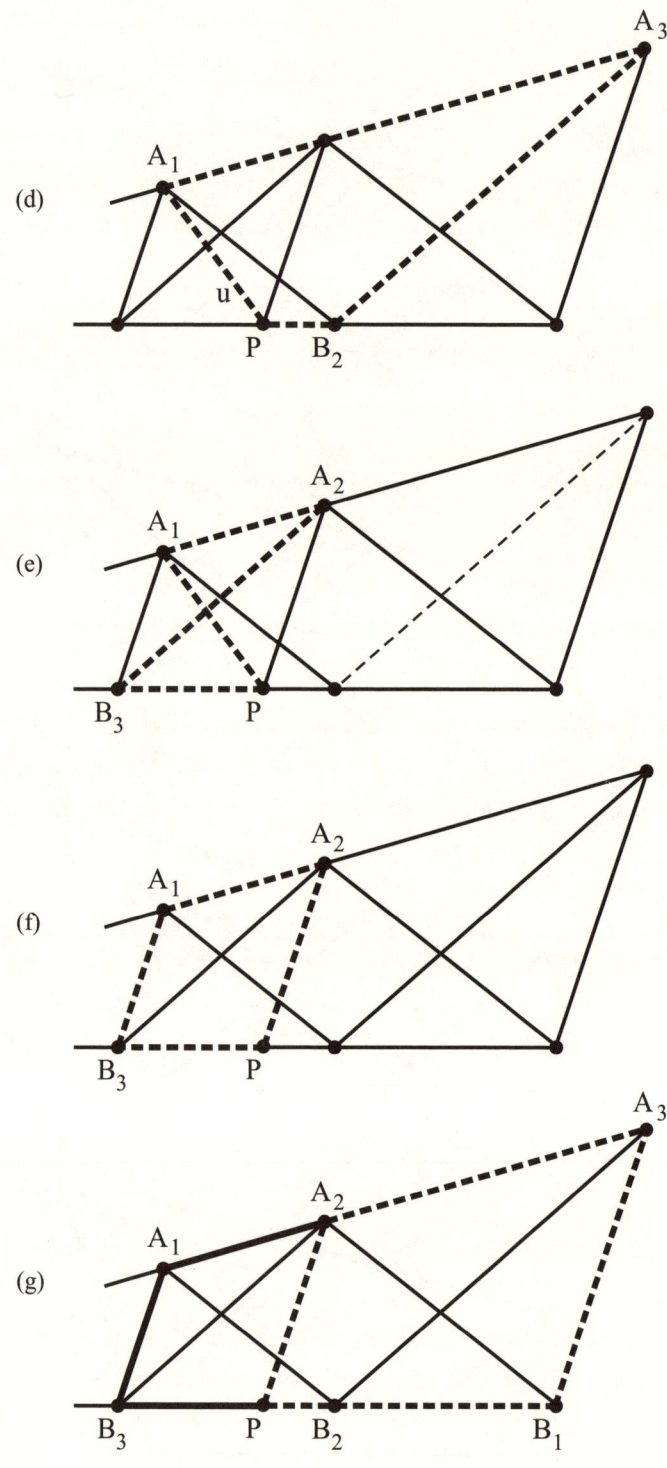

Abb. IV,13: Der Satz von Pappus

(a) Nach Lemma 3.2.2 gibt es zu $b, (B_1 A_3), a$ genau eine Gerade v durch A_2, so dass $a, (A_3 B_1), b, v$ ein SV ist. Es sei weiter $v \cap b = \{P\}$.

Vergleichen Sie zum besseren Verständnis die Abbildungen IV,11 und IV,13(a) miteinander. Dann gilt $r = b$, $RS = B_1 A_3$, $t = a$, $R = B_1$, $S = A_3$, $T = A_2$.

Es ist sicher hilfreich auch bei den folgenden Schritten die jeweiligen Bezeichnungen mit denen der Abbildungen IV,10, 11, 12 zu vergleichen.

(b) Mit 3.2.1 folgt, dass auch, $a, (A_2 B_1), b, (P A_3)$ ein (überkreuztes) SV ist. Wir setzen $A_3 P = w$.

(c) Mit 3.2.3 folgt, dass $b, (B_2 A_1), a, (A_3 P)$ ein SV ist. Denn die Geraden $A_2 B_1$ und $A_1 B_2$ sind parallel. Aus Abb. IV,13 (b) wird $A_2 B_1$ herausgenommen und in Abb. IV,13 (c) durch $A_1 B_2$ ersetzt.

(d) Mit 3.2.1 wird „entkreuzt". Dann folgt $a, (A_3 B_2), b, u$ ist SV. Dabei ist $A_1 P = u$.

(e) Mit 3.2.3 folgt $b, (B_3 A_2), a, u$ ist SV. Denn die Geraden $A_3 B_2$ und $A_2 B_3$ sind parallel. Aus Abb. IV,13 (d) wird $B_2 A_3$ herausgenommen und in Abb. IV,13 (e) durch $A_2 B_3$ ersetzt.

(f) Mit 3.2.1 wird „entkreuzt". Dann folgt $a, (A_1 B_3), b, v$ ist SV.

(g) In (a) hatten wir gesehen, dass $a, (A_3 B_1), b, v$ ein SV ist und in (f) erwies sich auch $a, (A_1 B_3), b, v$ als SV. Mit der Umkehrung des Lemmas 3.2.4 bedeutet dies $A_1 B_3 \parallel A_3 B_1$.

Bemerkung:

Wir betrachten die Menge aller zu einer miquelschen Möbius-Ebene gehörenden Ableitungen. Es stellt sich heraus, dass die sich ergebenden pappusschen affinen Ebenen paarweise *isomorph* sind.

5. Und nochmals ein Gipfel

Mit dem Satz 4 ist das Tor zu einer algebraischen Behandlung der miquelschen M-Ebenen geöffnet. Denn nach Kapitel III Satz 8.1 und Satz 8.2 sind die Pappus-Ebenen bis auf Isomorphie die Koordinatenebenen über einem Körper K.

Damit aber ergibt sich für die Menge aller Punkte einer miquelschen M-Ebene $\mathbb{P} = \{(x_1, x_2) | x_1, x_2 \in K\} \cup \{W\}$. Mit einem in K irreduziblen quadratischen Polynom lässt sich durch Adjungieren eines geeigneten Elementes ε ein quadratischer Erweiterungskörper $L = \{x_1 + \varepsilon x_2 | x_1, x_2 \in K\}$ konstruieren. Die Gleichungen aller Zykel werden dann wie in Kapitel II,3 definiert.

Aber halt! Es muss noch gezeigt werden, dass diese Gleichungen tatsächlich genau die Zykel unserer axiomatisch aufgebauten miquelschen M-Ebene beschreiben. Dieser Nachweis jedoch gestaltet sich sehr schwierig. An dieser Stelle kapitulieren wir und überlassen den weiteren Anstieg versierten, unerschrockenen Kletterern. Wir formulieren lediglich das Ergebnis.

Satz:

Die miquelschen M-Ebenen sind – bis auf Isomorphie – genau die Koordinatenebenen über dem Körperpaar (K, L).

Mit anderen Worten.

Σ_M mit (Mi) (Abkürzung für Miquel) lässt sich als Koordinatenebene darstellen. Wir haben also – neben III,8 – einen zweiten Darstellungssatz.

Dieser stolze Satz geht zurück auf B. L. Van der Waerden und L. J. Smid und stellt gewissermaßen das Matterhorn der Kreisgeometrie dar. Damit ist auf dem Umweg über III eine Verbindung der Kapitel II und IV gefunden.

Bemerkung:

Unser neuer Darstellungssatz schließt den Fall Char $K = 2$ mit ein. Will man ihn ausschließen, so genügt es nach II,3.7.1 die Existenz von Berührtripeln zu fordern.

6. Ausblick

Wir werfen zum Schluss von Kapitel IV einen Blick auf das Panorama von Gipfeln, Wänden und Graten.

An dieser Stelle muss unbedingt W. Benz genannt werden. Er hat viele der im Folgenden erwähnten Gipfel als Erstbesteiger erklommen und gilt als unbestrittener Meister des Gebietes der Kreisgeometrie – allgemeiner der Geometrie der Algebren.

In seinem Buch – bereits zitiert in 3.2 – findet sich ein ausführliches Literaturverzeichnis. Dort sind alle für IV wesentlichen Arbeiten aufgeführt.

Wir erinnern nochmals an den Darstellungssatz III,8. Dort hatten wir gefunden, dass Pappus affine Ebenen – bis auf Isomorphie – genau die Koordinatenebenen über einem Körper K sind. Nun vergleichen wir diesen Text mit dem Darstellungssatz des Abschnitts 5. Die beiden Sätze legen es nahe, für die M-Ebene nach einem Stufenaufbau (Hierarchie) wie in III,9 zu suchen. Wir fahnden also nach schwächeren Zusatzaxiomen (wie (D), (d), (p)), betrachten die zugehörigen Rumpfgeometrien und die entsprechenden algebraischen Strukturen.

Zu diesem Zweck greifen wir auf den in I,12.1.3 elementargeometrisch bewiesenen fossilen Büschelsatz (B) zurück.

W. Benz hat gezeigt, dass aus der Gültigkeit des Satzes von Miquel (Mi) in der M-Ebene die des Büschelsatzes (B) folgt. Es gibt aber auch M-Geometrien, in denen (B), nicht aber (Mi) gilt. Knapp formuliert haben wir also (Mi) $\overset{\rightarrow}{\nleftarrow}$ (B).

Damit wäre der Büschelsatz ein Kandidat, der als Analogon zum großen Satz (D) von Desargues verwendet werden könnte. Es wurden sogar M-Ebenen konstruiert, in denen weder (Mi) noch (B) gilt.

J. Kahn und P. Dembowski konnten zeigen, dass die M-Ebenen mit Büschelsatz (B) – bis auf Isomorphie – genau die ovoidalen M-Ebenen liefert (siehe dazu 1.6.4).

AFFIN

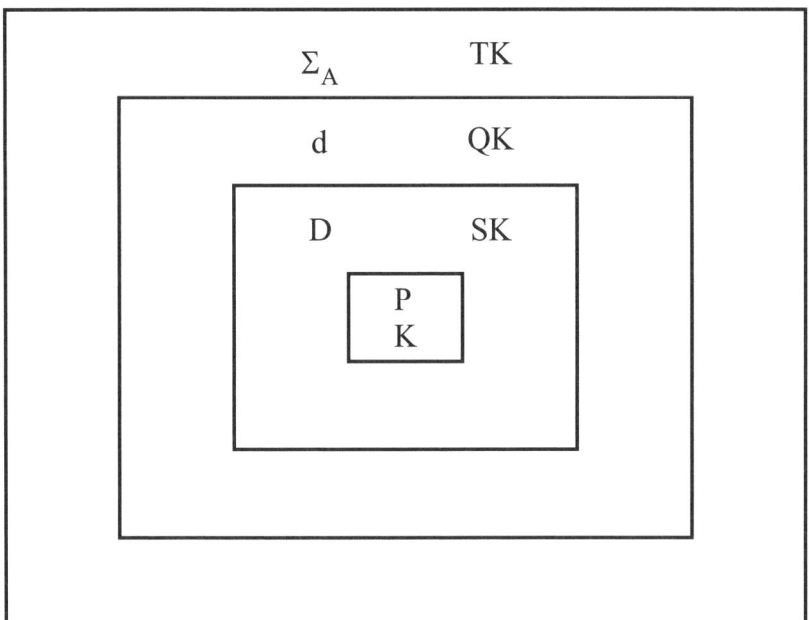

STUFEN-AUFBAU

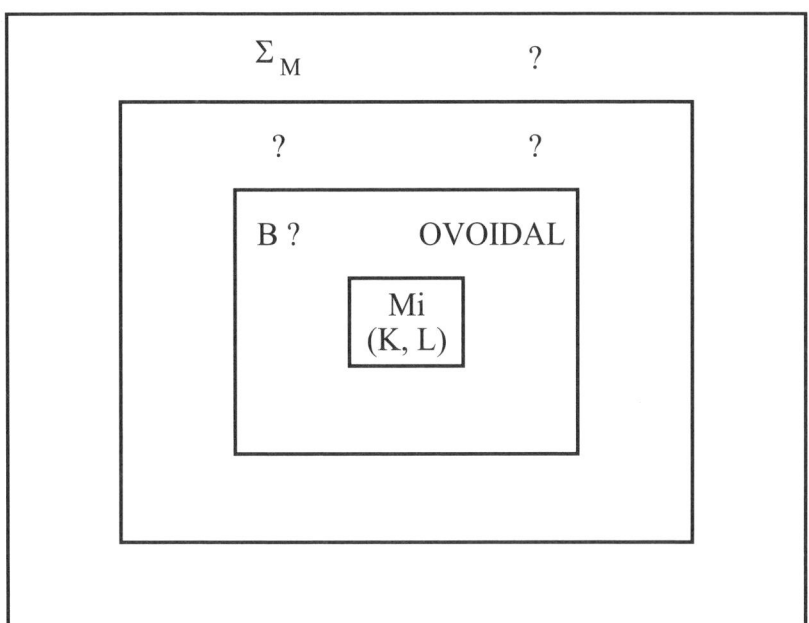

MÖBIUS

Abb. IV,14: Ein Vergleich

In Abb. IV,14 stellen wir dem Stufenaufbau der affinen Ebene einen möglichen analogen Aufbau der Möbius-Ebene gegenüber. Nun noch einige Bemerkungen zu den Fragezeichen in der Tabelle – von oben nach unten.

W. Benz hat in seiner Dissertation für Σ_M eine Algebraisierung durch „Quaternare" angegeben.

Doch wurden seine Ideen nicht weiter verfolgt.

Man hat versucht, ein Analogon zum kleinen Satz (d) von Desargues durch geeignete Abschwächung des Büschelsatzes zu finden – doch leider ohne Erfolg.

Das Ergebis Σ_M+(B)$\Rightarrow$ ovoidal ist zwar sehr schön. Eine geeignete Algebraisierung wäre aber noch schöner.

Und wie steht es im endlichen Fall?

q ungerade:

Es ist keine M-Ebene bekannt ohne (Mi). Vermutlich gelten stets sowohl (B) als auch (Mi)?

q gerade:

Entweder wir haben Σ_M+(B) oder aber Σ_M+(B)+(Mi).

7. Aufgaben zu IV

1. Beweisen Sie die Lemmata 3.2.1, 3.2.2, 3.2.3, 3.2.4 im Bereich der klassischen Schulgeometrie.

Dort ist das Sehnenvierseit nicht nur durch die Lage der Schnittpunkte auf einem Kreis definiert, sondern auch durch die Eigenschaft, dass die Summe der Gegenwinkel stets π ist.

2. Bemühen Sie sich um die Fragezeichen in Abb. IV,14. Studieren Sie einschlägige Arbeiten. Selber ein Forscher sein!

3. *Wir zählen!*

Das ist eigentlich wieder keine Übungsaufgabe. Jetzt heißt es, selber eine kleine Arbeit anzufertigen.

Wir arbeiten in einer endlichen (K, L)-Ebene mit

$K = \mathrm{GF}(q) = \mathrm{GF}(p^e)$, p prim, $p > 2$, $e \in \mathbb{N}$ und

$L = \{x_1 + \varepsilon x_2 | x_1, x_2 \in K, \ \varepsilon^2 = -b\} = \mathrm{GF}(q^2)$ – genau wie in II.3.2.2 und II.3.2.3.

(a) Für eine Gerade g und einen Kreis k gilt $|g \cap k| \in \{0, 1, 2\}$. Beweis?

Dies führt auf eine Klasseneinteilung der Geraden bezüglich eines gegebenen Kreises:

$$|g \cap k| = \begin{cases} 0 & \text{Passanten} \\ 1 & \text{Tangenten} \\ 2 & \text{Sekanten} \end{cases}$$

(b) In jedem Punkt eines Kreises existiert genau eine Tangente. Beweis?

(c) Für die Anzahlen der Geraden verschiedener Klasse bezüglich eines gegebenen Kreises k

gilt: $\begin{cases} \text{Tangenten} & q + 1 \\ \text{Sekanten} & \frac{1}{2}q(q+1) \\ \text{Passanten} & \frac{1}{2}(q+1)(q-2) \end{cases}$

Beweis ?

(d) Klasseneinteilung der Punke bezüglich eines gegebenen Kreises k

on-Punkte   Punkte auf k

ex-Punkte   Punkte auf Tangenten, verschieden von dem jeweiligen Berührpunkt

in-Punkte   alle übrigen Punkte

(e) Für die Anzahlen der Punkte verschiedener Klasse bezüglich eines Kreises k gilt

on-Punkte $q+1$

ex-Punkte $\frac{1}{2}(q^2+1)$

in-Punkte $\frac{1}{2}(q^2-2q-1)$

Beweis?

(f) Wie steht es mit der Anzahl der Geraden (Punkte) verschiedener Klasse durch (auf) Punkte (Geraden) verschiedener Klasse?

8. Zusammenfassung zu Teil IV

Auch unsere letzte Bergtour war sehr abwechslungsreich. Wir konnten voll Stolz auf früher erklommene Gipfel zurückblicken. Allerdings mussten wir vor dem Hauptgipfel (zweiter Darstellungssatz) kapitulieren. Trotzdem erlebten wir die Faszination, die Herausforderung der Berge in unserer speziellen Berggruppe, der Kreisgeometrie.

Epilog

Ein Blick zurück

Das Buch ist aus vielen Anfängervorlesungen und Seminaren herausgewachsen. Die Fülle des dort behandelten Stoffes war gewaltig. Es verwundert also nicht, dass im vorliegenden Text die vier Kapitel nicht erschöpfend behandelt wurden. Etliche Sätze fehlen, auf so manchen Beweis ist verzichtet. Trotz dieser Lücken hoffen wir, dass die Idee der fortschreitenden Abstraktion deutlich wurde. Einmal der Abstraktionsweg über die Algebra und dann der noch konsequentere über die Axiomatik.

Abstraktion überall

Am Ende des Kapitels II wurde kurz auf die Bilder des Malers Kandinsky als Beispiel von Abstraktion hingewiesen. Dieser Gedanke lässt sich erweitern auf das Gesamtgebiet der Malerei.

Da ist zunächst der *Realismus*. Man versuchte die Welt so darzustellen wie sie wirklich ist. Denken Sie an W. Leibl. Er malte an seinen „Drei Frauen in der Kirche" drei Jahre lang. Jedes Detail musste da stimmen: das Kopftuch, das Blusenmuster, das Gebetbuch, ...

Kommen wir nun zum *Impressionismus*, zum *Expressionismus*. Jetzt kocht hinter den Erscheinungsformen das Leben. Die Gegenstände selber werden bedeutungslos. Bäume erscheinen bei V. Van Gogh als Flammen, die Landschaften beginnen zu tanzen.

In einem weiteren Schritt geht es überhaupt nicht mehr um die Darstellung von Gegenständen. Es entstehen völlig neue, künstliche Gebilde. Bilder werden konstruiert. Im Mittelpunkt stehen dabei Farben und Strukturen. Völlig neue Wirklichkeiten entstehen. Betrachten Sie die Bilder von J. Miro and P. Klee. Die *abstrakte Malerei* war geboren.

Dieser lange Weg von der Gegenständlichkeit zur Abstraktion lässt sich auch in anderen Gebieten – etwa der Musik, der Physik, der Dichtkunst und der Plastik verfolgen. In einem klugen Buch wurde dargestellt, dass sogar in der (ev.) Theologie solche Tendenzen zu beobachten sind. Wir begnügen uns hier damit, drei Theologen zu nennen, welche diese Entwicklung repräsentieren: A. Schweitzer, K. Barth und R. Bultmann.

Suchen Sie in verschiedenen Gebieten nach solchen Abstraktionsabläufen und verfolgen Sie diese genauer!

Zum Bergsteigen

Was ist für einen Bergsteiger die Erfüllung seines Tuns? Es gibt viele Antworten auf diese Frage. Hier ist die unsere. Wenn er am Abend bei einem Glas Rotwein vor der Hütte sitzt und auf die erklommenen Gipfel, Wände und Grate schaut – erschöpft zwar, aber glücklich –, dann findet er höchste Befriedigung. Er wird sich selber auf die Schulter klopfen – ach, was bin ich doch für ein toller Bursche. Bei all dem sinnt er aber schon wieder nach neuen Touren, nach neuen Herausforderungen. Wir hoffen, in Ihnen bezüglich der Kreisgeometrie ähnliche Empfindungen geweckt zu haben. Das wäre schön!

Vertiefende und weiterführende Literatur

Kapitel I

H. S. M. COXETER, S. L. GREIZER: Geometry revisited, Yale University (1967)

D. PEDOE: A course of geometry, Cambridge (1970)

F. BÜTZBERGER: Über bizentrische Polygone, Steinersche Kreis- und Kugelreihen und die Erfindung der Inversion, Leipzig (1919)

J. STEINER: Allgemeine Theorie über das Berühren und Schneiden der Kreise und Kugeln, Zürich (1931)

A. MENSCHIK: Biometrie, Berlin (1987)

R. U. SEXL: Die Hohlwelttheorie, Der Math. Naturw. Unterricht 36 (1983), 453–460

Kapitel II,1

H. SCHMIDT: Die Inversion und ihre Anwendungen, München (1950)

H. SCHUPP, H. DABROCK: Höhere Kurven, Mannheim (1995)

F. MORELY, F. V. MORELY: Inversive geometry, London (1933)

J. L. COOLIDGE: A treatise on the circle and the sphere, Oxford (1916)

Kapitel II,2

H. SCHWERDTFEGER: Geometry of complex numbers, Toronto (1962)

I. M. YAGLOM: Complex numbers in geometry, New York (1968)

C. CARATHEODORY: Funktionentheorie I, Basel (1950)

R. REMMERT: Komplexe Zahlen, in „Zahlen" Berlin (1983)

Kapitel II,3

B. SEGRE: Lectures on modern geometry, Roma (1961)

F. KARTESZI: An introduction to finite geometry, New York (1976)

P. DEMBOWSKI: Finite geometries, Berlin (1952)

H. ZEITLER: (K,L)-Ebenen, Dissertation, Kassel (1977)

Kapitel III

R. LINGENBERG: Grundlagen der Geometrie I, Mannheim (1969)

E. ARTIN: Geometric algebra, New York (1957)

D. HILBERT: Grundlagen der Geometrie, Stuttgart (1999)

Kapitel IV

W. BENZ: Vorlesungen über Geometrie der Algebren, Berlin (1973)

B. L. VAN DER WAERDEN, L. J. SMID: Eine Axiomatik der Kreisgeometrie und der Laguerregeometrie, Math. Ann. 110 (1935), 754–776

J. KAHN: Inversive planes satisfying the bundle theorem, J. of Comb. Theory, Ser. A, 29 (1980)

YI CHEN: Der Satz von Miquel in der Möbiusebene, Math. Ann. 186 (1970), 81–100

Biographisches

E. T. BELL: Die großen Mathematiker, Düsseldorf (1967)

H. WUSSING, W. A. ARNOLD: Biographien bedeutender Mathematiker, Köln (1978)

C. J. SCRIBA, P. SCHREIBER: 5000 Jahre Geometrie, Berlin (2001)

C. REID: Hilbert, Berlin (1970)

L. KOLLROS: Jakob Steiner, Basel (1947)

Für die Schule

C. S. OGILVY: Unterhaltsame Geometrie, Braunschweig (1976)

H. DITTMANN: Komplexe Zahlen, München (1976)

K. LANG: Kugel- und Kreisspiegelungen, Didaktik der Math. 4 (1983), 13–17, 249–261

H. ZEITLER: Kreisgeometrie in Schule und Wissenschaft, Didaktik der Math. 3 (1983), 169–201

G. BERG, H. SCHUPP: Inversionsbilder von Kegelschnitten, Didaktik der Math. 3 (1989), 201–217

Register

Abbildungsnachweis

S. 7 (Jakob Steiner): akg-images

S. 8 (Faksimile von J. Steiner): aus einem privaten Briefwechsel

S. 29, Abb. I, 20 (Kniegelenk): aus: A. Menschik, Biometrie, Springer-Verlag, Berlin-Heidelberg-NewYork 1987, Abb. 189

S. 42, Abb. I,32 (Dupin-Zykliden): aus: K. Fladt, A. Baur, Analytische Geometrie spezieller Flächen und Raumkurven, Vieweg-Verlag, Wiesbaden 1975

S. 48 (M. C. Escher): M. C. Escher's „Hand with Reflecting Sphere" ©2007 The M. C. Escher Company-Holland. All rights reserved. www.mcescher.com

S. 50 (René Descartes): akg-images/Erich Lessing

S. 70 (Carl F. Gauß): akg-images

S. 88 (Ferenc Karteszi): Privatfoto

S. 119 (Kurt Gödel): picture-alliance/IMAGNO/Wiener Stadt- und Landesbibliothek

S. 121 (David Hilbert): akg-images

S. 164 (A. F. Möbius): akg-images